水体污染控制与治理科技重大专项"十一五"成果系列丛书

河流水污染综合治理技术研究与示范主题

东江源头区水污染系统控制技术

席运官　李德波　刘明庆　等　著

科　学　出　版　社

北　京

内 容 简 介

本书是作者"十一五"期间国家重大科技专项水专项课题的研究成果总结,以东江源为研究区域,以典型污染源为研究对象,研究了农业生产、农村生活、矿山废弃地等来源的水体污染物控源、减排和净化技术,包括果畜结合模式定量化配置,果园农用化学品的减量化使用,矿山废弃地重金属的钝化与拦截和尾矿堆的植被复绿技术等,并建立了示范工程,提出了东江源头区水污染综合控制总体策略。课题产出的技术指南、关键技术、总体策略等在东江源头区及周边地区的环保规划、农村环境综合整治、矿区污染防治实施方案、有机脐橙基地建设中得到应用,为东江源水污染系统控制提供了技术与工程支撑,为我国经济欠发达山区面源污染控制建立了可借鉴的经济实用技术模式。

本书阐述了东江源流域水污染系统控制的研究与示范工程建设过程与结果,具有较强的学术性和良好的实用性,适合作为水污染防治的相关研究人员与环境保护管理相关人员参考。

图书在版编目(CIP)数据

东江源头区水污染系统控制技术/席运官等著. —北京:科学出版社. 2015.2

ISBN 978-7-03-043309-1

Ⅰ.①东⋯ Ⅱ.①席⋯ Ⅲ.①东江–水污染–污染控制–研究 Ⅳ.①X520.6

中国版本图书馆 CIP 数据核字(2015)第 026879 号

责任编辑:陈岭啸 程雷星 顾晋饴/责任校对:朱光兰
责任印制:肖 兴/封面设计:许 瑞

科学出版社 出版

北京东黄城根北街 16 号
邮政编码:100717
http://www.sciencep.com

北京通州皇家印刷厂 印刷

科学出版社发行 各地新华书店经销

*

2015 年 2 月第 一 版 开本:787×1092 1/16
2015 年 2 月第一次印刷 印张:17 1/4 插页:8
字数:410 000

定价:99.00 元

(如有印装质量问题,我社负责调换)

水体污染控制与治理科技重大专项"十一五"成果系列丛书

指导委员会成员名单

水体污染控制与治理科技重大专项"十一五"成果系列丛书

编著委员会成员名单

主　编：周生贤

副主编：吴晓青

成　员：（按姓氏笔画排序）

马　中	王子健	王业耀	王明良
王凯军	王金南	王　桥	王　毅
孔海南	孔繁翔	毕　军	朱昌雄
朱　琳	任　勇	刘永定	刘志全
许振成	苏　明	李安定	杨汝均
张世秋	张永春	金相灿	周怀东
周　维	郑　正	孟　伟	赵英民
胡洪营	柯　兵	柏仇勇	俞汉青
姜　琦	徐　成	梅旭荣	彭文启

《东江源头区水污染系统控制技术》
编写组

著　者

席运官　环境保护部南京环境科学研究所

李德波　环境保护部南京环境科学研究所

刘明庆　环境保护部南京环境科学研究所

主要成员

彭海君　环境保护部华南环境科学研究所

曹学章　环境保护部南京环境科学研究所

史晓燕　江西省环境保护科学研究院

易筱筠　华南理工大学

赵　肖　环境保护部华南环境科学研究所

杨　琛　华南理工大学

颜智勇　湖南农业大学

总 序

我国作为一个发展中的人口大国，资源环境问题是长期制约经济社会可持续发展的重大问题。在经济快速增长、资源能源消耗大幅度增加的情况下，我国污染排放强度大、负荷高，主要污染物排放量超过受纳水体的环境容量。同时，我国人均拥有水资源量远低于国际平均水平，水资源短缺导致水污染加重，水污染又进一步加剧水资源供需矛盾。长期严重的水污染问题影响着水资源利用和水生态系统的完整性，影响着人民群众身体健康，已经成为制约我国经济社会可持续发展的重大瓶颈。

"水体污染控制与治理"科技重大专项（以下简称"水专项"）是《国家中长期科学和技术发展规划纲要（2006-2020 年）》确定的十六个重大专项之一，旨在集中攻克一批节能减排迫切需要解决的水污染防治关键技术、构建我国流域水污染治理技术体系和水环境管理技术体系，为重点流域污染物减排、水质改善和饮用水安全保障提供强有力科技支撑，是建国以来投资最大的水污染治理科技项目。

"十一五"期间，在国务院的统一领导下，在科技部、发展改革委和财政部的精心指导下，在领导小组各成员单位、各有关地方政府的积极支持和有力配合下，水专项领导小组围绕主题主线新要求，动员和组织全国数百家科研单位、上万名科技工作者，启动了 34 个项目、241 个课题，按照"一河一策"、"一湖一策"的战略部署，在重点流域开展大攻关、大示范，突破 1000 余项关键技术，完成 229 项技术标准规范，申请 1733 项专利，初步构建了水污染治理和管理技术体系，基本实现了"控源减排"阶段目标，取得了阶段性成果。

一是突破了化工、轻工、冶金、纺织印染、制药等重点行业"控源减排"关键技术 200 余项，有力地支撑了主要污染物减排任务的完成；突破了城市污水处理厂提标改造和深度脱氮除磷关键技术，为城市水环境质量改善提供了支撑；研发了受污染原水净化处理、管网安全输配等 40 多项饮用水安全保障关键技术，为城市实现从源头到龙头的供水安全保障奠定科技基础。

二是紧密结合重点流域污染防治规划的实施，选择太湖、辽河、松花江等重点流域开展大兵团联合攻关，综合集成示范多项流域水质改善和生态修复关键技术，为重点流域水质改善提供了技术支持，环境监测结果显示，辽河、淮河干流化学需氧量消除劣 V 类；松花江流域水生态逐步恢复，重现大麻哈鱼；太湖富营养状态由中度变为轻度，劣 V 类入湖河流由 8 条减少为 1 条；洱海水质连续稳定并保持良好状态，2012 年有 7 个月维持在 II 类水质。

三是针对水污染治理设备及装备国产化率低等问题，研发了 60 余类关键设备和成套装备，扶持一批环保企业成功上市，建立一批号召力和公信力强的水专项产业技术创新战略联盟，培育环保产业产值近百亿元，带动节能环保战略性新兴产业加快发展，其中杭州聚光研发的重金属在线监测产品被评为 2012 年度国家战略产品。

　　四是逐步形成了国家重点实验室、工程中心－流域地方重点实验室和工程中心－流域野外观测台站－企业试验基地平台等为一体的水专项创新平台与基地系统，逐步构建了以科研为龙头，以野外观测为手段，以综合管理为最终目标的公共共享平台。目前，通过水专项的技术支持，我国第一个大型河流保护机构—辽河保护区管理局已正式成立。

　　五是加强队伍建设，培养了一大批科技攻关团队和领军人才，采用地方推荐、部门筛选、公开择优等多种方式遴选出近 300 个水专项科技攻关团队，引进多名海外高层次人才，培养上百名学科带头人、中青年科技骨干和五千多名博士、硕士，建立人才凝聚、使用、培养的良性机制，形成大联合、大攻关、大创新的良好格局。

　　在 2011 年"十一五"国家重大科技成就展、"十一五"环保成就展、全国科技成果巡回展等一系列展览中以及 2012 年全国科技工作会议和今年初的国务院重大专项实施推进会上，党和国家领导人对水专项取得的积极进展都给予了充分肯定。这些成果为重点流域水质改善、地方治污规划、水环境管理等提供了技术和决策支持。

　　在看到成绩的同时，我们也清醒地看到存在的突出问题和矛盾。水专项离国务院的要求和广大人民群众的期待还有较大差距，仍存在一些不足和薄弱环节。2011 年专项审计中指出水专项"十一五"在课题立项、成果转化和资金使用等方面不够规范。"十二五"我们需要进一步完善立项机制，提高立项质量；进一步提高项目管理水平，确保专项实施进度；进一步严格成果和经费管理，发挥专项最大效益；在调结构、转方式、惠民生、促发展中发挥更大的科技支撑和引领作用。

　　我们也要科学认识解决我国水环境问题的复杂性、艰巨性和长期性，水专项亦是如此。刘延东副总理指出，水专项因素特别复杂、实施难度很大、周期很长、反复也比较多，要探索符合中国特色的水污染治理成套技术和科学管理模式。水专项不是包打天下，解决所有的水环境问题，不可能一天出现一个一鸣惊人的大成果。与其它重大专项相比，水专项也不会通过单一关键技术的重大突破，实现整体的技术水平提升。在水专项实施过程中，妥善处理好当前与长远、手段与目标、中央与地方等各个方面的关系，既要通过技术研发实现核心关键技术的突破，探索出符合国情、成本低、效果好、易推广的整装成套技术，又要综合运用法律、经济、技术和必要行政的手段来实现水环境质量的改善，积极探索符合代价小、效益好、排放低、可持续的中国水污染治理新路。

　　党的十八大报告强调，要实施国家科技重大专项，大力推进生态文明建设，努力建设美丽中国，实现中华民族永续发展。水专项作为一项重大的科技工程和民生工程，具有很强的社会公益性，将水专项的研究成果及时推广并为社会经济发展服务是贯彻创新驱动发展战略的具体表现，是推进生态文明建设的有力措施。为广泛共享水专项"十一五"取得的研究成果，水专项管理办公室组织出版水专项"十一五"成果系列丛书。该丛书汇集了一批专项研究的代表性成果，具有较强的学术性和实用性，可以说是水环境领域不可多得的资料文献。丛书的组织出版，有利于坚定水专项科技工作者专项攻关的信心和决心；有利于增强社会各界对水专项的了解和认同；有利于促进环保公众参与，树立水专项的良好社会形象；有利于促进专项成果的转化与应用，为探索中国水污染治理新路提供有力的科技支撑。

最后，我坚信在国务院的正确领导和有关部门的大力支持下，水专项一定能够百尺竿头，更进一步。我们一定要以党的十八大精神为指导，高擎生态文明建设的大旗，团结协作、协同创新、强化管理，扎实推进水专项，务求取得更大的成效，把建设美丽中国的伟大事业持续推向前进，努力走向社会主义生态文明新时代！

周生贤

2013 年 7 月 25 日

前　　言

　　东江发源于江西省赣州市寻乌县桠髻钵山，寻乌、安远、定南三县为东江的源区，是广东省河源、惠州、东莞、深圳等城市和香港地区的饮用水水源地。但近年来由于果业、养殖业、矿业等产业的发展，东江源头区水环境问题日益突出，水质状况总体上趋于恶化。为了遏制东江源水质的恶化，保护源头区自然产流生态环境，满足高功能水质要求，国家水专项课题在"河流水环境综合整治技术研究与示范"主题的"东江流域水污染控制与水生态系统恢复技术与综合示范"项目框架下，设置了"东江源头区水污染系统控制技术集成研究与工程示范"课题，以建立东江源农业、生猪养殖业、农村生活污染以及矿区的生态破坏与重金属污染控制技术体系，推动区域生态环境保护与建设规划的落实和工程方案的实施，实现排水中氮、磷、重金属、农药残留等污染物减量。

　　课题组经过三年多的研究，以典型污染源为研究对象，研究了果园、农田、生猪养殖、农村生活等来源的水体污染物控源、减排和净化技术，具体包括果畜结合模式定量化配置技术、果园农用化学品的减量化技术、生猪养殖高氨氮废水净化技术、金属尾矿重金属的钝化与拦截技术、金属尾矿堆的复绿技术等，并建成了山地农林畜区面源污染控制、矿区生态恢复与重金属污染综合防治等5个示范工程，提出了东江源水污染防治建议。课题产出的技术指南、关键技术、总体策略等在东江源头区及周边地区的环保规划、农村环境综合整治、矿区污染防治实施方案、有机脐橙基地建设中得到应用，为东江源水污染系统控制提供了技术与工程支撑，为我国经济欠发达山区面源污染控制建立了可借鉴的经济实用技术模式。

　　全书共6章，按照东江源头区水污染系统控制技术方案来组织章节，即水环境现状、各污染源控制技术及工程示范和东江源头区水污染总体控制策略。第1章首先介绍了东江源头区概况，分析与评价了流域水环境现状、污染物来源及迁移规律，找出需要解决的水环境问题，即农林畜区面源污染、矿区水土流失与重金属污染和沿江村镇生活污染等；第2～5章为各污染源控制技术与工程示范；在前5章的研究基础上，第6章提出了东江源头区水污染综合控制总体策略。

　　本书写作分工如下：前言由席运官完成；第1章由彭海君、赵肖、陈清华、周雯、丘锦荣完成；第2章由席运官、刘明庆、李德波、颜智勇、王磊、田伟、李妍完成；第3章由曹学章、何琳燕、刘明庆完成；第4章由党志、易筱筠、杨琛完成；第5章由史晓燕、方红亚、刘足根完成；第6章由彭海君、赵肖、席运官、刘明庆完成。全书由席运官、刘明庆、李德波统稿。

　　本研究的开展及本书的写作过程中，得到国家水专项管理办公室、河流主题组和东江项目组的大力支持，得到孟伟院士、许振成研究员、张永春研究员的指导，还得到江西省环境保护厅、江西省水专项办及赣州市、定南县、安远县及寻乌县环境保护局的支持，东江项目其他课题人员也给予了诸多帮助。参加课题研究和书稿整理工作的成员还有汪贞、方钲、龚丽萍、张弛、田然、徐欣、魏琴、陈瑞冰、李小青、赵雅兰、龙腾、郑刘春、舒小华、刘清明、孔火良、李勇、池明茹、张赶年等研究人员，在此一并表示衷心的感谢。

　　由于作者水平有限，书中难免存在疏漏和不当之处，敬请批评指正。

席运官

环境保护部南京环境科学研究所

目　　录

图版

第1章 东江源头区水环境现状与入河污染物来源分析

1.1 东江源头区区域状况

1.1.1 自然条件概况

1. 地理位置

东江发源于江西省赣州市寻乌桠髻钵山南侧（张荣峰和胡立平，2004），源河为三桐河，流入水源河，澄江河，吉潭河，接纳马蹄河后称寻乌水，寻乌水至合河坝接纳定南水后始称东江（张荣峰，2004）。发源地涵盖安远、寻乌和定南三县，流域面积 3502km²，约占东江全流域面积的十分之一（胡小华等，2008），地理位置介于 $114°47'\sim115°33'$E，$24°29'\sim25°33'$N。

2. 地质地貌特征

东江源属多山地区。位于武夷山南端余脉与南岭东端余脉交错地带，属亚热带南缘，是一个以山地、丘陵为主的地区，地貌可概称"八山半水一分田，半分道路与庄园"（陈晓宏等，2011）。山地：海拔 500m 以上的低山、中山等，大多由变质岩、花岗岩组成，分布在各县的边缘。山势陡峭，河谷深切，分化壳薄，植被较完好。典型的如安远三百山区。东江源属多山地区。丘陵：海拔 200～500m 的低丘、高丘，主要由变质岩、花岗岩组成，并经过长期的风化侵蚀。变质岩形成的丘陵坡度大、河谷深；花岗岩形成的丘陵风化壳很发育，地表物质疏松。盆地：山地丘陵之间分布有许多山间盆地、谷地、隘口，大多为农田及城镇。

东江源头区地形地貌见图 1-1（彩图附后）。

3. 土地利用现状

2005 年，东江源头区内的土地总面积为 3584.64km²（注：这里项山乡有部分不属于东江流域，但仍然统计在内），其中各类型用地所占比例分别为：耕地 6.88%、园地 7.94%、林地 74.18%、其他农用地 2.58%、城镇建设用地 0.27%、采矿用地 0.25%、其他独立建设用地 0.02%、农村居民点用地 1.81%、交通水利用地 0.48%、其他建设用地 0.01%、水域与自然保留地 5.58%。

2005 年土地利用现状见图 1-2（彩图附后）。

图 1-1　东江源头区地形地貌图

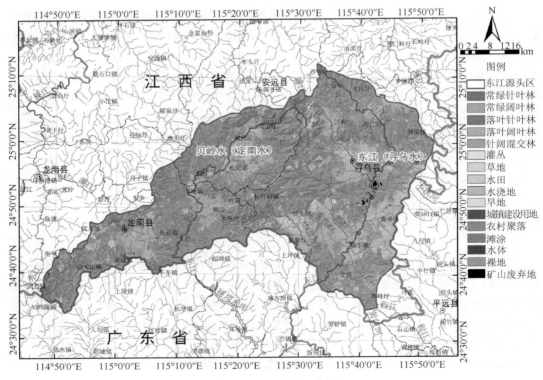

图 1-2　土地利用现状图

东江源头区分布有 6 个自然保护区，见表 1-1。

表 1-1　东江源头区自然保护区分布情况

序号	保护区名称	所在地	保护对象	面积/hm²
1	云台山自然保护区	定南县	亚热带常绿阔叶林生态系统	—
2	项山自然保护区	寻乌县	亚热带常绿阔叶林生态系统	459
3	三百山自然保护区	安远县	亚热带常绿阔叶林生态系统	3330
4	九龙嶂自然保护区	安远县	亚热带常绿阔叶林生态系统	3616
5	蔡坊自然保护区	安远县	亚热带常绿阔叶林生态系统	11982
6	上丁自然保护区	安远县	亚热带常绿阔叶林生态系统	8145

1.1.2　社会经济概况

1. 行政区划

东江源头区位于江西省赣州市境内，含定南、寻乌和安远三县。2011 年，三县土地总面积为 6007.5km²，其中定南县为 1321.12km²，寻乌县为 2311.38km²，安远县为 2375.00km²。定南、寻乌和安远三县属于东江源头区的有 3595.56km²（注：寻乌县项山乡有部分不属于东江流域，但仍然统计在内），占三县总面积的 59.11%，东江源头区所属各县乡镇行政区划和国土面积见表 1-2 和图 1-3。

表 1-2　2011 年东江源头区行政区划和国土面积

行政区	乡、镇	国土面积/km²
定南县	历市镇	255.47
	岿美山镇	130.83
	老城镇	89.04
	天九镇	155.97
	龙塘镇	150.25
	鹅公镇	202.42
	小计	983.98
寻乌县	长宁镇	11.56
	晨光镇	180.36
	留车镇	231.29
	南桥镇	138.15
	吉潭镇	238.49
	澄江镇	189.74
	桂竹帽镇	235.86
	文峰乡	274.98
	三标乡	202.95
	菖蒲乡	81.05
	龙廷乡	73.23

续表

行政区	乡、镇	国土面积/km²
寻乌县	项山乡	77.06
	水源乡	98.86
	小计	2033.58
安远县	孔田镇	108
	鹤子镇	135
	三百山镇	126
	镇岗乡	115
	凤山乡	94
	小计	578
合计		3595.56

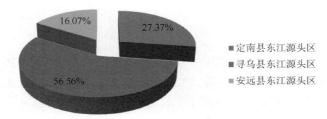

图 1-3　2011 年三县东江源头区土地面积所占比例

2. 人口

2011 年末，定南、寻乌和安远三县总人口为 90.6881 万，其中定南县 21.1274 万，寻乌县 31.7115 万，安远县 37.8492 万。2011 年东江源头区总人口为 57.0219 万，占三县总人口的 62.88%。其中非农业人口约 9.6845 万，农业人口约 47.3374 万，城镇化率仅为 16.98%，远低于同年全国平均水平（51.27%）。

3. 经济发展

2011 年，定南、寻乌和安远三县国民生产总值为 1096437 万元，各县所占 GDP 比例见图 1-4；三产结构比例为 25.05：35.14：39.80，工业总产值为 1005555 万元，农业总产值为 587700 万元。三县经济发展概况见表 1-3。

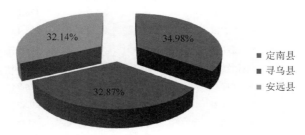

图 1-4　2011 年东江源头区三县所占 GDP 比例

表 1-3　2011 年三县经济发展概况表

县	GDP/万元				GDP 增长率/%	工业总产值/万元	农业总产值/万元
	一产	二产	三产	合计			
定南县	57797	177009	148747	383554	12.30	609500	134150
寻乌县	103953	119215	137272	360440	10.90	189329	268150
安远县	112871	89092	150456	352419	11.00	206726	185400
合计	274621	385316	436475	1096413	—	1005555	587700

1.1.3　现有污染治理设施建设运行状况

1. 生活污水处理设施

为解决城镇（片区）产生的污水，于 2010 年已分别在寻乌县文峰乡黄坳村和定南县历市镇福田村建设规模各为 10000m³/d 的城市污水处理厂，分别处理寻乌县和定南县生活和部分工业废水，现已正式投产运行。

源头区集中式污水处理设施分布见图 1-5。

图 1-5　东江源头区集中式污水处理设施分布图

2. 生活垃圾处理设施

在寻乌县的部分建制镇，政府推广生活垃圾分类处理方式，能回收利用的要回收再利用，不能回收的垃圾统一运送到各个镇的简易垃圾填埋场填埋，填埋场的垃圾经生石灰简单消毒处理。目前，寻乌县县城日产生活垃圾约 70t，这些垃圾均运往石排垃圾场简易填埋，每年的垃圾处理经费为 300 万元。为了更好地防治环境污染，保护好东江源，寻乌县斥巨资兴建生活垃圾卫生填埋场，该场于 2010 年 6 月在上甲村园墩背动工兴建，设计日处理能力为 70t。

定南县现有垃圾填埋场位于老城镇小黄坝村，设计容量为 200 万 m^3，年处理量为18250t，填埋方式采取的是简易填埋，无渗滤液处理设施。定南县垃圾填埋场位于老城镇黄砂村，设计日处理能力为 100t。

在安远县部分建制镇（如孔田镇）的人口较集中的区域，已经建成了大量垃圾收集站，附近居民每日的生活垃圾都投入最近的垃圾收集站，避免了农村生活聚居区固体垃圾到处乱扔的现象。

3. 工业污染源治理设施情况

东江源头区各县因经济较落后，工业基础薄弱，工业企业数量较少。在已有的工业企业中，大多分布于县城周边区域，规模相对较小，对污染物的治理设施不多。2011 年，定南县主要排放废水的工业企业有 12 家，工业废水治理设施共 6 套；寻乌县主要排放废水的工业企业有 10 家，工业废水治理设施共 5 套；可见，东江源头区部分企业的废水没有进行处理直接排放，部分企业废水处理不达标排放。安远县东江源头区的果业包装加工企业因产生的废水少，企业都未建立污水处理厂，生产、生活排放的废水都直接排入东江水域。

2011 年东江源主要产生工业固体废弃物的企业有 47 家，一般工业固体废弃物综合利用率为 67.90%，对未利用的一般固体废弃物进行储存，危险废物全部得到综合利用。

4. 畜禽养殖业

东江源头区畜禽养殖业主要发展规模化养殖场、"公司+基地+农户"、"经济合作组织+农户"、生态养猪小区、果园养猪五种养猪模式，根据实际情况采取相应的污染治理模式，尽量减少污染物排放。

1.2　东江源头区水环境现状及影响因素分析与评估

1.2.1　水污染源现状调查

东江源头区工业企业分布见图 1-6。东江源头区规模化畜禽养殖企业分布见图 1-7。东江源头区污染源统计见表 1-4 和表 1-5。2011 年东江源头区工业废水、生活污水、种植业和畜禽养殖等污染源共排放 COD$_{Cr}$ 15018.60t/a、NH$_3$-N 3193.13t/a、总氮（TN）4768.35t/a、总磷（TP）364.29t/a、石油类 0.015t/a、氰化物 13.959kg/a、砷 39.872kg/a、铅 238.675kg/a、汞 0.413kg/a、镉 53.320kg/a、六价铬 10.920kg/a 和总铬 22.480kg/a。

图 1-6　东江源头区主要工业污染源分布图

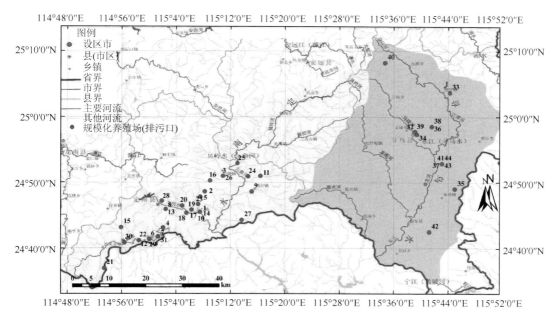

图 1-7　东江源头区规模化畜禽养殖场分布图

表1-4　2011年东江源区污染物排放情况汇总

河流	污染源类型	污染源类别	COD$_{Cr}$/(t/a)	NH$_3$-N/(t/a)	总氮/(t/a)	总磷/(t/a)	石油类/(t/a)	氰化物/(kg/a)	砷/(kg/a)	铅/(kg/a)	汞/(kg/a)	镉/(kg/a)	六价铬/(kg/a)	总铬/(kg/a)
定南水	点源	工业	575.09	1754.07	1754.07	0.00	0.02	13.96	39.67	170.11	0.40	53.27	10.92	22.48
		城镇生活	147.15	21.93	33.64	2.81								
		规模化养殖	2038.61	389.85	776.66	122.26								
	面源	农村生活	1605.06	218.42	234.00	19.97								
		非规模化养殖	2687.54	149.93	335.16	45.15								
		种植业	1244.00	14.60	209.11	32.16								
	小计		8297.45	2548.80	3342.64	222.34	0.02	13.96	39.67	170.11	0.40	53.27	10.92	22.48
寻乌水	点源	工业	121.34	149.53	149.53	0.00	0.000	0.000	0.200	68.570	0.014	0.050	0.000	0.000
		城镇生活	179.74	26.91	39.77	3.32								
		规模化养殖	224.96	36.86	87.5	14.92								
	面源	农村生活	1657.74	225.59	241.68	20.62								
		非规模化养殖	3086.37	152.62	530.69	59.82								
		种植业	1451.00	52.82	376.54	43.27								
	小计		6721.14	644.33	1425.71	141.95	0.00	0.00	0.20	68.57	0.01	0.05	0.00	0.00
合计	点源	工业	696.43	1903.60	1903.60	0.00	0.02	13.96	39.87	238.68	0.41	53.32	10.92	22.48
		城镇生活	326.88	48.85	73.41	6.12	0.00	0.00						
		规模化养殖	2263.57	426.71	864.16	137.18	0.00							
	小计		3286.89	2379.16	2841.17	143.30	0.02	13.96	39.87	238.68	0.41	53.32	10.92	22.48
	面源	农村生活	3262.80	444.01	475.68	40.59								
		非规模化养殖	5773.91	302.55	865.85	104.97	0.00							
		种植业	2695.00	67.42	585.65	75.43	0.00							
	小计		11731.71	813.98	1927.18	220.99	0.00							
合计			15018.60	3193.13	4768.35	364.29	0.02	13.96	39.87	238.68	0.41	53.32	10.92	22.48

表1-5 2011年东江源区各类污染源的比例

河流	污染源类型	污染源类别	COD_{Cr}%	NH_3-N%	总氮%	总磷%	石油类%	氰化物%	砷%	铅%	汞%	镉%	六价铬%	总铬%
定南水	点源	工业	6.93	68.82	52.48	0.00	100.00	100.00	100.00	100.00	100.00	100.00	100.00	100.00
		城镇生活	1.77	0.86	1.01	1.26	0.00	0.00	0.00	0.00	0.00	0.00	0.00	0.00
		规模化养殖	24.57	15.30	23.23	54.99	0.00	0.00	0.00	0.00	0.00	0.00	0.00	0.00
		小计	33.27	84.98	76.72	56.25	100.00	100.00	100.00	100.00	100.00	100.00	100.00	100.00
	面源	农村生活	19.34	8.57	7.00	8.98	0.00	0.00	0.00	0.00	0.00	0.00	0.00	0.00
		非规模化养殖	32.39	5.88	10.03	20.31	0.00	0.00	0.00	0.00	0.00	0.00	0.00	0.00
		种植业	14.99	0.57	6.26	14.46	0.00	0.00	0.00	0.00	0.00	0.00	0.00	0.00
		小计	66.73	15.02	23.28	43.75	0.00	0.00	0.00	0.00	0.00	0.00	0.00	0.00
	合计		100.00	100.00	100.00	100.00	100.00	100.00	100.00	100.00	100.00	100.00	100.00	100.00
寻乌水	点源	工业	1.81	23.21	10.49	0.00	100.00	100.00	100.00	100.00	100.00	100.00	100.00	100.00
		城镇生活	2.67	4.18	2.79	2.34	0.00	0.00	0.00	0.00	0.00	0.00	0.00	0.00
		规模化养殖	3.35	5.72	6.14	10.51	0.00	0.00	0.00	0.00	0.00	0.00	0.00	0.00
		小计	7.83	33.10	19.41	12.85	100.00	100.00	100.00	100.00	100.00	100.00	100.00	100.00
	面源	农村生活	24.66	35.01	16.95	14.53	0.00	0.00	0.00	0.00	0.00	0.00	0.00	0.00
		非规模化养殖	45.92	23.69	37.22	42.14	0.00	0.00	0.00	0.00	0.00	0.00	0.00	0.00
		种植业	21.59	8.20	26.41	30.48	0.00	0.00	0.00	0.00	0.00	0.00	0.00	0.00
		小计	92.17	66.90	80.59	87.15	0.00	0.00	0.00	0.00	0.00	0.00	0.00	0.00
	合计		100.00	100.00	100.00	100.00	100.00	100.00	100.00	100.00	100.00	100.00	100.00	100.00
合计	点源	工业	4.64	59.62	39.92	0.00	100.00	100.00	100.00	100.00	100.00	100.00	100.00	100.00
		城镇生活	2.18	1.53	1.54	1.68	0.00	0.00	0.00	0.00	0.00	0.00	0.00	0.00
		规模化养殖	15.07	13.36	18.12	37.66	0.00	0.00	0.00	0.00	0.00	0.00	0.00	0.00
		小计	21.89	74.51	59.58	39.34	100.00	100.00	100.00	100.00	100.00	100.00	100.00	100.00
	面源	农村生活	21.73	13.91	9.98	11.14	0.00	0.00	0.00	0.00	0.00	0.00	0.00	0.00
		非规模化养殖	38.45	9.48	18.16	28.82	0.00	0.00	0.00	0.00	0.00	0.00	0.00	0.00
		种植业	17.94	2.11	12.28	20.71	0.00	0.00	0.00	0.00	0.00	0.00	0.00	0.00
		小计	78.11	25.49	40.42	60.66	0.00	0.00	0.00	0.00	0.00	0.00	0.00	0.00
	合计		100.00	100.00	100.00	100.00	100.00	100.00	100.00	100.00	100.00	100.00	100.00	100.00

1.2.2　水环境质量现状调查与评价

1. 东江源头区水环境质量空间分布现状

1）河流常规污染物

2012 年 6 月 17～20 日对东江源头的定南水和寻乌水两条河流 21 个断面进行了水文水质测量，水质监测断面见图 1-8。所监测的水质指标有 COD_{Mn}、COD_{Cr}、NH_3-N、TP、Cr^{6+}、Cu、Zn、Cd、Pb、As、Hg、Ni，共 12 项。各监测断面水质指数见表 1-6。

由表 1-6 可知，定南水上游的 10# 监测断面符合《地表水环境质量标准》（GB 3838—2002）Ⅱ类水质的要求，定南水中下游的 9#、8#、6#、5#、3# 和 2# 监测断面均符合《地表水环境质量标准》（GB 3838—2002）Ⅲ类水质的要求。鹅公河（4# 监测断面）和老城水（7# 监测断面）均符合《地表水环境质量标准》（GB 3838—2002）Ⅲ类水质的要求。下历水下游（1# 监测断面）仅 NH_3-N 一项指标超《地表水环境质量标准》（GB 3838—2002）Ⅲ类水质标准，且超标 2.08 倍，其他各项水质指标均符合《地表水环境质量标准》（GB 3838—2002）Ⅲ类水质的要求。由于下历水上游两岸为定南县工业区，而定南水水体中 NH_3-N 主要来自于工业废水，且在下历水下游（1# 监测断面）采样期间出现降雨，下历水也遭受非点源污染，从而导致该处下历水监测断面 NH_3-N 超标。

由表 1-6 可知，寻乌水上游的 12# 监测断面仅 Pb 一项指标超《地表水环境质量标准》（GB 3838—2002）Ⅱ类水质标准，且超标 0.55 倍，其他各项水质指标均符合《地表水环境质量标准》（GB 3838—2002）Ⅱ类水质的要求。寻乌水上游的 13# 和 14# 监测断面的各

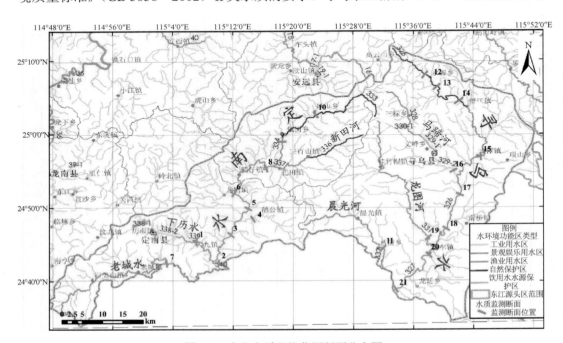

图 1-8　水文水质现状监测断面分布图

表1-6 2012年6月17~20日东江源区水质指数

序号	河流名称	采样编号	COD$_{Mn}$	COD$_{Cr}$	NH$_3$-N	TP	Cr^{6+}	Cu	Zn	Cd	Pb	As	Hg	Ni	评价标准
1	下历水	DJY1	0.53	0.60	3.08	0.16	<0.08	<0.005	0.02	<0.20	<0.10	0.07	<0.10	<0.25	III类
2	定南水	DJY2	0.47	0.55	0.15	0.06	<0.08	<0.005	<0.005	<0.20	<0.10	0.04	<0.10	<0.25	III类
3	定南水	DJY3	0.35	<0.50	0.18	<0.05	<0.08	<0.005	<0.005	<0.20	0.13	0.02	<0.10	<0.25	III类
4	鹅公河	DJY4	0.39	<0.50	0.21	<0.05	<0.08	<0.005	<0.005	<0.20	0.11	0.03	<0.10	<0.25	III类
5	定南水	DJY5	0.35	<0.50	0.10	<0.05	<0.08	<0.005	<0.005	<0.20	<0.10	0.03	<0.10	<0.25	III类
6	定南水	DJY6	0.42	0.50	0.15	<0.05	<0.08	<0.005	<0.005	0.34	0.12	0.03	<0.10	<0.25	III类
7	老城水	DJY7	0.37	<0.50	0.17	<0.05	<0.08	<0.005	<0.005	0.22	0.53	0.03	<0.10	<0.25	III类
8	定南水	DJY8	0.35	<0.50	0.13	<0.05	<0.08	<0.005	<0.005	<0.20	0.37	0.03	<0.10	<0.25	III类
9	定南水	DJY9	0.33	<0.50	0.14	0.06	<0.08	<0.005	<0.005	<0.20	<0.10	0.02	<0.10	<0.25	III类
10	定南水	DJY10	0.40	<0.67	0.27	<0.10	<0.08	<0.005	<0.005	<0.20	<0.50	0.02	<0.20	<0.25	II类
11	晨光河	DJY11	0.29	<0.50	0.06	<0.05	<0.08	<0.005	<0.005	<0.20	0.14	0.02	<0.10	<0.25	III类
12	寻乌水	DJY12	0.48	<0.67	0.18	0.17	<0.08	<0.005	<0.005	<0.20	1.55	0.02	<0.10	<0.25	II类
13	寻乌水	DJY13	0.59	<0.67	0.27	<0.10	<0.08	<0.005	<0.005	<0.20	<0.50	0.02	<0.20	<0.25	II类
14	寻乌水	DJY14	0.55	<0.67	0.76	0.12	<0.08	<0.005	<0.005	<0.20	<0.50	0.03	<0.20	<0.25	II类
15	寻乌水	DJY15	0.27	<0.50	0.17	<0.05	<0.08	<0.005	<0.005	<0.20	<0.10	0.02	<0.10	<0.25	III类
16	马蹄河	DJY16	0.23	<0.33	0.77	0.26	<0.08	<0.005	0.01	<0.20	0.12	0.01	<0.01	<0.25	IV类
17	寻乌水	DJY17	0.35	<0.50	1.44	<0.05	<0.08	<0.005	<0.005	<0.20	<0.10	0.01	<0.10	<0.25	III类
18	寻乌水	DJY18	0.31	<0.50	0.10	0.06	<0.08	<0.005	0.01	<0.20	0.38	0.02	<0.10	<0.25	III类
19	龙图河	DJY19	0.29	<0.50	3.09	<0.05	<0.08	<0.005	0.03	<0.20	0.60	0.02	<0.10	<0.25	III类
20	寻乌水	DJY20	0.31	<0.50	1.08	<0.05	<0.08	<0.005	0.01	<0.20	0.49	0.02	<0.10	<0.25	III类
21	寻乌水	DJY21	0.29	<0.50	1.04	0.05	<0.08	<0.005	<0.005	<0.20	0.48	0.03	<0.10	<0.25	III类
	检出限		0.5	10	0.025	0.01	0.004	0.005	0.005	0.001	0.005	0.1×10^{-3}	0.01×10^{-3}	0.005	
	(GB 3838—2002) II类水质标准		≤4	≤15	≤0.5	≤0.1	≤0.05	≤1	≤1	≤0.005	≤0.01	≤0.05	≤0.00005	≤0.02	
	(GB 3838—2002) III类水质标准		≤6	≤20	≤1	≤0.2	≤0.05	≤1	≤1	≤0.005	≤0.05	≤0.05	≤0.0001	≤0.02	
	(GB 3838—2002) IV类水质标准		≤10	≤30	≤1.5	≤0.3	≤0.05	≤1	≤2	≤0.005	≤0.05	≤0.1	≤0.001	≤0.02	

项水质指标均符合《地表水环境质量标准》（GB 3838—2002）II类水质的要求。寻乌水中下游的15#和18#监测断面的各项水质指标均符合《地表水环境质量标准》（GB 3838—2002）III类水质的要求。寻乌水下游的17#、20#和21#监测断面分别有NH3-N一项指标超《地表水环境质量标准》（GB 3838—2002）III类水质标准，且分别超标0.44倍、0.08倍和0.04倍，其他各项水质指标均符合《地表水环境质量标准》（GB 3838—2002）III类水质的要求。晨光河（11#监测断面）所监测的各项水质指标均符合《地表水环境质量标准》（GB 3838—2002）III类水质的要求。马蹄河（16#监测断面）所监测断面的各项水质指标均符合《地表水环境质量标准》（GB 3838—2002）IV类水质的要求。龙图河（19#监测断面）仅NH3-N一项指标超《地表水环境质量标准》（GB 3838—2002）III类水质标准，且超标2.09倍，其他各项水质指标均符合《地表水环境质量标准》（GB 3838—2002）III类水质的要求。寻乌水17#、20#和21#监测断面NH3-N超标主要是其上游有两家稀土分离厂，且监测期间出现降雨，导致非点源入河所致。龙图河（19#监测断面）东侧是农田和果园，西侧是村庄（余田村），监测期间出现降雨，非点源入河，导致龙图河水体中NH3-N超标。寻乌水上游的12#监测断面Pb超标，可能是监测期间出现降雨，非点源入河所致。

2）农药残留分析

2009年1月和2009年7月，分别对定南水（3#）、定南龙塘生态养殖区支流（2#）、寻乌水（6#）和龙图河（5#）水体中农药残留物进行了采样、分析，水质监测断面见图1-9。分析结果表明（表1-7和表1-8），所监测的水体中各农药残留物很低，其中滴滴涕、环氧七氯、敌敌畏、阿特拉津、马拉硫磷等农药残留物均低于《地表水环境质量标准》（GB 3838—2002）集中式生活饮用水地表水源地特定项目标准限值。

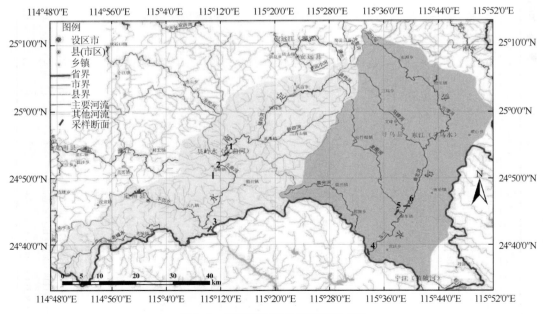

图1-9　农残污染物水质监测布点图

表 1-7　2009 年 1 月东江源头区地表水体中农药残留量

序号	检验项目	监测结果/（ng/L）				《地表水环境质量标准》集中式生活饮用水地表水源地特定项目标准限值/（mg/L）
		定南水（3#）	定南龙塘生态养殖区支流（2#）	寻乌水（6#）	龙图河（5#）	
1	α-六六六 α-HCH	88.312	915.637	60.089	41.825	
2	β-六六六 β-HCH	32.141	190.652	77.588	50.474	
3	γ-六六六 γ-HCH	23.326	39.08	33.699	35.209	
4	δ-六六六 δ-HCH	未检出	未检出	未检出	未检出	
5	o, p′-滴滴伊 o, p′-DDE	未检出	未检出	0.0812	0.08	
6	p, p′-滴滴伊 p, p′-DDE	0.042	0.646	0.203	0.282	
7	米托坦 o, p′-DDD	0.379	0.808	0.122	0.101	
8	4, 4-滴滴滴 p, p′-DDD	0.242	0.080	0.081	0.121	
9	o, p′-滴滴涕 o, p′-DDT	未检出	未检出	未检出	未检出	0.001
10	p, p′-滴滴涕 p, p′-DDT	未检出	1.120	未检出	未检出	0.001
11	七氯 heptachlor	未检出	4.250	未检出	未检出	
12	二氯丙酸 adrrin	未检出	1.89	未检出	未检出	
13	环氧七氯 B heptachlor epoxide B	3.531	2.560	0.406	1.400	0.0002
14	环氧七氯 A heptachlor epoxide A	未检出	2.36	2.152	1.070	0.0002
15	硫丹 I endosulfan I	3.741	9.283	4.182	5.46	
16	硫丹 II endosulfan II	未检出	未检出	未检出	未检出	
17	狄氏剂 dieldrin	未检出	未检出	未检出	未检出	
18	异狄氏剂 endrin	未检出	未检出	未检出	未检出	
19	甲氧滴滴涕 methoxychlor	0.505	1.404	0.163	0.08	
20	异丙威 isoprocarb	未检出	未检出	未检出		
21	克百威 carbofuran-1	未检出	未检出	未检出		
22	乙草胺 acetochlor	未检出	未检出	未检出		
23	三氯杀螨醇 dicofol	11.536	未检出	未检出		
24	氟虫腈 fipronil	未检出	未检出	未检出		
25	丁草胺 butachlor	未检出	18.885	8.022		
26	稻瘟灵 isoprothiolane	11.031	14.891	未检出		
27	噻嗪酮 buprofezin	未检出	未检出	未检出		
28	炔螨特 propargite	未检出	未检出	未检出		
29	辛硫磷 phoxim	未检出	未检出	未检出		
30	敌敌畏 dichlorvos	未检出	未检出	未检出		0.05
31	毒死蜱 chlorphrifos	未检出	未检出	未检出		
32	三唑磷 triazophos	未检出	未检出	未检出		
33	二四滴 2, 4-D	85.115	1721.330	73.786		
34	二甲四氯 MCPA	未检出	未检出	2.363		

表 1-8 2009 年 7 月东江源头区地表水体中农药残留量

序号	检验项目	监测结果/（ng/L）				《地表水环境质量标准》集中式生活饮用水地表水源地特定项目标准限值/（mg/L）
		定南水（3#）	定南龙塘生态养殖区支流（2#）	寻乌水（6#）	龙图河（5#）	
1	α-六六六 α-HCH	38.310	188.685	385.601	326.074	
2	β-六六六 β-HCH	43.045	38.254	31.855	37.176	
3	γ-六六六 γ-HCH	31.080	0.240	0.280	5.362	
4	δ-六六六 δ-HCH	0.266	3.508	3.743	2.793	
5	o, p'-滴滴伊 o, p'-DDE	0.528	未检出	未检出	3.780	
6	p, p'-滴滴伊 p, p'-DDE	0.000	未检出	未检出	0.293	
7	米托坦 o, p'-DDD	0.760	未检出	未检出	0.346	
8	4, 4-滴滴滴 p, p'-DDD	未检出	未检出	0.040	0.207	
9	o, p'-滴滴涕 o, p'-DDT	未检出	0.311	未检出	未检出	0.001
10	p, p'-滴滴涕 p, p'-DDT	未检出	未检出	0.202	0.121	0.001
11	七氯 heptachlor	1.027	未检出	未检出	未检出	
12	二氯丙酸 adrrin	34.480	0.320	未检出	0.100	
13	环氧七氯 B heptachlor epoxide B	未检出	7.705	2.575	1.280	0.0002
14	环氧七氯 A heptachlor epoxide A	未检出	未检出	未检出	未检出	0.0002
15	硫丹 I endosulfan I	12.781	2.967	2.535	1.260	
16	硫丹 II endosulfan II	未检出	2.640	未检出	未检出	
17	狄氏剂 dieldrin	未检出	未检出	1.775	1.520	
18	异狄氏剂 endrin	未检出	未检出	未检出	未检出	
19	甲氧滴滴涕 methoxychlor	0.320	未检出	未检出	未检出	
20	异丙威 isoprocarb	未检出	21.770	未检出	未检出	
21	克百威 carbofuran-1	未检出	未检出	未检出	未检出	
22	敌磺钠 fenaminosulf	138.883	182.062	39.540	86.545	
23	阿特拉津 atrazine	未检出	未检出	未检出	12.504	0.003
24	异稻瘟净 iprobenfos	114.226	未检出	36.631	39.816	
25	乙草胺 acetochlor	8.883	未检出	未检出	13.526	
26	甲草胺 alachlor	未检出	未检出	未检出	未检出	
27	氟虫腈 fipronil	未检出	未检出	未检出	未检出	
28	丁草胺 butachlor	未检出	未检出	13.873	17.792	
29	稻瘟灵 isoprothiolane	286.347	18.371	82.073	283.024	
30	噻嗪酮 buprofezin	60.162	18.884	22.449	34.894	
31	辛硫磷 phoxim	未检出	未检出	未检出	未检出	
32	敌敌畏 dichlorvos	未检出	29.038	<LOQ	44.519	0.05
33	马拉硫磷 malathion	未检出	未检出	未检出	未检出	0.05
34	毒死蜱 chlorphrifos	未检出	未检出	未检出	未检出	
35	三唑磷 triazophos	472.161	82.662	155.028	434.141	
36	二四滴 2, 4-D	未检出	510.142	29.188	936.911	
37	二甲四氯 MCPA	未检出	未检出	未检出	12.738	

2011 年 6 月 30 日对寻乌水斗晏电站断面（4#）、定南水黎屋电站断面（1#）和定南水长滩电站断面（3#）水体中农药残留物进行了采样、分析，分析结果见表1-9。可见，三个断面均未检出丙溴磷（profenofos）、辛硫磷（phoxim）、杀扑磷（methidathion）、乙草胺（acetochlor）、克螨特（propargite）、啶虫脒（acetamiprid）、灭多威（methomyl）、仲丁威（fenobucarb）、吡虫啉（imidacloprid）和草甘膦（glyphosate）；寻乌水斗晏电站断面（4#）和定南水黎屋电站断面（1#）未检出异丙威（isoprocarb），定南水长滩电站断面（3#）检出异丙威，所有三个断面均检出毒死蜱（chlorpyrifos）。

表 1-9　2011 年 6 月东江源头区地表水体中农药残留量

| 序号 | 检验项目 | 监测结果/（mg/L） | | | 最低检出浓度/（mg/L） | 《地表水环境质量标准》集中式生活饮用水地表水源地特定项目标准限值/（mg/L） |
		寻乌水斗晏电站断面（4#）	定南水安远县鹤子镇黎屋电站断面（1#）	定南水长滩电站断面（3#）		
1	毒死蜱（chlorpyrifos）	0.0056	0.0091	0.00016	≤0.0001	
2	丙溴磷（profenofos）	未检出	未检出	未检出	≤0.005	
3	辛硫磷（phoxim）	未检出	未检出	未检出	≤0.0005	
4	杀扑磷（methidathion）	未检出	未检出	未检出	≤0.0005	
5	乙草胺（acetochlor）	未检出	未检出	未检出	≤0.0005	
6	克螨特（propargite）	未检出	未检出	未检出	≤0.005	
7	啶虫脒（acetamiprid）	未检出	未检出	未检出	≤0.005	
8	灭多威（methomyl）	未检出	未检出	未检出	≤0.004	
9	异丙威（isoprocarb）	未检出	未检出	0.031	≤0.004	
10	仲丁威（fenobucarb）	未检出	未检出	未检出	≤0.004	
11	吡虫啉（imidacloprid）	未检出	未检出	未检出	≤0.004	
12	草甘膦（glyphosate）	未检出	未检出	未检出	≤0.01	

2012 年 1 月 5～6 日对寻乌水斗晏电站断面（4#）、定南水黎屋电站断面（1#）、定南水长滩电站断面（3#）、龙图河（5#）、寻乌水（6#）水体中的农药残留物进行了采样、分析。分析结果表明（表1-10），所监测的水体中各农药残留物很低，所监测的 73 项农药残留物中，仅检测出毒死蜱，其他农药残留物均未检出，其中，敌敌畏、乐果、马拉硫磷、阿特拉津、百菌清、环氧七氯、滴滴涕等农药残留物均低于《地表水环境质量标准》集中式生活饮用水地表水源地特定项目标准限值。

表 1-10　2012 年 1 月东江源头区地表水体中农药残留量

| 序号 | 检验项目 | 监测结果/（mg/L） | | | | | 最低检出浓度/（mg/L） | 《地表水环境质量标准》集中式生活饮用水地表水源地特定项目标准限值/（mg/L） |
		寻乌水斗晏电站断面（4#）	定南水黎屋电站断面（1#）	定南水长滩电站断面（3#）	龙图河（5#）	寻乌水（6#）		
1	辛硫磷（phoxim）	未检出	未检出	未检出	未检出	未检出	0.0005	
2	敌敌畏（dichlorvos）	未检出	未检出	未检出	未检出	未检出	0.0001	0.05

续表

序号	检验项目	监测结果/（mg/L）					最低检出浓度/（mg/L）	《地表水环境质量标准》集中式生活饮用水地表水源地特定项目标准限值/（mg/L）
		寻乌水斗晏电站断面（4#）	定南水黎屋电站断面（1#）	定南水长滩电站断面（3#）	龙图河（5#）	寻乌水（6#）		
3	灭线磷（ethoprophos）	未检出	未检出	未检出	未检出	未检出	0.0005	
4	甲拌磷（phorate）	未检出	未检出	未检出	未检出	未检出	0.0005	
5	乐果（dimethoate）	未检出	未检出	未检出	未检出	未检出	0.0005	0.08
6	马拉硫磷（malathion）	未检出	未检出	未检出	未检出	未检出	0.0005	0.05
7	毒死蜱（chlorpyrifos）	未检出	未检出	未检出	0.00018	0.00025	0.0001	
8	水胺硫磷（isocarbophos）	未检出	未检出	未检出	未检出	未检出	0.0005	
9	甲基异柳磷（isofenphosmethyl）	未检出	未检出	未检出	未检出	未检出	0.001	
10	喹硫磷（quinalphos）	未检出	未检出	未检出	未检出	未检出	0.001	
11	丙溴磷（profenofos）	未检出	未检出	未检出	未检出	未检出	0.005	
12	三唑磷（triazophos）	未检出	未检出	未检出	未检出	未检出	0.0005	
13	氯氰菊酯（cypermethrin）	未检出	未检出	未检出	未检出	未检出	0.0005	
14	氟氯氰菊酯（cyfluthrin）	未检出	未检出	未检出	未检出	未检出	0.0005	
15	氰戊菊酯（fenvalerate）	未检出	未检出	未检出	未检出	未检出	0.0005	
16	溴氰菊酯（deltamethrin）	未检出	未检出	未检出	未检出	未检出	0.0005	
17	阿特拉津（atrazine）	未检出	未检出	未检出	未检出	未检出	0.0005	0.003
18	甲草胺（alachlor）	未检出	未检出	未检出	未检出	未检出	0.0005	
19	乙草胺（acetochlor）	未检出	未检出	未检出	未检出	未检出	0.0005	
20	异丙甲草胺（metolachor）	未检出	未检出	未检出	未检出	未检出	0.0005	
21	丁草胺（butachlor）	未检出	未检出	未检出	未检出	未检出	0.0005	
22	脱乙基阿特拉津（desethylatrazine）	未检出	未检出	未检出	未检出	未检出	0.0005	
23	脱异丙基莠去津(deisopropyl-atrazine)	未检出	未检出	未检出	未检出	未检出	0.0005	
24	灭草松（bentazone）	未检出	未检出	未检出	未检出	未检出	0.001	
25	二四滴（2, 4-D）	未检出	未检出	未检出	未检出	未检出	0.005	
26	二甲四氯（MCPA）	未检出	未检出	未检出	未检出	未检出	0.0001	
27	西玛津（simazine）	未检出	未检出	未检出	未检出	未检出	0.0002	
28	草净津（terbuthylazine）	未检出	未检出	未检出	未检出	未检出	0.0002	
29	氰草津（cyanazine）	未检出	未检出	未检出	未检出	未检出	0.0002	
30	利谷隆（linuron）	未检出	未检出	未检出	未检出	未检出	0.0002	
31	禾草特（molinate）	未检出	未检出	未检出	未检出	未检出	0.001	
32	百菌清（chlorothalonil）	未检出	未检出	未检出	未检出	未检出	0.0001	0.01
33	三唑酮（triadimefon）	未检出	未检出	未检出	未检出	未检出	0.0002	
34	腐霉利（procymidone）	未检出	未检出	未检出	未检出	未检出	0.0002	

续表

| 序号 | 检验项目 | 监测结果/（mg/L） | | | | | 最低检出浓度/（mg/L） | 《地表水环境质量标准》集中式生活饮用水地表水源地特定项目标准限值/（mg/L） |
		寻乌水斗晏电站断面（4#）	定南水黎屋电站断面（1#）	定南水长滩电站断面（3#）	龙图河（5#）	寻乌水（6#）		
35	稻瘟灵（isoprothiolane）	未检出	未检出	未检出	未检出	未检出	0.001	
36	恶霜灵（oxadixyl）	未检出	未检出	未检出	未检出	未检出	0.0005	
37	异稻瘟净（iprobenfos）	未检出	未检出	未检出	未检出	未检出	0.0005	
38	丙环唑（propiconazole）	未检出	未检出	未检出	未检出	未检出	0.0002	
39	敌磺钠（fenaminosulf）	未检出	未检出	未检出	未检出	未检出	0.001	
40	三氯杀螨醇（dicofol）	未检出	未检出	未检出	未检出	未检出	0.0001	
41	哒螨灵（pyridaben）	未检出	未检出	未检出	未检出	未检出	0.0005	
42	炔螨特（propargite）	未检出	未检出	未检出	未检出	未检出	0.005	
43	硫丹（endosulfan-I, II）	未检出	未检出	未检出	未检出	未检出	0.0001	
44	异丙威（isoprocarb）	未检出	未检出	未检出	未检出	未检出	0.004	
45	杀扑磷（methidiathion）	未检出	未检出	未检出	未检出	未检出	0.0005	
46	噻嗪酮（buprofezin）	未检出	未检出	未检出	未检出	未检出	0.001	
47	虫螨腈（chlorfenapyr）	未检出	未检出	未检出	未检出	未检出	0.0005	
48	氟虫腈（fipronil）	未检出	未检出	未检出	未检出	未检出	0.0005	
49	克百威（carbofuran）	未检出	未检出	未检出	未检出	未检出	0.004	
50	啶虫脒（acetamiprid）	未检出	未检出	未检出	未检出	未检出	0.001	
51	灭多威（methomyl）	未检出	未检出	未检出	未检出	未检出	0.004	
52	仲丁威（fenobucarb）	未检出	未检出	未检出	未检出	未检出	0.004	
53	吡虫啉（midacloprid）	未检出	未检出	未检出	未检出	未检出	0.004	
54	草甘膦（glyphosate）	未检出	未检出	未检出	未检出	未检出	0.01	
55	a-六氯环己烷（a-BHC）	未检出	未检出	未检出	未检出	未检出	0.0001	
56	b-六氯环己烷（b-BHC）	未检出	未检出	未检出	未检出	未检出	0.0001	
57	d-六氯环己烷（d-BHC）	未检出	未检出	未检出	未检出	未检出	0.0001	
58	g-六氯环己烷（g-BHC）	未检出	未检出	未检出	未检出	未检出	0.0001	
59	七氯（heptachlor）	未检出	未检出	未检出	未检出	未检出	0.0001	
60	艾氏剂（aldrin）	未检出	未检出	未检出	未检出	未检出	0.0001	
61	环氧七氯 A（heptachlor epoxide A）	未检出	未检出	未检出	未检出	未检出	0.0001	0.0002
62	环氧七氯 B（heptachlor epoxide B）	未检出	未检出	未检出	未检出	未检出	0.0001	0.0002
63	o, p'-滴滴伊（o, p'-DDE）	未检出	未检出	未检出	未检出	未检出	0.0001	
64	p, p'-滴滴伊（p, p'-DDE）	未检出	未检出	未检出	未检出	未检出	0.0001	
65	米托坦（o, p'-DDD）	未检出	未检出	未检出	未检出	未检出	0.0001	
66	4, 4-滴滴滴（p, p'-DDD）	未检出	未检出	未检出	未检出	未检出	0.0001	

续表

序号	检验项目	监测结果/（mg/L）					最低检出浓度/（mg/L）	《地表水环境质量标准》集中式生活饮用水地表水源地特定项目标准限值/（mg/L）
		寻乌水斗晏电站断面（4#）	定南水黎屋电站断面（1#）	定南水长滩电站断面（3#）	龙图河（5#）	寻乌水（6#）		
67	o, p'-滴滴涕（o, p'-DDT）	未检出	未检出	未检出	未检出	未检出	0.0001	0.001
68	p, p'-滴滴涕（p, p'-DDT）	未检出	未检出	未检出	未检出	未检出	0.0001	0.001
69	硫丹 I（endosulfan I）	未检出	未检出	未检出	未检出	未检出	0.0001	
70	硫丹 II（endosulfan II）	未检出	未检出	未检出	未检出	未检出	0.0001	
71	狄氏剂（dieldrin）	未检出	未检出	未检出	未检出	未检出	0.0001	
72	异狄氏剂（endrin）	未检出	未检出	未检出	未检出	未检出	0.0001	
73	甲氧滴滴涕（methoxychlor）	未检出	未检出	未检出	未检出	未检出	0.0001	

可见，东江源头区地表水体已受到农药的污染，但污染较轻。

2. 东江源头区水环境质量时间变化

2008～2010 年定南水长滩电站断面、定南水黎屋电站断面和寻乌水斗晏电站断面主要污染物变化情况见图 1-10～图 1-14。

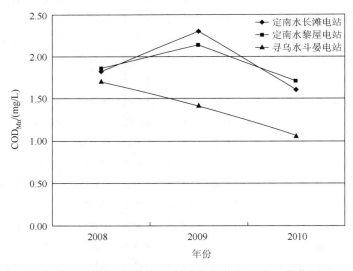

图 1-10　2008～2010 年寻乌水和定南水 COD_{Mn} 变化图

2008 年定南水长滩电站断面水质出现超《地表水环境质量标准》（GB 3838—2002）III 类水质标准的现象，其中氨氮超标率为 50%，超标月份为 3 月、5 月和 9 月，超标倍数分别为 1.27、0.09 和 0.73，所监测的其他指标符合（GB 3838—2002）III 类水质标准；2009 年定南水长滩电站断面水质出现超（GB 3838—2003）III 类水质标准的现象，其中氨氮超标率为 16.67%，超标月份为 3 月，超标倍数为 0.15，所监测的其他指标符合（GB 3838—2002）III类水质标准；2010 年定南水长滩电站断面水质符合（GB 3838—2002）III类水质标准。

2008～2010 年定南水黎屋电站断面水质均符合（GB 3838—2002）III类水质标准。

2008 年寻乌水斗晏电站断面水质出现超（GB 3838—2002）III类水质标准现象，其中氨氮超标率为 50%，超标月份为 3 月、9 月和 11 月，超标倍数分别为 2.08、0.19 和 0.70，所监测的其他指标符合（GB 3838—2002）III类水质标准；2009 年寻乌水斗晏电站断面水质超（GB 3838—2003）III类水质标准，其中氨氮超标率为 33.33%，超标月份为 1 月和 9 月，超标倍数分别为 0.47 和 0.20，所监测的其他指标符合（GB 3838—2002）III类水质标准；2010 年寻乌水斗晏电站断面水质符合（GB 3838—2002）III类水质标准。

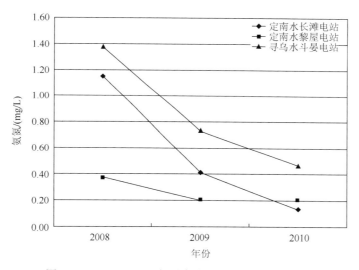

图 1-11　2008～2010 年寻乌水和定南水氨氮变化图

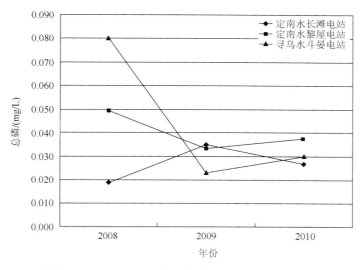

图 1-12　2008～2010 年寻乌水和定南水总磷变化图

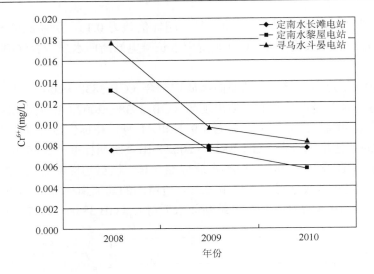

图 1-13　2008～2010 年寻乌水和定南水 Cr^{6+} 变化图

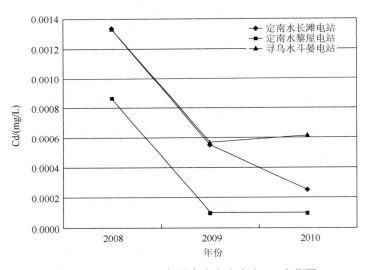

图 1-14　2008～2010 年寻乌水和定南水 Cd 变化图

　　寻乌水斗晏电站断面、定南水长滩电站断面和定南水安远县鹤子镇黎屋电站断面，各项污染因子年平均水质指数总和从 2008～2010 年逐年下降。总体来说，东江源头区水质自 2008 年以来逐渐好转。

3. 水环境质量影响因素分析与评估

1）定南水

　　2011 年定南县和安远县工业、生活、种植业和畜禽养殖等污染源共向定南水排放 COD_{Cr} 8297.45t/a、NH_3-N 2548.80t/a、总氮 3342.64t/a、总磷 222.34t/a、石油类 0.015t/a、氰化物 13.959kg/a、砷 39.672kg/a、铅 170.105kg/a、汞 0.399kg/a、镉 53.27kg/a、六价铬

10.920kg/a 和总铬 22.480kg/a。

定南水水体中各污染源各污染物所占的比例见图 1-15～图 1-18。

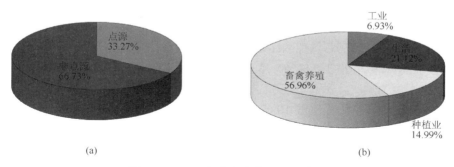

图 1-15　2011 年定南水中 COD_{Cr} 来源

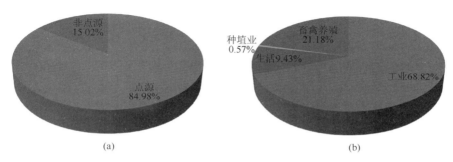

图 1-16　2011 年定南水中 NH_3-N 来源

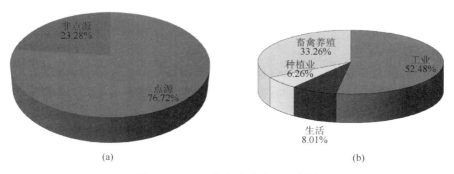

图 1-17　2011 年定南水中 TN 来源

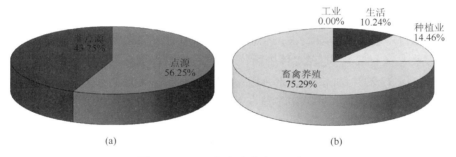

图 1-18　2011 年定南水中 TP 来源

定南水水体中污染物 COD_{Cr} 主要来源于非点源，占 66.73%（其中非规模化养殖占 32.39%、农村生活污水占 19.34%、种植业占 14.99%），点源 COD_{Cr} 占 33.27%（其中规模化养殖占 24.57%、工业废水占 6.93%、城镇生活污水占 1.77%）；地表水体中污染物 NH_3-N 主要来源于点源，占 84.98%（其中工业废水占 68.82%、规模化养殖占 15.30%、城镇生活污水占 0.86%），非点源 NH_3-N 占 15.02%（其中农村生活污水占 8.57%、非规模化养殖占 5.88%、种植业占 0.57%）；地表水体中污染物总氮主要来源于点源，占 76.72%（其中工业废水占 52.48%、规模化养殖占 23.23%、城镇生活污水占 1.01%），非点源总氮占 23.28%（其中非规模化养殖占 10.03%、农村生活污水占 7.00%、种植业占 6.26%）；地表水体中污染物总磷主要来源于点源，占 56.25%（其中规模化养殖占 54.99%、城镇生活污水占 1.26%），非点源总磷占 43.75%（其中非规模化养殖占 20.31%、种植业占 14.46%、农村生活污水占 8.98%）。

此外，从地表水体中实测污染物重金属含量以及统计的工业废水排放的重金属负荷可知，除了工业废水排放重金属外，地表水体中重金属主要来自采矿、废弃尾矿和水土流失。

结合水质现状监测结果可知，定南水污染物指标影响顺序依次为：COD、NH_3-N、Pb、Cd、As、TP、Ni、Hg、Cr^{6+}、Zn、Cu、农残污染物。

下历水污染物指标影响顺序依次为：NH_3-N、COD、TP、As、Zn、Ni、Cd、Pb、Hg、Cr^{6+}、Cu。

老城水污染物指标影响顺序依次为：Pb、COD、Cd、NH_3-N、As、Ni、Hg、Cr^{6+}、TP、Zn、Cu。

定南水流域污染源控制顺序依次为：畜禽养殖废水、工业废水、生活污水、矿山径流、种植业化肥流失。

2）寻乌水

2011 年寻乌县工业、生活、种植业和畜禽养殖等污染源共向寻乌水排放 COD_{Cr}6721.14t/a、NH_3-N 644.33t/a、总氮 1425.71t/a、总磷 141.95t/a、砷 0.20kg/a、铅 68.57kg/a、汞 0.01kg/a、镉 0.05kg/a。

寻乌水水体中各污染源各污染物所占的比例见图 1-19～图 1-22。

地表水体中污染物 COD_{Cr} 主要来源于非点源，占 92.17%（其中非规模化养殖占 45.92%、农村生活污水占 24.66%、种植业占 21.59%），点源 COD_{Cr} 占 7.83%（其中规模化养殖占 3.35%、城镇生活污水占 2.67%、工业废水占 1.81%）；地表水体中污染物 NH_3-N 主要来源于非点源，占 66.90%（其中农村生活污水占 35.01%、非规模化养殖占 23.69%、种植业占 8.20%），点源 NH_3-N 占 33.10%（其中工业废水占 23.21%、规模化养殖占 5.72%、城镇生活污水占 4.18%）；地表水体中污染物总氮主要来源于非点源，占 80.59%（其中非规模化养殖占 37.22%、种植业占 26.41%、农村生活污水占 16.95%），点源总氮占 19.41%（其中工业废水占 10.49%、规模化养殖占 6.14%、城镇生活污水占 2.79%）；地表水体中污染物总磷主要来源于非点源，占 87.15%（其中非规模化养殖占 42.14%、种植业占 30.48%、农村生活污水占 14.53%），点源总磷占 12.85%（其中规模化养殖占 10.51%、城镇生活污水占 2.34%）。

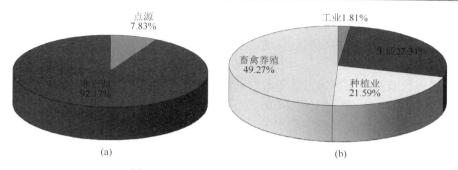

图 1-19　2011 年寻乌水中 COD_{Cr} 来源

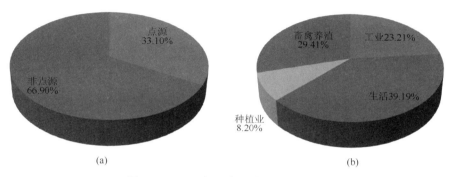

图 1-20　2011 年寻乌水中 NH_3-N 来源

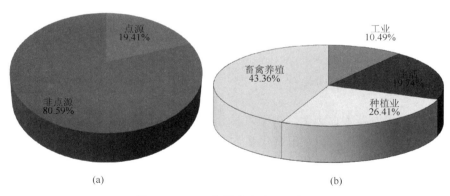

图 1-21　2011 年寻乌水中 TN 来源

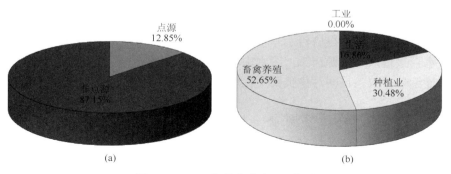

图 1-22　2011 年寻乌水中 TP 来源

此外，从地表水体中实测污染物重金属含量以及统计的工业废水排放的重金属负荷可知，除了工业废水排放重金属外，地表水体中重金属主要来自采矿、废弃尾矿和水土流失。

由水质现状监测结果可知，寻乌水污染物指标影响顺序依次为：NH_3-N、COD、Pb、TP、As、Zn、Ni、Cd、Hg、Cr^{6+}、Cu、农残污染物。

寻乌水流域污染源控制顺序依次为：畜禽养殖废水、生活污水、工业废水、矿山径流、种植业化肥流失。

1.3　入河污染物迁移规律

1.3.1　生活污染源产污迁移规律

1. 城镇生活污水产污迁移规律

定南县污水处理厂和寻乌县污水处理厂已于 2009 年年底建成试运行，2010 年正式投入运行，目前运行状况良好。定南县污水处理厂和寻乌县污水处理厂分别处理定南县城和寻乌县城生活污水，处理后的生活污水分别排入下历河和寻乌河，基本上属于连续性排放，正常情况下，日间污染负荷变化不大，日内污染负荷变化也不大。

目前，其他乡镇均未建设污水处理厂，生活污水未经处理直接排入地表水体。这些城镇生活污水基本上属于连续性排放，日间污染负荷变化不大，日内污染负荷变化较大。

2. 农村生活污水产污迁移规律

东江源头区以农业人口为主，由于农村分散居住的特殊情况，村庄分散的地理分布特征造成污水分散，难于收集，日变化系数大，一般在 3.0～5.0。部分居民建有沼气池，减少了生活废水的排放。农村生活污水基本未经处理排入水体，这些农村生活污水属于间歇性排放，日间污染负荷变化较大，日内污染负荷变化也大。

1.3.2　工业污染源产污迁移规律

东江源头区工业废水排放口基本设置于定南水、寻乌水干流及支流，各工业企业所排放的废水直接进入东江源河流，废水中污染物入河稀释并顺河水水流迁移。工业废水一般属于连续性排放，日间污染负荷变化较小，日内污染负荷变化也小。

1.3.3　种植业面源产污迁移规律

东江源头区农业面源主要包括果园、旱地和水田产生的面源。这些面源主要来自于降雨产生的径流和水田的排退水，属于间歇性排放源。

1.3.4　矿山径流污染源的产污迁移规律

尾矿和剥离物中所含的重金属、残留在尾矿中的选矿试剂（酸性试剂、有机试剂）等污染物，在雨水的冲刷和淋滤作用下形成矿山径流污染源，进入水体，造成地表水体的污染（高志强和周启星，2011）。

2009 年 12 月对定南县岿美山钨矿尾矿下游支流在石灰湾处以及尾矿坝出水口水质进行监测，结果见表 1-11。从表中可见，尾矿堆渗滤液中镉和铅的浓度远远超过《地表水环境质量》（GB 3838—2003）Ⅲ类水质标准，尾矿坝出水中所含的悬浮物也富集重金属。

表 1-11　岿美山钨矿尾矿径流水质监测结果

样品	Cd	Pb	As	Ni	Cr
尾矿坝出水水样/（mg/L）	0.028	0.009	0.028	0.068	0.031
尾矿坝出水悬浮物/（mg/g）	0.052	0.04	0.031	0.46	0.034
尾矿堆渗滤液/（mg/L）	0.89	2.11	—	—	—
（GB 3838—2002）Ⅲ类水质标准	≤0.005	≤0.05	≤0.05	≤0.02	≤0.05

可见，矿山径流所含的重金属等污染物入河稀释并顺河水水流迁移，但由于所含的悬浮物中富含重金属，悬浮物如遇水流减缓等原因将沉入河底，形成底泥，也就是矿山径流所含的重金属将有部分转入河流底泥中。矿山径流是随着降雨而产生的，属于间歇性污染源（任军，2012）。

1.4　污染物总量控制与目标负荷量分配

1.4.1　东江源头区水环境数学模型的构建

1. 研究区域概化

东江源头区主要包括赣州市的寻乌、安远和定南三县，东江水系主要有寻乌水系和定南水系，由于区域内大范围的地形测量资料尚不具备，整个区域内河道概化基础尚难做到，但为了能给区域容量管理提供基础的工作依据，对区域内主要河流断面进行了测量，由主要断面测量结果结合 GIS 地形数据资料对区域内河道进行概化，建立了东江源头区简化的一维水环境数学模型，为今后详尽的地形资料补充及模型完善提供了基础。

将东江源头区主要河道进行概化，概化后河道主要有 11 条，断面 157 个（其中实测断面 21 个，实测时间为 2012 年 17～20 日），河道中汊点数 5 个，河道概化见图 1-23。

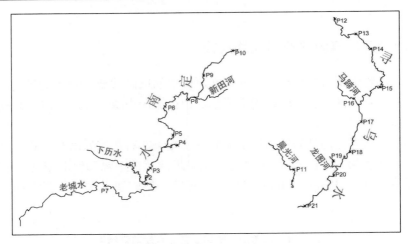

图 1-23　河道概化及监测断面图

2. 水环境数学模型

东江源头区水环境数学模型采用一维水动力水质模型计算区域容量（陈永灿等，2012），模型介绍如下。

1）一维水动力模型

A. 基本方程

a. 河道水流控制方程

描述水流在明渠中运动的问题最终都归结为一维圣维南方程组的求解问题，一维圣维南方程组表示为如下形式。

连续方程：

$$\frac{1}{B}\frac{\partial Q}{\partial x}+\frac{\partial H}{\partial t}=q_{L}$$

动量方程：

$$\frac{\partial u}{\partial t}+u\frac{\partial u}{\partial x}+g\frac{\partial H}{\partial x}+g\frac{u|u|}{C_{s}^{2}R}=-\frac{uq_{L}}{S}$$

式中，H 为断面水位；Q 为流量；u 为平均流速；S 为河道过水断面面积；g 为重力加速度；B 为不同水位下的水面宽度；q_{L} 为旁侧入流流量；R 为水力半径；C_{s} 为谢才（Chezy）系数；x、t 为位置和时间坐标。

b. 河网汊点连接方程

对于汊点处的衔接问题，目前使用最广泛的是水流连续和能量守恒两个条件。其表述如下。

流量连接条件：

进出每一节点的流量必须与该节点内实际水量的增减率相平衡，即

$$\sum Q_{i}=\frac{\partial W}{\partial t}=A\frac{Z^{j+1}-Z^{j}}{\Delta t}$$

式中，Q_{i} 为通过 i 断面进入节点的流量；W 为节点的蓄水量；A 为调蓄节点的蓄水面积

（汇合区面积）；Z^{j+1}、Z^j 为调蓄节点 $j+1$ 时刻和 j 时刻的水位，若调蓄节点面积很小，则

$$\sum Q_i = 0$$

动力连接条件：

如果节点可以概化为一个几何点，出入各节点的水位平缓，不存在水文突变情况，则各节点相连汊道的水位应相等，等于该点的平均水位，即

$$H_1 = H_2 = \cdots = H_0$$

如果各断面的过水面积相差悬殊，流速有较明显的差别，当略去汊点的局部损耗时，得伯努力（Bernouli）方程为

$$H_1 + \frac{u_1^2}{2g} = H_2 + \frac{u_2^2}{2g}$$

它表明各支汊河道上在汊点处流体微段的动力学特性趋于一致。

B. 模型求解方法

a. 河道基本方程组差分格式

采用四点加权 Preissmann 隐式差分格式离散圣维南方程组，求解时采用追法。以 F 代表流量 Q 和水位 Z，则 F 在河段时段内加权平均量及相应偏导数可分别表示为

$$\begin{cases} F = \frac{1}{2}(F_{j+1}^n + F_j^n) \\ \frac{\partial F}{\partial x} = \theta \frac{F_{j+1}^{n+1} - F_j^{n+1}}{\Delta x} + (1-\theta)\left(\frac{F_{j+1}^n - F_j^n}{\Delta x}\right) \\ \frac{\partial F}{\partial t} = \frac{F_{j+1}^{n+1} + F_j^{n+1} - F_{j+1}^n - F_j^n}{\Delta t} \end{cases}$$

式中，θ 为加权系数，一般取 $0.5\sim1.0$。

b. 河道方程

设河道共有 m 个断面，则有 $(m-1)$ 个微段，首断面编号为 1，末断面编号为 m。按照离散格式，潮流从 j 断面流向 $j+1$ 断面有

连续方程：

$$-Q_j^{n+1} + Q_{j+1}^{n+1} + c_j Z_j^{n+1} + c_j Z_{j+1}^{n+1} = D_j$$

动力方程：

$$E_j Q_j^{n+1} + G_j Q_{j+1}^{n+1} - F_j Z_j^{n+1} + F_j Z_{j+1}^{n+1} = \varphi_j$$

式中，

$$c_j = \frac{B_{j+1/2}^n \Delta x_j}{2\Delta t \theta}$$

$$D_j = \frac{q_{j+\frac{1}{2}} \Delta x_j}{\theta} - \frac{1-\theta}{\theta}(Q_{j+1}^n - Q_j^n) + c_j(Z_{j+1}^n + Z_j^n)$$

$$B_{j+\frac{1}{2}}^n = (B_j^n + B_{j+1}^n)/2$$

$$E_j = \frac{\Delta x_j}{2\theta \Delta t} - (\alpha u)_j^n + \left(\frac{g|u|}{2\theta c^2 R}\right)_j^n \Delta x_j$$

$$G_j = \frac{\Delta x_j}{2\theta\Delta t} + (\alpha u)_{j+1}^n + \left(\frac{g|u|}{2\theta c^2 R}\right)_{j+1}^n \Delta x_j$$

$$F_j = (gA)_{j+1/2}^n$$

$$\varphi_j = \frac{\Delta x_j}{2\theta\Delta t}(Q_{j+1}^n + Q_j^n) - \frac{1-\theta}{\theta}\left[(\alpha u Q)_{j+1}^n - (\alpha u Q)_j^n\right] - \frac{1-\theta}{\theta}(gA)_{j+1/2}^n(Z_{j+1}^n - Z_j^n)$$

由曼宁公式 $c = \frac{1}{n}R^{1/6}$，则 $\frac{g|u|}{2\theta c^2 R} = \frac{gn^2|u|}{2\theta R^{4/3}}$

可将上述方程进一步整理成河道任一微段差分方程为

$$-Q_j + Q_{j+1} + c_j Z_j + c_j Z_{j+1} = D_j$$

$$E_j Q_j + G_j Q_{j+1} - F_j Z_j + F_j Z_{j+1} = \phi_j$$

式中，c_j、D_j、E_j、F_j、G_j、ϕ_j 均由初值计算，所以，方程组为常系数线性方程组。对一条有 $m-1$ 个微段的河道，有 $2(m-1+1)$ 个未知量，可以列出 $2(m-1)$ 个方程，加上河道两端的边界条件，形成封闭的代数方程组。

对任一单独河道，其微段方程都是前后相连有序的，可方便地对其自相消元得到只含有河段首、末断面变量的河段方程组，即只含有节点变量：

$$Q_1 = \alpha_1 + \beta_1 Z_1 + \delta_1 Z_m$$

$$Q_m = \theta_m + \eta_m Z_m + \gamma_m Z_1$$

式中，Z_1 为首节点水位，Z_m 为末节点水位。

由河段方程及河道边界条件及汊点连接条件的差分形式，可以得到完全由每一河段首末断面未知量构成的汊点方程组。汊点方程包括边点方程和汊点连接方程。边点方程共有 B 个，B 为边界点数；汊点连接方程有 L 个，L 为每一汊点上的汊道数。设汊点处水位处处相同，则据此可以列出以河道首末断面流量为未知数的方程（$L-1$）个。另根据汊点流量平衡条件，在每个汊点处又可列出以河道首末断面流量为未知数的方程 1 个，则整个河道汊点连接方程有（$2N_r-B$）个，N_r 为河道数。汊点连接方程和边点方程共有 $2N_r$ 个。每条河道首末断面流量和边界点流量有 $2N_r$ 个，未知量个数和方程个数相同，方程组存在唯一解，采用迭代法求解。

模型求解步骤：对河道非恒定流基本方程组采用一种按隐式计算的三级联合解法，即将参加计算的方程分成微段、河段、汊点三级，逐级处理，再联合运算，求得河网中各微段断面的水位、流量等值。

2）一维水质模型

在前述水流模拟的基础上，采用一维对流扩散输移方程模拟各水源地河段水质状况：

河道方程

$$\frac{\partial(AC)}{\partial t} + \frac{\partial(QC)}{\partial x} - \frac{\partial}{\partial x}\left(AE_x\frac{\partial C}{\partial x}\right) + S_c - S = 0$$

河道交叉点方程

$$\sum_{i=1}^{NL}(QC)_{i,j} = (C\Omega)_j\left(\frac{dZ}{dt}\right)_j$$

式中，Q，Z 为流量及水位；A 为河道断面积；E_x 为纵向分散系数；C 为水流输送的物质浓度；Ω 为河道汊点——节点的水面面积；j 为节点编号；i 为与节点 j 相联接的河道编号；S_c 为与输送物质浓度有关的衰减项，对 COD 和氨氮可写为 $S_c = \mathrm{kd}AC$；kd 为衰减因子；S 为外部的源或汇项。

A. 水质模型求解方法

对下式，用隐式差分迎风格式将其离散。以顺流向情况的差分为例，式中的时间项采用前差分，对流项采用迎风差分，扩散项采用中心差分格式，得

$$
\begin{cases}
\dfrac{\partial(AC)}{\partial t} = \dfrac{(AC)_i^{k+1} - (AC)_i^k}{\Delta t}, \\[2mm]
\dfrac{\partial(QC)}{\partial x} = \dfrac{(QC)_i^{k+1} - (QC)_{i-1}^{k+1}}{\Delta x_{i-1}}, \\[2mm]
\dfrac{\partial}{\partial x}\left(AE_x \dfrac{\partial C}{\partial x}\right) = \left[\dfrac{(AE_x)_i^{k+1} C_{i+1}^{k+1} - (AE_x)_i^{k+1} C_i^{k+1}}{\Delta x_i} \right. \\[4mm]
\left. \qquad - \dfrac{(AE_x)_{i-1}^{k+1} C_i^{k+1} - (AE_x)_{i-1}^{k+1} C_{i-1}^{k+1}}{\Delta x_{i-1}} \right]\dfrac{1}{\Delta x_{i-1}}, \\[4mm]
S_c - S = \overline{K}_{d,i-1}^{k+1}(AC)_i^{k+1} - \overline{S}_{i-1}^{k+1},
\end{cases}
$$

对于逆流向情况可得到类似的结果，式中 $\overline{K}_d$、$\overline{S}$ 表示河段值，上角标 k 是时段的初值，$(k+1)$ 是时段末值。考虑到河道中流向顺逆不定，离散基本方程时，需要引入流向调节因子 r_c 及 r_d，将顺、逆流向的离散方程统一到同一方程中，经整理后得到下列由 n 个方程组成的线性隐式差分方程组。差分方程组的求解分单-河道的求解和节点方程的求解。

$$a_i C_{i-1} + b_i C_i + c_i C_{i+1} = Z_i \qquad (i=1, \cdots, n)$$

式中，a_i，b_i，c_i 是系数；C_i 是 i 断面时段末的浓度；n 是某河道的断面数。

对于一般断面（$i=2, \cdots, n-1$）有

$$
\begin{cases}
a_i = -\left[r_{c1}D_{11} + r_{d1}D_{21} + F_{c1}\right]\Delta t / V, \\[2mm]
b_i = \left[r_{c1}D_{11} + r_{c2}D_{22} + r_{d1}D_{21} + r_{d2}D_{32} + F_{c2} - F_{d2}\right]\Delta t / V \\[2mm]
\qquad + \left[r_{c1}\overline{K}_{k,i-1} + r_{d2}\overline{K}_{d,i}\right]\Delta t + 1.0, \\[2mm]
c_i = -\left[r_{c2}D_{22} + r_{d2}D_{32} - F_{d3}\right]\Delta t / V, \\[2mm]
z_i = \alpha_i C_i^k + \left[r_{c1}\overline{S}_{i-1}\Delta x_{i-1} + r_{d2}\overline{S}_i \Delta x_i\right]\Delta t / V,
\end{cases}
$$

对于首断面（$i=1$）有

$$
\begin{cases}
a_1 = 0, \\[2mm]
b_1 = \left[r_{d2}D_{32} - F_{d2}\right]\Delta t / V_2 + r_{d2}\overline{K}_{d,1}\Delta t + r_{d2}, \\[2mm]
c_1 = -\left[r_{d2}D_{32} - F_{d3}\right]\Delta t / V_2, \\[2mm]
z_1 = \alpha_1 C_1^k + r_{d2}\overline{S}_1 \Delta x_1 \cdot \Delta t / V_2,
\end{cases}
$$

对于末断面（$i=n$）有

$$\begin{cases} a_n = -\left[r_{c1}D_{11} + F_{c1}\right]\Delta t/V_1, \\ b_n = \left[r_{c1}D_{11} + F_{c2}\right]\Delta t/V_1 + r_{c1}\overline{K}_{d,n-1}\Delta t + r_{c1}, \\ c_n = 0, \\ z_n = \alpha_n C_n^k + r_{c1}\overline{S}_{n-1}\Delta x_{n-1}\cdot\Delta t/V_1, \end{cases}$$

式中，

$$\begin{cases} V_1 = \Delta x_{i-1}(A_{i-1} + A_i)/2, V_2 = \Delta x_1(A_i + A_{i+1})/2, \\ V = r_{c1}V_1 + r_{d2}V_2, \qquad \alpha_i = A_i^k/A_i, \end{cases}$$

$$\begin{cases} D_{11} = (AE_x)_{i-1}/\Delta x_{i-1}, \qquad D_{22} = (AE_x)_i/\Delta x_i, \\ D_{21} = (AE_x)_i/\Delta x_{i-1}, \qquad D_{32} = (AE_x)_{i+1}/\Delta x_i, \end{cases}$$

$$\begin{cases} F_{c1} = (Q_{i-1} + Q_{a_{i-1}})/2, \qquad F_{c2} = (Q_i + Q_{a_{i+1}})/2, \\ F_{d2} = (Q_i - Q_{a_i})/2, \qquad F_{d3} = (Q_{i+1} - Q_{a_{i+1}})/2, \end{cases}$$

$$\begin{cases} Q_w = (Q_{i-1} + Q_i)/2, \qquad Q_e = (Q_i + Q_{a_i})/2, \\ r_{c1} = (Q_w + Q_{a_w})/2Q_w, \qquad r_{c2} = (Q_e + Q_{a_e})/2Q_e, \\ r_{d1} = (Q_w - Q_{a_w})/2Q_w, \qquad r_{d2} = (Q_e - Q_{a_e})/2Q_e, \\ r_c = r_d = 0,(当Q_w,Q_e = 0) \end{cases}$$

以上两个公式中的各个变量 Q_a 是相应于流量 Q 的绝对值。

B. 水质模型求解步骤

（1）在河道水流计算的基础上，根据河道的流态，建立每条河道上各断面浓度的递推方程组。

（2）建立汊点浓度方程组，对于与任意一个河道汊点相连的河道首或末断面，如果该断面上流向为流出汊点，则取该断面浓度为汊点浓度；如果该断面上流向为流入汊点，则根据该断面所在河道的递推方程组获得该断面浓度的算式，获得汊点浓度方程组。根据汊点浓度方程组，求得每个汊点的浓度值。

（3）将汊点浓度值回带给与汊点相连的河道首、末断面未知量，利用河道上的递推方程组，求解河道上各断面的浓度值。

3. 模型边界

水流计算范围的上边界取镇岗河源头、澄江河源头、晨光河源头、下历水源头和老城水源头；下游边界取定南水下游、老城水下游、晨光河下游和寻乌水下游。

4. 模型糙率率定

　　糙率值选择的适当与否对计算结果是否合理有重要影响。糙率实际上是一个多因素综合作用的结果，既有河槽方面的因素，如河床的粗糙程度、河床纵横方向的形态变化、沙坡滩地、植被和河工建筑物等，也有水流方面的因素，如水深、流量及泥沙运用等。根据东江源头区的水流特点，采用模拟计算与实测资料率定，并参考近年来的研究成果，在此基础上，通过计算调试率定出东江源头区河道糙率在 0.026～0.039，糙率分布合理，可用于工程计算。

5. 水污染控制指标与水质参数

　　1）水污染控制因子

　　根据东江源头区水污染源与水质现状调查分析，东江源头区的水污染主要表现为氨氮、有机污染和矿业造成的重金属污染。因此，选取 COD、氨氮、铜、锌和铅为主要指标计算其区域环境容量。

　　2）纵向分散系数

　　纵向分散系数 E_x 随水流条件而变化，由于平原河网水流变化复杂。E_x 的变化范围可达几个数量级，用不变的 E_x 值计算会带来较大的误差。因此，对不同的河道取不同的值。对某一微段有

$$E_x = 0.011 \frac{V^2 B^2}{h u_*}$$

式中，h 为断面平均水深；$u_* = \sqrt{ghJ}$，为摩阻流速；J 为水力坡度；V 为断面平均流速；B 为过水宽度。

　　3）综合衰减系数

　　根据东江源头区各类水体中 COD、氨氮、铜、锌和铅的衰减规律所做的研究，并通过校核分析，本次水质模拟 COD 的降解系数取为 0.08～0.2（1/d），氨氮的降解系数取为 0.05～0.1（1/d），重金属铜、锌和铅的降解系数取为 0.0（1/d）。

6. 污染源统计与排污口概化

　　目前东江源头区排水系统还欠完善，大部分工业和生活污染源经简单处理后直接排入河流或流经内河涌排入河流。对于工业污染源排放口、规模化畜禽养殖污染源排放口按照排污去向概化，城镇生活污水按污水处理厂排水布局概化，农村生活污水、非规模化畜禽养殖污染源、种植业污染源排放则根据地理位置概化入主干河流，共概化排污口47 个。各类污染源的排放值来源于污染源现状调查结果。

1.4.2　区域水环境容量

　　根据东江源头区地表水环境功能区划和实地调查资料，在现状排污情况调查的基础

上，利用前述的水环境容量模型的计算公式（逄勇和陆桂华，2010），对东江源头区水域的水环境容量进行了计算，由水环境质量现状监测结果可知，除部分河段氨氮浓度超标已无容量剩余，其余东江源头区水域水环境质量现状基本可以达到其规划的水环境功能类别。水质目标为Ⅱ类水环境功能区（源头水及饮用水源保护区）的河段是不允许设排污口的，因此，不给定剩余容量。

　　水环境容量计算河段见图 1-24，计算结果见表 1-12。由表 1-12 可见，东江源头区地表水体中可利用容量分别为 COD_{Cr} 492251.97t/a、氨氮 7393.97t/a、总磷 1022.65t/a、铅 122.82t/a；剩余容量分别为 COD_{Cr} 344576.38t/a、氨氮 5265.25t/a、总磷 736.83t/a 和铅 85.97t/a；但水环境容量分布不均，且区域污染源分布不均，造成部分河段（如下历水、龙图河、寻乌水下游河段）氨氮无容量剩余。

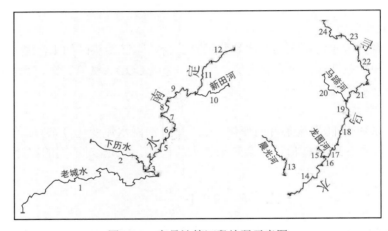

图 1-24　容量计算河段编码示意图

表 1-12　东江源头区水环境容量计算结果

水系	河流名称	河段代码	起始断面-终止断面	长度/km	水质目标	污染因子	天然容量（理想容量）/（t/a）	可用容量/（t/a）	剩余容量/（t/a）
定南水	老城水	1	定南县肖美山镇起源-定南县出境江西广东交界处	66.00	Ⅱ-Ⅲ	COD_{Cr}	11560.00	8092.00	6556.01
						氨氮	529.00	370.30	194.92
						总磷	88.17	61.72	11.43
						铅	13.23	9.26	9.26
	下历水	2	定南县礼亨水库坝址-下历水与定南水交界处	24	Ⅳ、Ⅲ	COD_{Cr}	8572.85	6001.00	2873.72
						氨氮	447.36	402.62	0.00
						总磷	87.72	78.95	0.00
						铅	8.58	6.00	5.85
	定南水	3	下历水与定南水交界处-定南县出境江西广东交界处	4.0	Ⅲ	COD_{Cr}	40829.63	28580.74	28540.13
						氨氮	510.37	357.26	354.45
						总磷	63.80	44.66	43.97
						铅	6.38	4.47	4.47

续表

水系	河流名称	河段代码	起始断面-终止断面	长度/km	水质目标	污染因子	天然容量（理想容量）/（t/a）	可用容量/（t/a）	剩余容量/（t/a）
定南水	九曲河（定南水）	4	九曲河旗籁村断面-下历水与定南水水交界处3	9.54	II-III	COD$_{Cr}$	86471.91	60530.34	60273.08
						氨氮	1080.90	756.63	734.32
						总磷	135.11	94.58	88.69
						铅	13.51	9.46	9.46
	九曲河（定南水）	5	九曲河旗籁村断面-九曲河石头村附近交界断面	4.1	II-III	COD$_{Cr}$	24774.90	17342.43	16897.18
						氨氮	309.68	216.78	181.40
						总磷	38.71	27.10	18.07
						铅	3.87	2.71	2.71
	九曲河（定南水）	6	九曲河转塘水库断面-九曲河旗籁村断面	9.17	II-III	COD$_{Cr}$	15332.91	10733.04	10240.89
						氨氮	191.66	134.16	66.85
						总磷	29.49	20.64	1.19
						铅	2.40	1.68	1.68
	九曲河（定南水）	7	九曲河胜前水文站下游断面-九曲河转塘水库断面	6.25	II-III	COD$_{Cr}$	10005.63	7003.94	6546.99
						氨氮	125.07	87.55	38.84
						总磷	19.24	13.47	0.21
						铅	1.56	1.09	1.09
	九曲河（定南水）	8	九曲河黎屋水库断面-九曲河胜前水文站下游断面	13.89	II-III	COD$_{Cr}$	17833.84	12483.69	12244.27
						氨氮	222.92	156.04	131.99
						总磷	27.87	19.51	13.07
						铅	2.79	1.95	1.95
	九曲河（定南水）	9	九曲河社山断面-九曲河黎屋水库断面	13.05	II-III	COD$_{Cr}$	7756.44	5429.51	5246.64
						氨氮	96.96	67.87	55.21
						总磷	12.12	8.48	5.40
						铅	1.21	0.85	0.85
	新田水	10	安远县三百山镇-安远县孔田镇新田河入定南水处	11.0	II-III	COD$_{Cr}$	5123.40	3586.38	2843.64
						氨氮	126.76	88.73	37.31
						总磷	21.13	14.79	2.22
						铅	0.80	0.56	0.56
	镇岗河（定南水）	11	富长断面-社山断面	9.88	II-III	COD$_{Cr}$	5851.43	4096.00	3736.56
						氨氮	73.14	51.20	26.30
						总磷	12.19	8.53	2.46
						铅	0.91	0.64	0.64
	镇岗河（定南水）	12	凤山断面-富长断面	11.63	II	COD$_{Cr}$	2771.28	1939.90	0.00
						氨氮	61.35	42.95	0.00
						总磷	12.19	8.54	0.00
						铅	0.29	0.20	0.00

续表

水系	河流					污染因子	天然容量（理想容量）/（t/a）	可用容量/（t/a）	剩余容量/（t/a）
	河流名称	河段代码	起始断面-终止断面	长度/km	水质目标				
定南水	小计					COD_{Cr}	236884.22	165818.95	157642.07
						氨氮	3775.17	2732.09	199.70
						总磷	547.72	400.95	180.10
						铅	55.53	38.87	38.72
寻乌水	晨光河（寻乌水）	13	篁乡河担杆嶂断面-寻乌县菖蒲出境江西广东交界处	33.0	II-III	COD_{Cr}	1244.44	871.11	162.86
						氨氮	27.65	19.36	0.00
						总磷	3.46	2.42	0.00
						铅	0.19	0.13	0.13
	寻乌水	14	寻乌河留车断面-寻乌河斗晏水库上游断面	16.21	III	COD_{Cr}	15675.76	10973.03	10419.71
						氨氮	348.35	243.85	205.42
						总磷	58.06	40.64	29.51
						铅	2.45	1.72	1.72
	龙图河	15	余田村断面-龙图河与寻乌河交界处	46	II-III	COD_{Cr}	16715.79	11701.05	11082.99
						氨氮	208.95	146.27	0.00
						总磷	26.12	18.28	5.84
						铅	2.61	1.83	1.83
	寻乌水	16	龙图河与寻乌河交界处-寻乌河留车断面	3.02	II-III	COD_{Cr}	10966.29	7676.40	7138.66
						氨氮	137.08	95.96	0.00
						总磷	17.14	15.42	2.91
						铅	1.71	1.20	1.20
	寻乌水	17	寻乌河鲤麻石沙厂断面-龙图河与寻乌河交界处	11.73	II-III	COD_{Cr}	36049.53	25234.67	24816.37
						氨氮	450.62	315.43	285.14
						总磷	56.33	39.43	30.58
						铅	9.39	6.57	6.57
	寻乌水	18	寻乌河石排断面-寻乌河鲤麻石沙厂断面	10.13	II-III	COD_{Cr}	56940.23	39858.16	39563.99
						氨氮	711.75	498.23	0.00
						总磷	88.97	62.28	55.96
						铅	14.83	10.38	10.38
	寻乌水	19	马蹄河断面-寻乌河石排断面	6.61	II-III	COD_{Cr}	35113.99	24579.79	24213.06
						氨氮	438.93	307.25	0.00
						总磷	54.87	38.41	26.01
						铅	9.15	6.40	6.36
	马蹄河	20	取水口下游 0.2km-寻乌县马蹄河入寻乌水处	11.00	IV	COD_{Cr}	5695.58	3986.91	3119.71
						氨氮	365.54	255.88	198.40
						总磷	45.69	31.98	15.72
						铅	14.54	10.18	10.18

续表

水系	河流					污染因子	天然容量（理想容量）/（t/a）	可用容量/（t/a）	剩余容量/（t/a）
	河流名称	河段代码	起始断面-终止断面	长度/km	水质目标				
寻乌水	寻乌水	21	马蹄河与寻乌河交界断面处-寻乌河吉潭断面	10.89	II-III	CODCr	36667.27	25667.09	24739.23
						氨氮	458.34	320.84	187.00
						总磷	57.29	40.11	20.74
						铅	5.73	4.01	3.98
	寻乌水	22	高车坪断面-吉潭断面	15.41	II-III	CODCr	32582.73	22807.91	21944.59
						氨氮	407.29	285.10	222.90
						总磷	50.91	35.64	17.51
						铅	5.09	3.56	3.56
	寻乌水	23	吉潭断面-高车坪断面	5.09	II	CODCr	4629.68	3240.78	0.00
						氨氮	38.58	27.01	0.00
						总磷	9.66	6.76	0.00
						铅	0.97	0.68	0.00
	寻乌水	24	水源乡栽下断面-澄江河断面	12.09	II	CODCr	3086.46	2160.52	0.00
						氨氮	25.72	18.00	0.00
						总磷	6.44	4.51	0.00
						铅	0.64	0.45	0.00
	小计					CODCr	255367.75	178757.42	172235.03
						氨氮	3618.80	2533.16	1997.59
						总磷	474.93	335.88	196.37
						铅	67.29	47.11	47.04
	合计					CODCr	492251.97	344576.38	329877.10
						氨氮	7393.97	5265.25	2197.29
						总磷	1022.65	736.83	376.47
						铅	122.82	85.97	85.75

1.4.3 污染物总量控制与目标负荷量分配

东江源头区污染物总量控制与目标负荷量分配原则：①污染负荷。污染负荷是上述所调查核算的各类污染物负荷，其他没有核算到的矿山污染径流、生活垃圾污染源、水土流失污染负荷等都计入不可利用的水环境容量。②保持现有河段水质不降低。③确保各河段达到其水环境功能区划所要求的水质目标。④水质目标为II类水环境功能区（源头水及饮用水源保护区）的河段不允许设排污口，因此，不给定剩余容量。⑤各河段根据剩余容量确定削减污染负荷，但不新增排污负荷。因此，东江源头区污染物总量控制计划见表1-13。由表1-13可见，为了保证东江源头区水体水质达标，还必须在现有排污的基础上削减氨氮和总磷负荷，定南水流域削减氨氮1644.28t/a 和总磷10.14t/a；寻乌水流域削减氨氮 29.82t/a 和总磷 11.88t/a。

表 1-13 东江源头区污染物总量控制计划

| 水系 | 河流 | | | | | 污染因子 | 可用容量/（t/a） | 剩余容量/（t/a） | 已排污染负荷/（t/a） | 污染负荷削减量/（t/a） |
	河流名称	河段代码	起始断面-终止断面	长度/km	水质目标					
定南水	老城水	1	定南县岿美山镇起源-定南县出境江西广东交界处	66.00	III	COD$_{Cr}$	8092.00	6556.01	1535.99	0.00
						氨氮	370.30	194.92	175.38	0.00
						总磷	61.72	11.43	50.29	0.00
						铅	9.26	9.26	0.00	0.00
	下历水	2	定南县礼亨水库坝址-下历水与定南水交界处	24	IV、III	COD$_{Cr}$	6001.00	2873.72	3127.28	0.00
						氨氮	402.62	0.00	2046.90	−1644.28
						总磷	78.95	0.00	89.08	−10.14
						铅	6.00	5.85	0.15	0.00
	定南水	3	下历水与定南水交界处-定南县出境江西广东交界处	4.6	III	COD$_{Cr}$	28580.74	28540.13	40.61	0.00
						氨氮	357.26	354.45	2.81	0.00
						总磷	44.66	43.97	0.69	0.00
						铅	4.47	4.47	0.00	0.00
	九曲河	4	九曲河旗籁村断面-下历水与定南水水界处3	10.6	III	COD$_{Cr}$	60530.34	60273.08	257.26	0.00
						氨氮	756.63	734.32	22.31	0.00
						总磷	94.58	88.69	5.89	0.00
						铅	9.46	9.46	0.00	0.00
	九曲河	5	九曲河旗籁村断面-九曲河石头村附近交界断面	4.8	III	COD$_{Cr}$	17342.43	16897.18	445.25	0.00
						氨氮	216.78	181.40	35.38	0.00
						总磷	27.10	18.07	9.03	0.00
						铅	2.71	2.71	0.00	0.00
	九曲河	6	九曲河转塘水库断面-九曲河旗籁村断面	9.77	III	COD$_{Cr}$	10733.04	10240.89	492.15	0.00
						氨氮	134.16	66.85	67.31	0.00
						总磷	20.64	1.19	19.45	0.00
						铅	1.68	1.68	0.00	0.00
	九曲河	7	九曲河胜前水文站下游断面-九曲河转塘水库断面	6.25	III	COD$_{Cr}$	7003.94	6546.99	456.95	0.00
						氨氮	87.55	38.84	48.71	0.00
						总磷	13.47	0.21	13.26	0.00
						铅	1.09	1.09	0.00	0.00
	九曲河	8	九曲河黎屋水库断面-九曲河胜前水文站下游断面	13.89	III	COD$_{Cr}$	12483.69	12244.27	239.42	0.00
						氨氮	156.04	131.99	24.05	0.00
						总磷	19.51	13.07	6.43	0.00
						铅	1.95	1.95	0.00	0.00

续表

水系	河流名称	河段代码	起始断面-终止断面	长度/km	水质目标	污染因子	可用容量/(t/a)	剩余容量/(t/a)	已排污染负荷/(t/a)	污染负荷削减量/(t/a)
定南水	九曲河	9	九曲河社山断面-九曲河黎屋水库断面	13.05	III	COD_Cr	5429.51	5246.64	182.87	0.00
						氨氮	67.87	55.21	12.66	0.00
						总磷	8.48	5.40	3.08	0.00
						铅	0.85	0.85	0.00	0.00
	新田水	10	安远县三百山镇-安远县孔田镇新田河入定南水处	11.0	II-III	COD_Cr	3586.38	2843.64	742.74	0.00
						氨氮	88.73	37.31	51.42	0.00
						总磷	14.79	2.22	12.56	0.00
						铅	0.56	0.56	0.00	0.00
	镇岗河	11	富长断面-社山断面	9.88	III	COD_Cr	4096.00	3736.56	359.44	0.00
						氨氮	51.20	26.30	24.89	0.00
						总磷	8.53	2.46	6.07	0.00
						铅	0.64	0.64	0.00	0.00
	镇岗河	12	凤山断面-富长断面	11.63	II	COD_Cr	1939.90	0.00	296.94	0.00
						氨氮	42.95	0.00	20.56	0.00
						总磷	8.54	0.00	5.01	0.00
						铅	0.20	0.00	0.00	0.00
	小计					COD_Cr	165818.95	157642.07	8176.88	0
						氨氮	2732.09	199.70	2532.39	-1644.28
						总磷	400.95	180.10	220.85	-10.14
						铅	38.87	38.72	0.151	0
寻乌水	晨光河	13	篁乡河担杆嶂断面-寻乌县菖蒲出境江西广东交界处	7.56	III	COD_Cr	871.11	162.86	708.25	0.00
						氨氮	19.36	0.00	49.18	-29.82
						总磷	2.42	0.00	14.30	-11.88
						铅	0.13	0.13	0.00	0.00
	寻乌水	14	寻乌河留车断面-寻乌河斗晏水库上游断面	16.21	III	COD_Cr	10973.03	10419.71	553.32	0.00
						氨氮	243.85	205.42	38.42	0.00
						总磷	40.64	29.51	11.13	0.00
						铅	1.72	1.72	0.00	0.00
	龙图河	15	余田村断面-龙图河与寻乌河交界处	3.36	III	COD_Cr	11701.05	11082.99	618.06	0.00
						氨氮	146.27	0.00	42.88	0.00
						总磷	18.28	5.84	12.45	0.00
						铅	1.83	1.83	0.00	0.00

续表

水系	河流名称	河段代码	起始断面-终止断面	长度/km	水质目标	污染因子	可用容量/（t/a）	剩余容量/（t/a）	已排污染负荷/（t/a）	污染负荷削减量/（t/a）
寻乌水	寻乌水	16	龙图河与寻乌河交界处-寻乌河留车断面	3.02	III	COD$_{Cr}$	7676.40	7138.66	537.74	0.00
						氨氮	95.96	0.00	42.33	0.00
						总磷	15.42	2.91	12.52	0.00
						铅	1.20	1.20	—	0.00
	寻乌水	17	寻乌河鲤麻石沙厂断面-龙图河与寻乌河交界处	11.73	III	COD$_{Cr}$	25234.67	24816.37	418.30	0.00
						氨氮	315.43	285.14	30.30	0.00
						总磷	39.43	30.58	8.85	0.00
						铅	6.57	6.57	0.00	0.00
	寻乌水	18	寻乌河石排断面-寻乌河鲤麻石沙厂断面	10.13	III	COD$_{Cr}$	39858.16	39563.99	294.17	0.00
						氨氮	498.23	0.00	21.59	0.00
						总磷	62.28	55.96	6.32	0.00
						铅	10.38	10.38	0.00	0.00
	寻乌水	19	马蹄河断面-寻乌河石排断面	6.61	III	COD$_{Cr}$	24579.79	24213.06	366.73	0.00
						氨氮	307.25	0.00	30.76	0.00
						总磷	38.41	26.01	12.40	0.00
						铅	6.40	6.40	—	0.00
	马蹄河	20	取水口下游0.2km-寻乌县马蹄河入寻乌水处	11.00	IV	COD$_{Cr}$	3986.91	3119.71	867.19	0.00
						氨氮	255.88	198.40	57.48	0.00
						总磷	31.98	15.72	16.26	0.00
						铅	10.18	10.18	0.00	0.00
	寻乌水	21	马蹄河与寻乌河交界断面处-寻乌河吉潭断面	10.89	III	COD$_{Cr}$	25667.09	24739.23	927.86	0.00
						氨氮	320.84	187.00	133.84	0.00
						总磷	40.11	20.74	19.37	0.00
						铅	4.01	4.01	0.00	0.00
	寻乌水	22	高车坪断面-吉潭断面	16.54	III	COD$_{Cr}$	22807.91	21944.59	863.33	0.00
						氨氮	285.10	222.90	62.20	0.00
						总磷	35.64	17.51	18.13	0.00
						铅	3.56	3.56	0.00	0.00
	寻乌水	23	吉潭断面-高车坪断面	5.09	II	COD$_{Cr}$	3240.78	0.00	178.97	0.00
						氨氮	27.01	0.00	12.43	0.00
						总磷	6.76	0.00	3.62	0.00
						铅	0.68	0.00	0.00	0.00

水系	河流名称	河段代码	起始断面-终止断面	长度/km	水质目标	污染因子	可用容量/(t/a)	剩余容量/(t/a)	已排污染负荷/(t/a)	污染负荷削减量/(t/a)
寻乌水	寻乌水	24	水源乡栽下断面-澄江河断面	12.09	II	COD_Cr	2160.52	0.00	188.47	0.00
						氨氮	18.00	0.00	14.16	0.00
						总磷	4.51	0.00	4.17	0.00
						铅	0.45	0.00	0.00	0.00
			小计			COD_Cr	2533.16	172235.03	6522.39	0.00
						氨氮	335.88	1997.59	535.57	−29.82
						总磷	47.11	196.37	139.51	−11.88
						铅	344576.38	47.11	0.00	0.00
			合计			COD_Cr	344576.38	329877.10	14699.27	0.00
						氨氮	5265.25	2197.29	3067.96	−1674.10
						总磷	736.83	376.47	360.36	−22.02
						铅	85.97	85.82	0.219	0.00

1.5　主要研究结论

1.5.1　区域水环境质量现状与评价

2012 年 6 月 17~20 日对东江源头的定南水和寻乌水两条河流 21 个断面进行了水文水质测量，结果表明：定南水布设的 7 个监测断面分别符合 II 类、III 类水质的要求。鹅公河（4#监测断面）和老城水（7#监测断面）均符合III类水质的要求。下历水下游（1#监测断面）仅 NH_3-N 一项指标超III类水质标准，且超标 2.08 倍，其他各项水质指标均符合III类水质的要求。寻乌水上游的 12#监测断面仅 Pb 一项指标超 II 类水质标准，且超标 0.55 倍，其他各项水质指标均符合 II 类水质的要求。寻乌水中、上游的 4 个监测断面分别符合 II 类、III 类水质的要求。寻乌水下游的 3 个监测断面分别有 NH_3-N 一项指标超III类水质标准，且分别超标 0.44 倍、0.08 倍和 0.04 倍，其他各项水质指标均符合III类水质的要求。晨光河（11#监测断面）所监测的各项水质指标均符合III类水质的要求。马蹄河（16#监测断面）所监测断面的各项水质指标均符合IV类水质的要求。龙图河（19#监测断面）仅 NH_3-N 一项指标超III类水质标准，且超标 2.09 倍，其他各项水质指标均符合III类水质的要求。

2012 年 1 月 5~6 日对寻乌水斗晏电站断面（4#）、定南水黎屋电站断面（1#）、定南水长滩电站断面（3#）、龙图河（5#）、寻乌水（6#）水体中农药残留物进行了采样、分析，所监测的水体中各农药残留物很低，所监测的 73 项农药残留物中，仅检测出毒死蜱，其他农药残留物均未检出，其中，敌敌畏、乐果、马拉硫磷、阿特拉津、百菌清、环氧七氯、滴滴涕等农药残留物均低于《地表水环境质量标准》（GB 3838—2002）集中式生活饮用水地表水源地特定项目标准限值。

乌水斗晏电站断面、定南水长滩电站断面和定南水安远县鹤子镇黎屋电站断面，COD_{Mn}、氨氮、总磷、石油类、挥发酚、氰化物、砷、汞、六价铬、铅、镉、铜、锌、氟、硒、硫化物 16 项污染因子年平均水质指数总和从 2008～2010 年逐年下降，表明东江源头区水质自 2008～2010 年以来逐渐好转。

1.5.2　水环境质量影响因素分析与评估

2011 年东江源头区工业废水、生活污水、种植业和畜禽养殖等污染源共排放 COD_{Cr} 15018.60t/a、NH_3-N 3193.13t/a、总氮 4768.35t/a、总磷 364.29t/a、石油类 0.015t/a、氰化物 13.959kg/a、砷 39.872kg/a、铅 238.675kg/a、汞 0.413kg/a、镉 53.320kg/a、六价铬 10.920kg/a 和总铬 22.480kg/a。

东江源头区地表水体中污染物 COD_{Cr} 主要来源于非点源，占 78.12%（其中非规模化养殖占 38.45%、农村生活污水占 21.73%、种植业占 17.94%），点源 COD_{Cr} 占 21.89%（其中规模化养殖占 15.07%、工业废水占 4.64%、城镇生活污水占 2.18%）；地表水体中污染物 NH_3-N 主要来源于点源，占 74.51%（其中工业废水占 59.62%、规模化养殖占 13.36%、城镇生活污水占 1.53%），非点源 NH_3-N 占 25.50%（其中农村生活污水占 13.91%、非规模化养殖占 9.48%、种植业占 2.11%）；地表水体中污染物总氮主要来源于点源，占 59.58%（其中工业废水占 39.92%、规模化养殖占 18.12%、城镇生活污水占 1.54%），非点源总氮占 40.42%（其中非规模化养殖占 18.16%、种植业占 12.28%、农村生活污水占 9.98%）；地表水体中污染物总磷主要来源于非点源，占 60.67%（其中非规模化养殖占 28.82%、种植业占 20.71%、农村生活污水占 11.14%），点源总磷占 39.34%（其中规模化养殖占 37.66%、城镇生活污水占 1.68%）。此外，从地表水体中实测污染物重金属含量以及统计的工业废水排放的重金属负荷可知，除了工业废水排放重金属外，地表水体中重金属主要来自采矿、废弃尾矿和水土流失。

定南水污染物指标影响顺序依次为：COD、NH_3-N、Pb、Cd、As、TP、Ni、Hg、Cr^{6+}、Zn、Cu、农残污染物。定南水流域污染源控制顺序依次为：畜禽养殖废水、工业废水、生活污水、矿山径流、种植业化肥流失。

寻乌水污染物指标影响顺序依次为：NH_3-N、COD、Pb、TP、As、Zn、Ni、Cd、Hg、Cr^{6+}、Cu、农残污染物。寻乌水流域污染源控制顺序依次为：畜禽养殖废水、生活污水、工业废水、矿山径流、种植业化肥流失。

1.5.3　水环境容量与污染物总量控制

东江源头区地表水体中可利用容量分别为 COD_{Cr} 492251.97t/a、氨氮 7393.97t/a、总磷 1022.65t/a、铅 122.82t/a；剩余容量分别为 COD_{Cr} 344576.38t/a、氨氮 5265.25t/a、总磷 736.83t/a 和铅 85.97t/a；但水环境容量分布不均，且区域污染源分布不均，造成部分河段（如下历水、龙图河、寻乌水下游河段）氨氮无容量剩余。

为了保证东江源头区水体水质达标，还必须在现有排污的基础上削减氨氮和总磷负荷，定南水流域削减氨氮 1644.28t/a、总磷 10.14t/a；寻乌水流域削减氨氮 29.82t/a、总磷 11.88t/a。

参 考 文 献

陈晓宏，刘德地，刘丙军，等. 2011. 湿润区变化环境下的水资源优化配置——理论方法与东江流域应用实践. 北京：水利水电出版社.

陈永灿，刘昭伟，朱德军. 2012. 水动力及水环境模拟方法与应用. 北京：科学出版社.

高志强，周启星. 2011. 稀土矿露天开采过程的污染及对资源和生态环境的影响. 生态学杂志，12：2915-2922.

胡小华，方红亚，刘足根，等. 2008. 建立东江源生态补偿机制的探讨. 生态保护，（1B）：39-42.

逄勇，陆桂华. 2010. 水环境容量计算理论及应用. 北京：科学出版社.

任军. 2012. 中国的矿山污染防治和饮用水源保护. 化工矿物与加工，12：47-50.

张荣峰，胡立平. 2004. 东江源水资源问题与防治对策探讨. 水资源保护，（5）：49-51.

赵振兴，何建京. 水力学. 2010. 北京：清华大学出版社.

第 2 章　东江源山地果畜结合系统面源污染控制技术与工程示范

根据对东江源头区河流污染源的识别，畜禽养殖和脐橙种植等农业源污染是东江源河流污染的主要来源之一。东江源头区是丘陵山区，小流域是其典型的地貌特征，在单个小流域中山坡种脐橙等果树、山凹养殖生猪是常见的种养结合模式。研究山地农林畜区面源污染控制技术并进行工程示范，实现营养物质在小流域生产系统中的循环利用，并展示面源污染控制的"控源、减排、净化"的技术原则，切实降低系统污染的排放，保护源头区自然产流环境。

2.1　东江源果园肥料、农药投入调查与分析

以定南县和安远县为重点，进行实地抽样入户调查，全面调查东江源头区果业生产栽培模式及现状，分析存在的问题，提出有效控制果业污染的政策与技术措施。入户调查内容包括：农户的家庭土地状况；果园面积、坡度、株数，果树的品种、树龄与产量；农户果园肥料使用的种类、数量、方法、频次、时间；农户果园主要病虫草害及使用农药的种类、数量、方法、频次、时间；果园可以套种的作物/植物种类；果园径流水产生规律、果园排水水质、去向；农户对减少果业投入农用化学品，保护环境、防止污染的意识、意见与建议。

2.1.1　肥料使用的种类与使用量

调查显示，该地区使用的肥料主要有尿素、复合肥、商品有机肥、沼液、鸡粪、猪粪等，其中复合肥及商品有机肥使用最为普遍。由表 2-1 可以看出，在农户中使用复合肥的为 100%，使用商品有机肥的为 80%，使用尿素的为 70%，使用比例较小的肥料是沼液、猪粪和鸡粪。在使用相同肥料的农户间，同种肥料使用量存在较大差异，如商品有机肥用量最多与最少农户间相差接近 8 倍，复合肥相差 11 倍，尿素相差 20 倍。

表 2-1　柑橘果园主要肥料名称及用量情况

肥料名称	农户比例/%	最小投入量/（kg/亩）	最大投入量/（kg/亩）	平均投入量 $\bar{x}$
复合肥	100	12.5	140	72
尿素	70	2.5	50	19.8
商品有机肥	80	100	787.5	356

注：1 亩≈666.67m²

由表 2-2 可以看出，每个农户基本都会使用 3~4 种肥料，就年纯 N 投入情况而言，郭姓农户由于效益不佳，施肥量过小，杏林生态农庄由于采用了较好的养分内部循环的栽培模式，外界肥料投入也较小；龙洲生态农庄除使用复合肥、尿素外，还使用大量猪粪、沼液，年纯 N 投入偏多。在接受调查的农户中，以每亩年纯 N 投入量 23.3kg 为标

准，50%以上农户都存在施肥过量。源头区果农有机肥使用量除一户单果树栽培模式的农户商品有机肥投入 787.5kg（折纯 N 为 14kg）、"猪-沼-果"模式的龙洲生态农庄投入猪粪、沼液（折纯 N 为 15.9kg）和有机栽培模式的王品果业稍多以外，其他农户有机肥折纯 N 投入每亩均少于 10kg。

表 2-2　柑橘果园使用肥料种类数与纯 N 投入情况

典型农户	彭姓	钟姓	郭姓	杏林生态农庄	龙洲生态农庄
肥料种类数	4 种	3 种	3 种	3 种	4 种
年纯 N 投入/（kg/亩）	27.22	24.91	8.49	9.04	41.88
有机肥 N 投入/（kg/亩）	6.0	14.0	6.6	5.7	15.9
年施肥次数	4 次	3 次	2 次	>5 次	>5 次

2.1.2　不同果树品种肥料投入水平分析

据入户调查显示，脐橙种植户除以商品有机肥和复合肥、尿素为主外，还兼施了猪粪、沼液，而温柑种植户则主要以商品有机肥和复合肥为主要肥料，略施了少量鸡粪。相关脐橙、温柑研究者研究表明，脐橙全年每亩纯 N、P_2O_5、K_2O 投入量分别为 16～30kg、6.2～18.4kg、10.2～17.8kg，温柑全年每亩纯 N、P_2O_5、K_2O 投入量分别为 15.2～30.4kg、4.8～14.4kg、10～17.6kg（徐建国，2003）。与表 2-3 中平均纯 N、P_2O_5、K_2O 施肥量相比，脐橙施肥量略高于标准，而温柑则在标准施肥量内，农户并未因施肥量少而减产；脐橙的纯 N、P_2O_5、K_2O 投入量分别是温柑的 1.4 倍、1.7 倍、1.7 倍，种植不同柑橘品种间的农户施肥水平存在较大差异。此外，调查统计种植温柑的农户仅占 20%，温柑种植总面积明显小于脐橙。

表 2-3　柑橘果园种植品种与施肥水平情况

品种	纯 N 投入				P_2O_5 投入				K_2O 投入			
	最小值	最大值	平均值	标准差	最小值	最大值	平均值	标准差	最小值	最大值	平均值	标准差
脐橙	9.0	48.7	26.1	17.3	6.1	31.7	21.9	11.3	6.79	26.1	17.8	8.4
温柑	10.3	27.2	18.8	12.0	7.5	19.0	13.2	8.1	5.0	15.5	10.2	7.5

注：表中除了"标准差"以外，其余列的单位均为 kg/亩

2.1.3　不同栽培模式肥料使用分析

将入户调查的农户按栽培模式分，可分为单果树栽培、猪-沼-果（-鱼）栽培、有机栽培三种模式。由表 2-4 可看出，单果树栽培模式普遍高于每亩年纯 N 投入量 20～23.3kg 的标准（赖晓桦等，2009），有机栽培接近标准；猪-沼-果（-鱼）栽培模式间施肥量差异大，龙洲农庄面积大，种植专业化强，因生猪养殖肥源多，施肥偏多，业主认为多施有机肥不会对果树带来危害，而杏林农庄养殖规模较小，并配套建有鱼塘，消纳 40%的沼液，也不用除草剂，年除草 4～5 次，利用除草覆盖循环利用养分，施肥量最小。

表 2-4 柑橘果园栽培模式与年施肥水平情况

栽培模式	典型农户	投入肥料种类与数量	纯N投入	P$_2$O$_5$投入	K$_2$O投入
单果树	肖姓	复合肥112，尿素50，商品有机肥500	48.7	31.5	23.3
	钟姓	复合肥45，尿素9，商品有机肥787.5	24.9	30.1	17.7
	彭姓1	复合肥140	21.0	21.0	21.0
	彭姓2	复合肥80，尿素20，商品有机肥100，鸡粪260	27.2	19.0	15.5
	彭姓3	复合肥20，尿素10，商品有机肥150	10.3	7.5	5.0
	赖姓	复合肥57.5，尿素2.5，商品有机肥500	18.7	23.5	15.1
猪-沼-果	龙洲农庄	复合肥90，尿素27，猪粪1200，沼液43800	41.9	23.7	26.1
猪-沼-果-鱼	杏林农庄	复合肥22.5，桐枯60，沼液17520	9.0	6.1	6.8
有机栽培	王品果业	生物有机肥650，桐枯100	25.6	14.5	18.9

注：表中所有数字的单位均为 kg/亩

2.1.4 主要的病虫害及农药使用分析

入户调查显示，东江源头区柑橘果园主要虫害为红蜘蛛、潜叶蛾、凤蝶、吸果夜蛾、尺蠖、柑橘粉虱、甲壳虫（糠片蚧），主要病害有柑橘霉烟病、溃疡病和黄化落果病、炭疽病等。农户每年平均用药 12～14 次，80%农户认为不能减少用药，否则会影响产量及品质，50%农户认为用药不会对环境造成影响。据果园农户全年所使用农药情况统计得出，果园病虫草害主要喷施农药种类、时间和使用情况如表 2-5 所示。果园主要使用的杀菌剂有石硫合剂、世高、咪鲜胺等，杀虫剂有克螨特、灭多威、迅扑杀、螨威、阿维菌素、啶虫咪等，常用除草剂为草甘膦，除石硫合剂外，每亩果园用农药 1.33kg。此外，源区农户所用的 920（赤霉素）是刺激叶和芽生长的植物类激素，脐橙膨大素、481（芸苔素内酯）是促进生长并增加产量的植物生长调节剂。王品果业采用有机栽培的方式，使用植物、矿物性农药、挂黄板、放捕食螨、安装杀虫灯、种植藿香蓟、人工除草等对环境友好的防病虫草害方式，用药量少且能取得较好的防治效果。草害是目前对有机脐橙栽培最大的挑战，每年需要除草 4～5 次，在劳动力日渐涨价的形势下，生产者很难承受。

表 2-5 东江源头区柑橘果园农药使用情况

施药时期	农药名称	有效成分	含量/%	使用情况/（g/亩）
2月	石硫合剂	多硫化钙	45	200～300
3月上旬	克螨特	2-(4-叔丁基本氧基)环己基-2-丙炔基亚硫酸酯	73	40
	世高	苯醚甲环唑	10	30
3月下旬	克螨特	（同上）	73	40
	克螨特	（同上）	73	40
4月上旬	世高	苯醚甲环唑	10	30
	灭多威	氨基甲酸酯类	20	50

续表

施药时期	农药名称	有效成分	含量/%	使用情况/（g/亩）
	克螨特	（同上）	73	40
4 月下旬	世高	苯醚甲环唑	10	30
	灭多威	氨基甲酸酯类	20	50
	920	赤霉素	100	0.2
5 月中旬	481	芸苔素内酯	0.1	5
	世高	苯醚甲环唑	10	30
	迅扑杀	杀扑磷	40	0.6
6 月	螨威	氨基甲酸酯类	24	50
	草甘膦	草甘膦铵盐	10	750
7 月中旬	丙溴磷	丙溴磷	44	50
8 月中旬	丙溴磷	丙溴磷	44	50
	灭多威	氨基甲酸酯类	20	50
12 月	石硫合剂	多硫化钙	45	200～300

2.1.5　调查结论

（1）不同柑橘品种施肥量存在较大差异，温柑施肥量明显小于脐橙，但东江源脐橙的种植面积远大于温柑。

（2）不同农户、不同栽培模式之间由于技术、效益、劳动力等因素的影响致使施肥量的差异很大，但 50%的农户年总施肥量过多；在单果树栽培模式的农户中，柑橘园有机肥使用量明显不足。猪-沼-果栽培模式自身肥源多，在有机肥投入上充足，但因缺乏专业指导，有施肥过多的现象。

（3）农户盲目增加用药剂量和次数的现象普遍，导致农户生产成本增加，效益降低。

（4）有机栽培模式完全使用有机肥，采用生物、物理和农艺措施防治病虫草害，对环境的影响小，但因技术要求高，劳动力、成本投入大，目前推广率还很低。

2.2　果畜结合系统面源污染控制定量化配制技术

东江源为丘陵山区，山上种果，山下养猪是常见的果畜结合的生产模式。为了促进东江源果畜结合系统的养分循环利用，防止生猪养殖和脐橙种植产生的面源污染，提出"以种定养"的配置要求。以江西省定南县龙塘镇杏林农庄"猪-沼-果-鱼"生态农业模式为例，在分析畜禽养殖粪尿排泄量与利用量的基础上，针对果园"养猪-沼气-果树-养鱼"四位一体的物质循环和能量梯级利用运行模式，对"以种定养"进行了定量化的分析。

研究中以东江源头区每亩果园年施肥水平中肥料投入的平均值为标准，根据每头猪粪尿养分入园量，计算所需配套养殖生猪头数，再计算结果配套沼气池的容积。

2.2.1　果畜结合系统及生猪养分排放量的去向分析

1. 生猪粪尿排放量计算

畜禽的粪便排泄系数是指单个动物每天排出粪便的数量，畜禽粪尿以及氮磷含量的发生与动物的种类、品种、养殖管理工艺、喂养饲料甚至天气条件等诸多因素有关。目前有很多资料对各种畜禽的粪尿发生总量和氮、磷产生系数都有报道，但变异很大。基于文献资料对主要畜禽的个体排放量进行汇总，统计猪粪尿的排放和氮磷发生量见表 2-6（武淑霞，2005）。

表 2-6　猪粪尿日排放量（总量则按照年存栏量来计算）

类别	排泄量/kg	平均排泄量/kg	平均污染物含量/%		平均污染物含量/kg	
			N	P_2O_5	N	P_2O_5
猪粪	2.4~5	3.75	0.5543	0.4753	0.0208	0.0178
猪尿	2.0~5.87	4.66	0.2309	0.0452	0.0108	0.0021

2. 生猪排放养分的去向

在养殖场配套建造沼气池，对猪粪尿实行固液分离处理，固体猪粪经发酵堆制后用作果园肥料，液体进入沼气池作为发酵原料。沼气用作燃料，沼液主要作为肥料用于果树，并可用于果树的病虫害防治，部分沼液用于氧化塘培养浮萍，浮萍则作为鱼饲料用于养鱼。

2.2.2　果畜结合系统"以种定养"定量化配置的核算

1. 猪粪尿养分年入园量计算

根据东江源头区果园年施肥水平，决定应配套养殖生猪头数，在养殖场配套建造适当大小的沼气池，对猪粪实行固液分离处理。固体猪粪经发酵堆制后用作果园肥料，入园率达 95%；猪尿水进入沼气池作为发酵原料，根据对杏林农庄沼气发酵实际情况的调查估算，沼液中 60%的养分投入果园，剩余 40%的养分用于氧化塘培养浮萍，浮萍则作为鱼饲料用于养鱼。猪粪尿养分年入园量见表 2-7。

表 2-7　猪粪尿养分年入果园量计算　　　　　　　（单位：kg）

类别	年均排泄量/头	养分含量		养分入园量	
		N	P_2O_5	N	P_2O_5
猪粪	1368.75	7.59	6.50	7.21	6.18
猪尿	1700.90	3.94	0.77	2.37	0.46
合计				9.58	6.64

2. 东江源头区常见果树肥料投入水品分析

以定南县为重点，采用入户调查的方式分析了东江源柑橘果园肥料的投入状况，结果见表 2-8。温柑的施肥量明显小于脐橙，但脐橙的种植面积却远大于温柑。根据文献报道，种植脐橙年所需 N、P_2O_5 的投入量分别为 16.0～30.4kg/亩、6.2～18.4kg/亩，种植温柑年所需 N、P_2O_5 的投入量分别为 15.2～30.4kg/亩、4.8～14.4kg/亩，对比调查值，东江源头区，除了脐橙对于 P_2O_5 的投入略高于文献报道值之外，脐橙和温柑栽培施肥量的平均值基本在常规施肥量范围内。

表 2-8　东江源头区柑橘果园果树品种与年施肥水平

品种	纯 N 投入量				P_2O_5 投入量			
	最小值	最大值	平均值	标准差	最小值	最大值	平均值	标准差
脐橙	9.0	48.7	26.1	17.3	6.1	31.7	21.9	11.3
温柑	10.3	27.2	18.8	12.0	7.5	19.0	13.2	8.1

注：表中除了"标准差"以外，其余列的单位均为 kg/亩

3. 沼气池的配套

在确定沼气池的容积时，要考虑到果园用肥面广、量多的特殊性，可根据相应参数进行计算：料液滞留期（HRT）30d；沼气池装料率 85%；每头猪尿液排泄量按每天 4.66kg 计算、冲洗水按 15kg 计算。根据以上参数进行计算，每头猪应配建沼气池的净容积为 $0.69m^3$。

在便于使用沼气、进料和输送沼液的前提下，应尽量把沼气池建在靠近猪舍处，猪尿水和冲洗水就地入池，以能自流，不堵塞，进料、排液方便为准则。

4. 猪、沼、果的量比关系

以东江源头区每亩果园年施肥水平中肥料投入的平均值为标准，根据每头猪粪尿养分入果园量，计算所需配套养殖生猪头数。再根据上述计算结果配套沼气池的容积。

从表 2-9 中看出基于作物 N 的投入量所匹配的生猪头数小于基于作物 P_2O_5 的投入量所匹配的生猪头数。从环境安全的角度考虑，在生猪粪尿水发生及其养分含量一定的情况下，选择基于 N 的投入量所匹配的生猪头数，从而能防止氮磷养分过量施用引起的流失和环境污染问题。

表 2-9　每亩脐橙、温柑的猪、沼、果量比关系表

作物种类	承载标准	猪/头	沼气池/m^3
脐橙	N	2.72	1.88
	P_2O_5	3.30	2.27
温柑	N	1.96	1.35
	P_2O_5	1.99	1.37

因此，对于东江源头区果园，种植脐橙，每亩可承载生猪 2.72 头，需配套建设沼气池 1.88m³；种植温柑，每亩可承载生猪 1.96 头，配套建设沼气池 1.35m³。

5. 浮萍池、鱼塘的配套

浮萍的粗蛋白含量、类胡萝卜素含量极高，均远远大于常用饲料紫花苜蓿，其体内的粗纤维含量又远远低于后者，且所含氨基酸种类丰富，含量充足，能够为鸡、鸭、猪、牛和鱼类提供大部分所需营养。浮萍细胞壁不含木质素，易于消化，是优良的畜禽饲料和鱼类饵料。以 40% 的沼气池废液排入浮萍池培养浮萍，浮萍池 N 的年投入量等于 40% 沼液的养分含量。实地抽样杏林农庄浮萍池中浮萍进行检测，结果显示，浮萍组织中水含量为 92.5%，N 含量为 0.366%。根据浮萍组织中的 N 含量和浮萍池 N 的年投入量计算出浮萍的年产量，结果见表 2-10。

表 2-10　浮萍池、鱼塘草鱼配套量比关系计算

作物种类	每亩配套生猪数/头	浮萍池年净化氮量/kg	浮萍年产量/kg	鱼塘套养草鱼/条
脐橙	2.72	4.27	1166.67	25.57
温柑	1.96	3.08	841.53	18.44

草鱼从幼鱼体长 5cm 起就开始吃草，体重 250g 以上的成年草鱼，每条鱼每天的食草量可以达到 125g，饵料系数大约 1：30。

管理较好的浮萍池，全年亩产量可达 1 万多千克。浮萍池一般选择背风向阳、排灌方便、底质松软的小池塘，面积以 0.5～1 亩为宜。如果是水位较深的池塘，则可以投放少量的滤食性鱼类（如鲢鱼、鳙鱼等）进行搭养，以提高水面的利用价值。

2.2.3　结论

农业面源污染是东江源水体污染的重要来源之一。进行"猪-沼-果-渔"生态农业生产模式，基于果树对 N 养分的需求，一亩脐橙园可承载的生猪为 2.72 头，配套建设沼气池 1.88m³，浮萍池年产量 1166.67kg，鱼塘可套养草鱼 25.57 条；一亩温柑园可承载的生猪为 1.96 头，配套建设沼气池 1.35m³，浮萍池年产量 841.53kg，可套养草鱼 18.44 条。

"猪-沼-果-渔"生态农业模式的推广应用有助于有效控制农业面源污染，从农业生产源头减少农业生产活动给环境带来的风险，防止东江源头区水质恶化，显著提高资源利用率，具有良好的经济、社会和生态效益。

2.2.4　讨论与建议

（1）"猪-沼-果-渔"生态模式量比要适当，根据果园面积，确定养多少猪合适，需要建多大的沼气池，可生产多少浮萍，套养多少草鱼。但是，由于果园土壤质地、季节、气候、猪饲料等诸多因素存在着极大的差异性，所以从严格意义上确定猪、沼、果三者间的量比关系比较困难。因此，本书结合文献参考值和东江源头区实地调查结果，在此基础上，进行"以种定养"的配套计算。

（2）猪舍宜建在果园最高位置且居全园的中线位置。这样，有利于猪场与外界有效隔离，又便于通风、透光、透气，减少疾病的发生，并且沼液也便于通过自流灌溉至果园，形成立体布局。

（3）养猪场实行雨污分流，在日常冲洗圈舍时控制适宜的冲水量，严禁消毒液进入沼气池影响发酵。

（4）果园种植需要科学使用农药和肥料，合理规划，可以采用有机栽培方式，控制有毒有害物质。并进行拦砂坝和生态沟渠的建设，有效截留水土，防止水土流失。

（5）以草鱼作为标准计算配套养鱼的计算，生产中可以根据实际情况混养鲢鱼、鳙鱼、青鱼等，以充分利用水体的空间。鱼塘水草较多或浮萍产量较多时，可以以放养草鱼、鳊鱼为主；鱼塘水质较肥时，可以以放养鲢鱼、鳙鱼为主。

2.3　果园农药减量化技术即生物农药防治技术

柑橘全爪螨是我国柑橘上最主要的害虫之一，具有个体小、发育历期短、世代多、易产生抗药的特点，由于长期不合理使用化学农药，导致其已成为我国抗药性最为严重的 23 种害虫（螨）之一，并导致柑橘农药残留超标和破坏橘园生态环境（邹华娇，2002）。为评价生物农药对柑橘全爪螨的防治效果，选用了具有高效、对害虫天敌相对安全、环境兼容性好等优点，公认可用作无公害乃至有机农产品生产的理想植物保护剂的印楝素、苦参碱、鱼藤酮等植物源药剂和 SK 绿颖农用喷洒油进行田间药效试验。

2.3.1　材料与方法

1）供试药剂

供试药剂为：Ⅰ. 天然之保 0.6%苦参碱水剂（内蒙古清源保生物科技股份有限公司）；Ⅱ. 0.5%印楝素乳油（云南光明印楝产业开发股份有限公司）；Ⅲ. 2.5%鱼藤酮乳油（云南南宝植化有限责任公司）；Ⅳ. 99%绿颖矿物油（韩国 SK 润滑油株式会社）；Ⅴ. 1.8%阿维菌素乳油（河北威远生物化工股份有限公司）。

2）试验处理

试验设下列 6 个处理：A. 0.6%氧化苦参碱水剂 2000 倍液；B. 0.5%印楝素乳油 1000 倍液；C. 2.5%鱼藤酮乳油 800 倍液；D. 99%绿颖矿物油 300 倍液（夏季用较低浓度，以避免药害）；E. 1.8%阿维菌素乳油 3000 倍液为对照药剂；CK. 清水对照。

3）防治对象和供试作物

防治对象：柑橘红蜘蛛、锈壁虱、粉虱、橘蚜；供试作物：脐橙（温州蜜柑：宫川）。目前重点是防治柑橘红蜘蛛（夏季田间螨口密度高时，可考虑间隔 5～7d 再施第二次药，原因是施药对螨卵无效，在夏季，8～9d 螨卵就可发育为成螨，在余活个体大量产卵前施第二次药进行控制）。

供试作物为柑橘，品种为新余蜜橘，树龄 7 年，长势均匀一致。

4）试验条件及概况

田间药效试验小区，小区面积 15m²（1～2 棵脐橙树，或 2～3 棵温州蜜柑），每个处理重复 3 次，随机排列。试验期间天气情况：施药后两周均为晴天，气温为 28～36℃；药后 15～18d 降中至大雨，气温为 22～28℃；药后 19～21d 为晴天，气温为 28～36℃。

5）试验调查与统计

将每个试验小区的脐橙树挂牌做好标记。施药前，在每棵树东、西、南、北、中 5 个方位固定 5 个枝条（每枝查 5～10 片叶），做好标记，调查统计标记枝条上红蜘蛛、锈壁虱、粉虱、蚜虫各龄活动虫数，以此作为施药前虫量基数。

施药后第 1d、3d、7d、14d，调查脐橙（或温州蜜柑）树标记枝条上红蜘蛛、锈壁虱、粉虱、蚜虫各龄活动虫数，计算虫口减退率和防治效果，并测定防治效果差异显著性。

虫口减退率（%）=（药前活虫数–药后活虫数）/（药前活虫数）×100

防治效果（%）=（处理减退率–对照减退率）/（1–对照减退率）×100

2.3.2　结果与分析

1. 四种生物源药剂一次施药对柑橘红蜘蛛的防效

四种供试生物源药剂中，0.6%氧化苦参碱水剂 2000 倍液处理的速效性最好，药后 1d 其对柑橘红蜘蛛的防效为 98.57%±0.43%，显著高于其他药剂；0.5%印楝素乳油 1000 倍液和 2.5%鱼藤酮乳油 800 倍液两处理的速效性较差。四药剂中，仅 0.5%印楝素 1000 倍液处理的防效在供试期间内随时间推移呈现逐渐上升的趋势；其余三药剂的防效均在逐步下降（表 2-11）。

表 2-11　几种生物农药一次施药对柑橘红蜘蛛的田间药效试验结果

处理	药前螨口密度/（头/叶）	药后不同时间对柑橘红蜘蛛的防治效果/%				
		1d	3d	7d	14d	21d
A	3.63±0.41	98.57±0.43a	94.44±0.34a	89.70±0.84a	82.89±0.93b	76.26±1.07c
B	5.15±0.62	84.41±2.05c	86.39±1.82c	90.38±0.99a	94.00±0.32a	97.54±0.61a
C	3.67±0.17	85.59±2.10c	88.16±1.33bc	85.05±1.72b	78.78±0.86c	73.39±1.88c
D	3.39±0.41	92.91±0.83b	94.08±0.81a	92.93±1.55a	91.75±2.11a	89.34±2.57b
E	3.94±0.53	88.58±2.74bc	91.48±2.13ab	84.85±0.16b	83.17±0.69b	79.19±2.53c
CK	3.81±0.19	—	—	—	—	—

注：1. 表中数据为 3 次重复的平均值，同列数据标有相同字母者表示无显著差异（DMRT 法）；2. CK 在处理后不同时间的螨口密度呈逐渐上升的趋势

此外，四种生物源药剂除 0.5%印楝素 1000 倍液处理后 1～3d 对柑橘红蜘蛛的防效

低于对照药剂阿维菌素乳油 3000 倍液，其余药剂及印楝素药后 7~21d 的防效均高于或与阿维菌素相当（图 2-1）。

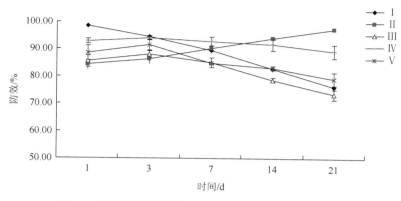

图 2-1　四种生物源药剂一次施药对柑橘红蜘蛛的防效

印楝素处理组的防效逐渐上升的原因可能为：其既对柑橘红蜘蛛具有毒杀作用（速效性较差），还可能对余活个体的生长发育及生殖有抑制作用，在一次施药处理中，药后 21d 比 7d 的余活螨数明显减少，原因可能为余活成螨产的卵不能孵化或孵化后个体不能存活，而成螨数量又因自然死亡不断减少。

2. 四种生物源药剂二次施药对柑橘红蜘蛛的防效

由表 2-12 和图 2-2 中的结果可见，二次施药处理试验期间苦参碱、印楝素和绿颖三药剂的防效均在 96.69%以上，但 2.5%鱼藤酮乳油 800 倍液的防效稍低，在 88.95%~92.17%；二次施药后 1d，绿颖的防效显著高于鱼藤酮和对照药剂阿维菌素；药后 3~14d 除鱼藤酮的防效显著低于对照药剂阿维菌素外，苦参碱、印楝素和绿颖的防治与阿维菌素相当。其中绿颖的二次施药处理效果最佳，与其既可杀死活动螨态又有一定的杀卵作用有关。

表 2-12　几种生物农药二次施药对柑橘红蜘蛛的田间药效试验结果

处理	药前螨口密度/（头/叶）	药后不同时间对柑橘红蜘蛛的防治效果/%			
		1d	3d	7d	14d
A	4.01±0.26	96.69±2.15ab	99.20±0.40a	99.23±0.53a	98.79±0.95a
B	3.68±0.83	97.01±1.26ab	97.68±0.84a	98.76±0.24a	99.29±0.41a
C	4.49±0.67	90.81±2.12b	92.17±1.79b	89.51±3.42b	88.95±3.39b
D	5.52±0.38	98.95±0.26a	98.97±0.52a	99.54±0.29a	99.79±0.10a
E	3.96±0.81	90.69±3.86b	97.78±0.99a	98.64±0.66a	99.22±0.49a
CK	4.71±0.74	—	—	—	—

注：1. 表中数据为 3 次重复的平均值，同列数据标有相同字母者表示无显著差异（DMRT 法）；2. CK 在处理后不同时间的螨口密度呈逐渐上升的趋势，至处理后 14d 大约增加 1 倍

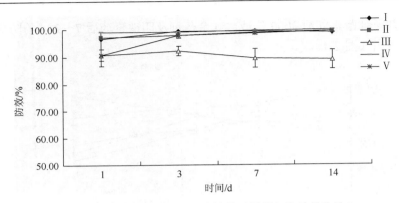

图 2-2　四种生物源药剂二次施药对柑橘红蜘蛛的防效

2.3.3　结论

当橘园早春柑橘全爪螨轻度为害时，可采用 0.6%苦参碱水剂 2000 倍液、0.5%印楝素乳油 1000 倍液或者 SK 绿颖农用喷洒油 300 倍液一次施药处理；若秋季柑橘全爪螨严重发生时，需要对活动螨态和螨卵同时进行控制，宜采用二次施药处理，四种供试天然源药剂均有较好的防效，且以苦参碱、印楝素和 SK 绿颖农用喷洒油三药剂更为理想。

研究供试的苦参碱、印楝素、鱼藤酮和 SK 绿颖农用喷洒油四种天然源药剂除对农业害螨外，还对多种其他害虫具有很好的控制作用。以 SK 绿颖农用喷洒油为例，其在许多国家已广泛应用于防治作物害螨、蚧类、蚜虫、粉虱、蓟马、橘小实蝇和柑橘潜叶蛾等害虫及部分真菌病害（Rae et al.，1996）。

2.4　果园农药减量化技术——捕食螨防治红蜘蛛技术

2.4.1　材料与方法

1）供试材料

捕食螨，约 500 头/袋，品种：巴氏新小绥螨（原名为巴氏钝绥螨），购自赣州市果业局果树植保站。

2）试验处理

（1）捕食螨不同释放量对柑橘红蜘蛛的防治效果试验。设每株 1、2、3 袋 3 个处理；对照（不释放捕食螨）。如果田间红蜘蛛密度高，需先施药剂清园，清园一周后选择阴天或晴天的傍晚进行释放。

（2）捕食螨与柑橘红蜘蛛消长动态：每株柑橘树放一袋捕食螨，试验期间考察捕食螨与柑橘红蜘蛛消长动态。

3）防治对象和供试作物

防治对象：红蜘蛛、粉虱、蚜虫。

供试作物：脐橙，树龄十年，树势比较一致，树冠直径约两米。

4）试验调查与统计

（1）捕食螨的控害作用调查。将每个试验小区的柑橘树挂牌做好标记。释放捕食螨前，在每棵树东、西、南、北、中 5 个方位固定 5 个枝条，做好标记，调查统计标记枝条上红蜘蛛、锈壁虱（捕食螨主要是捕食小型且活动能力弱的害虫）龄活动虫数，以此作为施药前虫量基数。放螨后每 15d 调查一次，分别计数脐橙树标记枝条上红蜘蛛、锈壁虱各龄活动虫数，计算虫口减退率和防治效果。

（2）捕食螨的种群数量调查。在调查红蜘蛛的同时随机选 5～10 株树，取树上同一水平面的东、南、西、北、中和树顶 6 个方位的枝条放在 20cm×30cm 的白瓷盘中，拍打三下，记载每个方位的捕食螨数量。

2.4.2　结果与分析

1）捕食螨不同释放量对柑橘红蜘蛛的防效

由表 2-13 和图 2-3 可知，释放捕食螨后 0d、15d、30d、45d、60d，红蜘蛛的虫口密度不断降低，捕食螨不同释放量对柑橘红蜘蛛的防治效果随着时间的推移趋于接近（表2-14 和图 2-4），之间差异并不显著，表明并非捕食螨释放量越多，红蜘蛛防治效果越好。说明在一定数量范围内，捕食螨释放密度与其对红蜘蛛的防治效果并不呈正相关。综合考虑实际防治效果与成本，每棵树挂一袋捕食螨较为合适，可以取得很好的防治效果。

表 2-13　放螨量对柑橘红蜘蛛发生量的影响

处理	螨口基数 / （头/百叶）	释放捕食螨后不同时间柑橘红蜘蛛的发生量/（头/百叶）			
		15d	30d	45d	60d
3 袋	350.33±7.31	440.67±7.31	120.33±9.39	40.67±2.96	8.67±0.67
2 袋	345.67±16.17	489.00±16.77	186.33±9.87	74.33±4.37	22.00±3.06
1 袋	325.00±8.54	533.33±16.15	253.00±7.64	103.33±7.22	51.67±5.81
CK	331.67±10.37	618.67±19.34	954.67±51.09	1373.6±63.28	1330.6±27.55

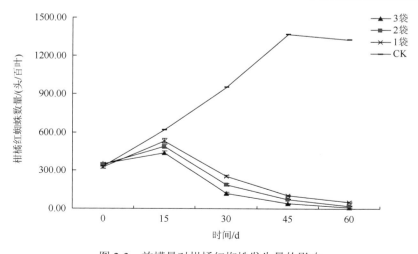

图 2-3　放螨量对柑橘红蜘蛛发生量的影响

表 2-14　　放螨量对柑橘红蜘蛛的防效的影响

处理	螨口基数 /（头/叶）	释放捕食螨后不同时间对柑橘红蜘蛛的防治效果/%			
		15d	30d	45d	60d
3 袋	350.33±7.31	32.58±1.31a	88.05±2.81a	97.21±2.08a	99.38±3.15a
2 袋	345.67±16.17	24.04±1.72b	81.21±2.84b	95.01±3.11ab	98.43±5.17a
1 袋	325.00±8.54	12.02±1.32c	72.89±2.68c	92.27±4.80b	96.05±6.41b
CK	331.67±10.37	—	—	—	—

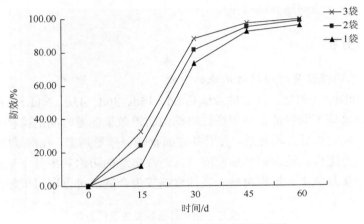

图 2-4　　不同放螨量对红蜘蛛防效的影响

2）捕食螨与柑橘红蜘蛛消长动态关系

由图 2-5 结果可知，捕食螨在橘园种建立群和红蜘蛛的发生存在跟随现象，在释放后 20d 左右建立稳定的种群；在捕食螨释放后 15～30d 内，柑橘红蜘蛛有一个抗衡过程，即柑橘红蜘蛛数量先快速增加至峰值后开始逐渐减少；其后迅速下降并持续被控制在 10 头/百叶的低螨口密度之下。

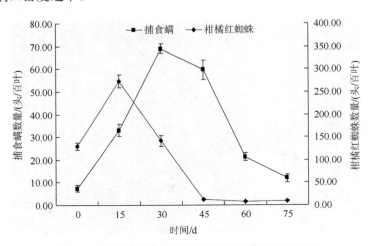

图 2-5　　捕食螨与红蜘蛛发生量的消长动态关系图

2.4.3　结论

红蜘蛛是我国柑橘上最主要的害虫之一，由于长期不合理使用化学农药，导致其已成为我国抗药性最为严重的 23 种害虫（螨）之一，并造成柑橘农药残留超标和破坏了柑橘生态环境。通过本研究可以看出，释放捕食螨可以很好地防治红蜘蛛，同时有效保护果园生态环境。综合考虑实际防治效果与成本，每棵树挂一袋捕食螨较为合适。

2.5　柑橘修剪枝条循环利用技术

源头区香菇种植业较为发达，但香菇栽培种需要砍伐林木，造成了森林环境资源的破坏，影响到清水产流的自然环境，加大了水土流失。东江源有柑橘果园近 100 万亩，每年都有大量修剪的柑橘枝条。柑橘枝条养分丰富，含氮量是杂木的 3 倍多，利用柑橘枝条培养香菇既可有效实现农业废弃物的循环再利用，防止污染产生，栽培食用菌并循环利用菌渣，充分利用菌渣中丰富的营养，减少果园化学肥料的投入，实现农业清洁生产和 N、P 的减排，还可有效保护源头区的森林资源，具有重要的推广应用价值，将产生巨大的经济与环境效益。

2.5.1　材料与方法

1）实验材料

供试菌种购于上海市农业科学院食用菌研究所，申香 6 号。柑橘枝条和杂木来自东江源头区定南县。

2）实验设计

a. 室内小试实验

培养香菇以柑橘枝条和杂木为其主要培养基，该试验设计 5 个培养基配方，试验培养基配方如表 2-15 所示，观察菌丝生长情况。

表 2-15　香菇培养基配方

编号	柑橘枝条/%	江西杂木/%	麦麸/%	蔗糖/%	石膏粉/%	pH
1	0	78	20	1	1	6.5~7.0
2	78	0	20	1	1	6.5~7.0
3	60	18	20	1	1	6.5~7.0
4	40	38	20	1	1	6.5~7.0
5	20	58	20	1	1	6.5~7.0

b. 中试示范实验

在实验室小试的基础上，柑橘枝条培养香菇的中试示范定在当地定南县龙塘镇新伟村香菇种植农户家进行。实验组菌棒共计 1500 袋，试验所用菌种为江西赣州中兴食用菌研究所的香菇菌种 L-26，每袋菌棒为 1500g，含水率约为 60%，配料如表 2-16 所示，中试示范过程中观察菌丝生长情况、出菇时间和出菇量。

表 2-16 香菇栽培料配方

编号	柑橘枝条/%	江西杂木/%	麦麸/%	石膏粉/%	pH
对照组	0	78	20	1	6.5～7.0
实验组	73	5	20	1	6.5～7.0

实验过程中，加强对灭菌、接种、发菌和出菇等各过程的管理，观察菌丝生长情况，中试过程中，记录香菇出菇时间和产量。

实验初始分析柑橘枝条和杂木氮磷含量；中试出菇后，采集同一批次香菇，进行多糖、粗脂肪、钙、镁、铁以及氨基酸组成等指标分析测试。

灰分：采用 550℃高温灼烧氧化法，按 GB 5009.4 测定；粗蛋白：采用微量凯氏定氮法，按 GB 5009.5 测定；粗脂肪：采用索氏脂肪抽提法，按 GB 5009.6 测定；矿质元素：用 AA300 型原子吸收光谱仪测定；氨基酸组成利用氨基酸分析仪测定分析。

2.5.2 结果与分析

1. 柑橘枝条营养成分分析

通过测试（表 2-17），柑橘枝条养分丰富，其中含氮量是当地杂木的 3 倍多，可以为香菇提供充足的养分。

表 2-17 柑橘枝条与杂木屑养分比较

样品名称	氮/%	磷/%	钾/%
柑橘枝条	0.757	0.137	1.09
江西杂木	0.225	0.061	1.06

2. 室内试验

通过对香菇发菌过程的观察可知，5 个不同处理的培养基菌丝都生长良好，菌丝浓白粗壮，表明柑橘枝条可以用来培养香菇，因此在东江源头区利用果园修剪柑橘枝条代替当地传统杂木作为香菇栽培主要基质是可行的。

3. 中试示范

在实验室小试的基础上，柑橘枝条培养香菇的中试示范在源头区香菇种植农户家进行，通过对香菇栽培生长过程的观察，实验组发菌较快，菌丝满袋时间短。从两种香菇出菇量来看，大致一致，每个菌棒出菇量在 1200～1750g。由表 2-18 和表 2-19 可知，实验组香菇营养更丰富，其粗蛋白是对照的 1.38 倍，总氨基酸含量是对照的 1.62 倍，镁、磷等矿质元素含量也明显高于常规对照。

表 2-18　香菇营养成分分析

样品名称	实验组	对照组
灰分/%	1.12	0.657
粗蛋白/%	4.73	3.43
粗脂肪/（%干基）	2.50	4.10
多糖/%	4.50	4.80
磷/（%）	0.146	0.100
钙/（mg/kg）	29.2	28.7
铁/（mg/kg）	152.4	149.9
镁/（mg/kg）	101.4	73.7
氨基酸总量/%	3.48	2.15

表 2-19　香菇氨基酸组分分析

氨基酸名称	实验组	对照组
天门冬氨酸/%	0.279	0.160
苏氨酸/%	0.211	0.129
丝氨酸/%	0.191	0.108
谷氨酸/%	0.891	0.712
甘氨酸/%	0.173	0.099
丙氨酸/%	0.278	0.132
胱氨酸/%	0.128	0.061
缬氨酸/%	0.179	0.128
蛋氨酸/%	0.024	0.026
异亮氨酸/%	0.145	0.086
亮氨酸/%	0.233	0.135
酪氨酸/%	0.055	0.024
苯丙氨酸/%	0.126	0.072
赖氨酸/%	0.188	0.096
组氨酸/%	0.083	0.044
精氨酸/%	0.207	0.114
脯氨酸/%	0.094	0.024
氨基酸总量/%	3.48	2.15

2.5.3　结论

　　果园修剪柑橘枝条养分丰富，可以代替普通杂木作为源头区香菇培养的主要基质，实现农业废弃物的循环再利用，实现农业清洁生产和 N、P 的减排，同时可有效保护源头区的森林资源，具有重要的经济与生态环境效益。

2.6　果畜结合系统猪粪快速堆肥技术及环境安全性分析

堆肥技术是由群落结构演替非常迅速的多个微生物群体共同作用而实现的动态过程，是一种有效的处理农业固体废弃物的手段，相对于焚烧和填埋具有经济环保的特性，运用堆肥技术可以在短时间内使废弃物达到无害化、减量化和资源化（Goyal et al.，2005；Castaldi et al.，2008）。腐熟的堆肥可以改善土壤的理化性质和生物学性质，提高土壤肥力，增强作物抗逆性，提高作物产量，改善作物品质。以猪粪和香菇菌棒为原料，进行了实验室规模的小型堆肥发酵试验，并且对整个堆肥过程中的主要物质变化进行了研究，为果畜结合系统规模化堆肥提供技术基础，为堆肥的环境安全性提供依据。

2.6.1　材料与方法

1）堆肥试验材料与设计

本试验以猪粪和香菇菌棒为主要原料，按 6∶1 的比例混合均匀，调节初始含水率在 60%～65%，初始 C/N（碳氮比）在 12 左右，设置添加菌剂（供试菌剂购于淮安大华生物科技有限公司）和空白对照（CK）两个处理，每个处理三个重复，添加菌剂量为 0.5%（W/W）。每个处理发酵原料为 21.0kg，充分拌匀后装入长、宽、高分别为 50cm、40cm、50cm 的周转箱中，每天 16：00 测定堆体中心和温室的温度，然后人工翻堆。在堆肥进行到第 1、5、10、15d，翻堆过后，选任意三点进行样品采集，每个点采集的样品均为 200g，充分混匀后，分成两份，一份保存于 4℃冰箱中，一份自然风干。

2）测定指标及测定方法

堆体温度使用水银温度计插入堆体中心测得，同时记录环境的温度；含水率为新鲜堆肥样品 105℃烘干获得；自然风干的样品粉碎后一部分过 20 目的筛，用于全磷、全钾的测定，全磷测定采用浓 H_2SO_4-H_2O_2 消化钒钼黄比色法，全钾测定采用 H_2SO_4-H_2O_2 消化火焰光度计读数法；一部分过 100 目的筛，采用元素分析仪测定堆肥的全碳及全氮含量，并由此数据得到 C/N；4℃冰箱保存的样品用去离子水按肥水比 1∶10（W∶V）在室温条件下于 200r/min 水平振荡提取 2h（可溶性重金属振荡 24h）后过滤，部分滤液用于测定 pH 和发芽指数（GI），发芽指数的测定参考 Zucconic 的方法，另一部分滤液于 4℃、12000r/min 下离心 15min，上清液经 0.45μm 滤膜过滤后，用 TOC 仪（Liqui TOC）测定稀释后滤液的水溶性有机碳，采用流动分析仪测定水溶性铵态氮，使用 ICP-OES 进行水溶性重金属离子的测定。

2.6.2　结果与分析

1. 接种微生物菌剂对堆肥过程中原料颜色、气味和颗粒度的变化的影响

根据感官判断堆肥过程中物料的变化结果见表 2-20。随着堆肥的进行，物料的颜色逐渐加深，由初期的黄棕色逐渐变为暗褐色和深褐色，相对于空白对照，接种微生物菌剂更有利于腐殖酸类物质的形成，因为其第 15d 的堆肥样品的颜色明显深于空白对照组；在堆肥初期，堆体散发出粪便的臭味，且有大量的蚊蝇围绕，在第 5d，物料略有氨气的味道，堆肥后期由于放线菌的大量出现，产生土腥素等物质，使堆肥原料略有土腥味。对照处理和接种微生物菌剂处理的气味变化在整个堆肥过程中是基本趋于一致的，只是堆肥物料的颗粒度稍有不同，接种微生物菌剂的堆肥物料在堆肥后期更加均匀，无团块状物质。

表 2-20　堆肥过程中原料颜色、气味和颗粒度的变化

堆肥时间/d	空白对照			接种菌剂		
	颜色	气味	颗粒度	颜色	气味	颗粒度
0	黄棕色	臭味，蚊蝇围绕	团块状，不均匀	黄棕色	臭味，蚊蝇围绕	团块状，不均匀
5	表层暗褐色，内部黄棕色	微氨，少量蚊蝇	团块状，不均匀	表层暗褐色，内部黄棕色	微氨，少量蚊蝇	团块状，不均匀
10	暗褐色，中心黄棕色	微臭，微土腥味	团块变小，较松散	暗褐色，中心黄棕色	微臭，微土腥味	团块变小，松散
15	暗褐色	土腥味	松散，均匀，有小团块	深褐色	土腥味	松散，均匀，无团块

2. 接种微生物菌剂对堆肥过程中温度变化的影响

堆肥堆体并非完全均一，因此同一堆体的不同位置、不同层次温度相差很大，但是温度仍能够反映不同阶段微生物的代谢活性，是堆肥化过程最直观也是最重要的参数。由图 2-6 可知，无论是空白对照还是接种微生物菌剂的处理，整个堆肥过程根据温度的不同可以明显分为升温、高温和降温腐熟三个阶段，只是不同处理的每个阶段所处的时间稍有不同。空白对照和加菌处理均于第 3d 进入高温阶段（堆体温度高于 45℃），并且在堆肥的第 7d 获得最高温度，均为 63℃，之后堆体温度均有所降低，但是后期加菌处理的温度明显高于空白对照，空白对照的堆体温度在第 13d 时已经低于 45℃，进入降温腐熟阶段，而加菌处理在第 15d 时仍然高于 45℃（48.6℃），直接证明在堆肥过程中添加微生物菌剂有利于延长堆肥高温阶段的时间。另外，堆体温度在一定程度上受环境温度变化的影响。

有报道表明堆肥化过程最佳的堆体温度范围为 52～60℃，当温度高于 63℃时，耐热微生物的活性将会迅速下降，代谢将受到严重的抑制（Miller，1992）；但是堆体温度也不能太低，高于 55℃必须保持 3d 以上才能杀死病原菌，达到无害化标准（李国学等，2003）。本试验的空白对照和加菌处理处于 55℃以上的时间分别为 5d 和 7d，完全达到了堆肥无害化的要求。

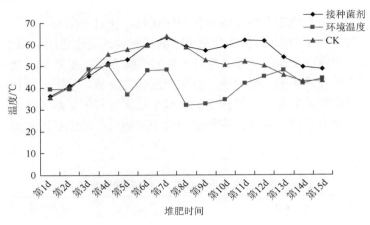

图 2-6　堆肥过程中温度的变化

3. 接种微生物菌剂对堆肥过程中含水率和 pH 变化的影响

物料的含水率是影响堆肥过程的重要参数。含水率过高，整个堆体通气差，容易造成堆体局部厌氧，产生酸臭味，同时还不利于营养物质的渗出，造成养分损失；含水率过低，则容易使营养物质的传质阻力增大而导致微生物新陈代谢降低。一般情况下，最佳的含水率范围为 50%～60%。如图 2-7（a）所示，随着堆肥的进行，加菌处理和空白对照的含水率均逐渐降低，并且在第 5d 和第 15d 含水率下降的最剧烈，分别减少了21.74% 和 19.91%，这与堆肥所处的高温阶段是相符合的，堆体处于高温阶段，微生物的代谢活动比较旺盛，有机物降解速度较快，所以水分利用和蒸发的速率也较快。到堆肥结束后，加菌处理和空白处理的含水率分别为 35.27% 和 38.91%。从整个堆肥过程来看，接种菌剂更有利于堆肥过程中水分的散失。

如图 2-7（b）所示，空白对照处理与加菌处理 pH 的变化趋势基本一致，在堆肥 1～5d迅速上升，5～15d 则维持在 7.5 左右。堆肥的 pH 上升，一方面由于有机酸或被微生物降解利用或者挥发（Mondini et al.，2003）；另一方面由于蛋白质降解，产生了大量的NH_3 释放到堆体中（Cegarra et al.，2006）。堆肥第 10d 接种菌剂样品的 pH 略微高于空白对照，可能是由于添加的微生物菌剂使有机物质的代谢加强的缘故。一般情况下，pH并不是堆肥成功的关键因素，但是可以通过控制 NH_3 的挥发来控制堆肥过程中氮元素的损失，尤其当 pH 高于 7.5 时。因此，堆肥过程的 pH 调节也是非常必要的。

4. 接种微生物菌剂对堆肥过程中全碳、全氮以及 C/N 的影响

在堆肥过程中，有机质在微生物的作用下，一方面不断被分解为 CO_2 和 H_2O 等小分子物质散失到环境中，另一方面有机物质被高分子化，转化为腐殖质等稳定的物质。因而，在堆肥过程中，微生物代谢越活跃，有机质减少得越快。如图 2-8 所示，空白对照和加菌处理的全碳含量在整个堆肥过程中均逐渐降低，分别下降了 19.19% 和 22.86%，在堆肥的 10～15d，加菌处理下降得更加明显，这与含水率的变化基本相符。在整个堆

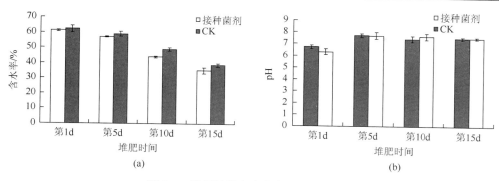

图 2-7 堆肥过程中含水率和 pH 的变化

肥过程中，加菌处理和空白对照的全氮含量均呈先降低后增加的趋势，第 15d 堆肥样品中全氮含量分别达到了 29.99g/kg 和 27.03g/kg，说明在堆肥过程中添加微生物菌剂更有利于维持氮元素。堆肥前期，微生物降解蛋白质类物质产生大量的氨，同时频繁的翻抛作用加大了堆体与外界环境的接触面，使部分氮以 NH_3 的形式挥发而使堆体全氮含量不断减少。但是，由于堆体中水分的不断散失和有机质不断分解，总干物质重量的下降幅度明显大于全氮下降幅度，最终使得干物质中全氮含量相对增加。堆肥后期，固氮菌的固氮作用也有助于堆肥中全氮含量的增加。

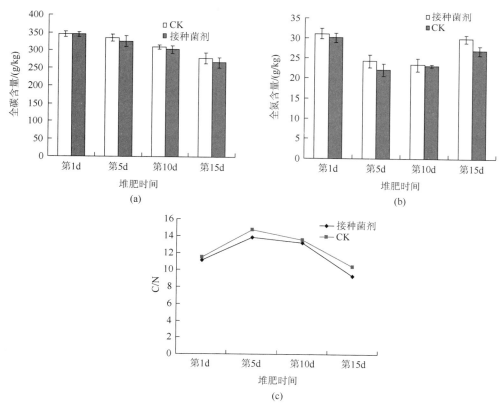

图 2-8 堆肥过程中全碳、全氮含量以及 C/N 的变化

在整个堆肥过程中，加菌处理和空白对照的 C/N 均呈现先上升后下降的趋势，本试验研究结果与以猪粪和稻草为原料所得到的变化趋势一致（Tang et al.，2011）。堆肥前期 C/N 增加，主要是由初始物料的 C/N 过低所引起的，因为微生物合成 1 份细胞物质约需要 1 份氮源和 25 份碳源，因此堆肥原始物料的 C/N 在 25～35 更有利于堆肥，若 C/N 过低，氮素不能有效固定且容易大量损失（Bernalm et al.，2009）。但是，由于猪粪和香菇菌渣的 C/N 均较低，若想将 C/N 调节到理想的范围是不可能的，因此氮素的损失是难以避免的。另外，在整个堆肥过程中添加微生物菌剂处理的 C/N 始终低于空白对照，这进一步证明了微生物菌剂的添加有利于堆肥过程中有机物质的降解和氮素的维持。

5. 接种微生物菌剂对堆肥过程中氨态氮含量（NH_4^+-N）的影响

铵态氮包括堆体降解含氮物质产生的铵离子及翻堆产生的氨溶于水形成的铵离子。当堆体中降解含氮类物质产生的铵态氮的速率大于堆体中铵态氮转化为气态氨挥发的速率时，堆体中的铵态氮含量就会逐步增加，反之，逐渐减少。如图 2-9 所示，随着堆肥时间的推进，铵态氮含量逐渐下降。在堆肥的第 1d，加菌处理和空白对照的铵态氮含量分别为 3.27g/kg 和 3.16g/kg，堆肥结束时则分别为 1.06g/kg 和 1.28g/kg，铵态氮的损失分别为 67.58% 和 59.49%，加菌处理的铵态氮含量在堆肥初期稍微高于空白对照，可能是由外源微生物的加入以及较强的代谢活性引起的。

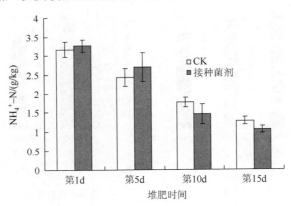

图 2-9　堆肥过程中氨态氮的变化

6. 接种微生物菌剂对堆肥过程中全磷和全钾的影响

如图 2-10 所示，空白对照和加菌处理的全磷和全钾的相对含量在整个堆肥过程中均逐渐增加，经过 15d 的快速堆肥，空白对照中的磷和钾元素的相对含量分别增加了 26.86% 和 19.94%，而加菌处理的磷和钾元素的相对含量分别增加了 35.89% 和 27.29%，均明显高于空白对照处理，这可能主要是由于添加的微生物菌剂加强了堆肥的代谢活性，使有机物的分解更加彻底，该结果与不同处理堆肥样品的感官分析结果一致，加菌处理的堆肥样品与空白对照相比几乎无团块状，且颜色更深。

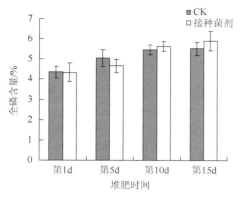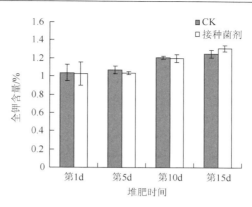

图 2-10　堆肥过程中全磷全钾含量的变化

7. 接种微生物菌剂对堆肥过程可溶性重金属离子的影响

重金属离子是畜禽粪便中常见的污染物，与其他有机污染物（如酚类物质和氨类物质）不同，重金属离子具有不易降解、毒性以及持久性的特征，如果不能够妥善处理，很容易污染环境。如何减轻固体废弃物中重金属离子的影响已经成为国内外的研究热点。近年来，越来越多的研究者意识到，重金属的环境危害不仅仅取决于其总量，更取决于重金属的存在形态。减轻污泥中重金属的不利影响可从两方面考虑，一是使污泥中重金属转化为稳定形态，即将其固定，二是去除污泥中的重金属。

高温堆肥是较常用的重金属离子的钝化技术，通过堆肥，猪粪中的重金属活性被抑制，生物有效性降低，因而提高了猪粪的农用安全性，具有周期短、能耗低和处理量大的优势；而化学浸出和生物淋滤是常用的重金属离子去除技术，尽管此技术相对于高温堆肥能够将重金属离子去除而并非只改变其存在形态，具有明显的优势，但是由于猪粪原料中的重金属离子含量显著低于工业污泥，并且化学浸出和生物淋滤的能耗较高，显然并不适合猪粪中重金属离子的处理。

水溶性重金属离子的稳定性较差，极易被植物吸收利用，与生态安全和人类的健康息息相关。因此，本试验对以猪粪和香菇菌渣为原料的堆肥过程中的水溶性金属离子进行了研究，结果如表 2-21 所示，随着堆肥的进行，尽管水溶性 Cd、Cr、As 的含量在个别时间段稍有反复，但是其含量总体呈现逐渐下降的趋势，并且除空白对照中的 As 外，均于第 15d 获得最低值，这可能是由于堆肥过程中腐殖酸含量的增加，络合了部分重金属离子。另外，我们发现，加菌处理的水溶性重金属离子的最终含量均低于空白对照，一方面可能是由于添加的部分微生物菌剂对重金属离子具有富集作用，另一方面则可能是由于较强的微生物代谢更有利于腐殖酸类物质的形成。在所有的堆肥样品中，均没有检测到 Pb 和 Hg 的存在。

表 2-21　水溶性金属离子在堆肥过程中的含量变化

时间/d	空白对照/（g/kgdw）					加菌处理/（g/kgdw）				
	Cd	Cr	Pb	Hg	As	Cd	Cr	Pb	Hg	As
1	0.32	0.38	ND	ND	3.01	0.33	0.38	ND	ND	2.97
5	0.34	0.36	ND	ND	2.84	0.38	0.41	ND	ND	2.64

续表

时间/d	空白对照/（g/kgdw）					加菌处理/（g/kgdw）				
	Cd	Cr	Pb	Hg	As	Cd	Cr	Pb	Hg	As
10	0.32	0.21	ND	ND	1.09	0.26	0.20	ND	ND	0.97
15	0.20	0.19	ND	ND	1.21	0.26	0.16	ND	ND	0.85

注：表中的数值为三个重复的平均值；ND 表示未检测到

8. 接种微生物菌剂对堆肥过程中种子发芽指数（GI）的影响

相对于其他的理化指标，GI 能够直接反映堆肥浸提液对植物毒性影响的大小。如图 2-11 所示，整个堆肥过程中，空白对照和加菌处理发芽指数均逐渐增加，空白对照和加菌处理的堆肥原始物料的发芽指数分别为 76.13%和 77.91%，但是随着堆肥化的进行，小分子有机酸类物质一部分挥发，一部分被微生物利用，其他毒性物质（如 NH_4^+）一部分以 NH_3 的状态挥发，一部分被微生物利用或通过硝化作用生成 NO_3^-，而重金属离子被大分子物质络合，种子的发芽指数迅速上升，第 10d 分别增加至 105.88%和 103.21%，1～10d 的堆肥样品，空白对照和加菌处理的发芽指数没有明显的差异，但是第 15d 时加菌处理的发芽指数明显高于空白对照，说明加菌处理的堆肥浸提液对植物生长具有明显的促进作用。研究表明 110%的阈值比较适合于以猪粪和香菇菌渣作为初始原料的堆肥化过程（Ko et al.，2008），因此可以认为在第 15d 时堆肥已经腐熟。

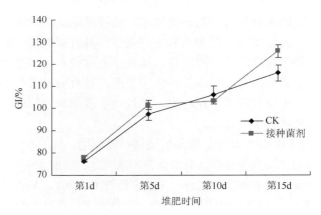

图 2-11　堆肥过程中发芽指数的变化

2.6.3　结论

在以猪粪和香菇菌渣为原料的堆肥过程中添加微生物菌剂能够延长堆肥处于高温阶段的时间，并且可以明显改善堆肥产品的品质，提高其全氮、全磷和全钾的含量。

通过堆肥过程，可以钝化重金属离子的效果，使堆肥样品中的水溶性重金属离子的含量明显降低；另外，堆肥中的其他有毒有害物质的含量也明显下降，最直观的表现就是堆肥前后发芽指数迅速增加。

2.7 模拟降雨条件下脐橙果园径流减排技术

东江源头区不少山地已被全面开发为脐橙、柑橘等果园，其中 25°以上山坡上开发的面积约占 25%以上，在开发过程中不少农民未采取生态防护措施，多数果园土壤裸露，原生和次生天然植被基本被破坏，水土流失严重，N、P 大量流失，对源头区水体的影响不容忽视。通过果园模拟降雨实验，研究东江源头区果园不同地表覆盖类型下降雨产流规律与土壤养分流失情况，为坡地果园水土保持，减少土壤养分流失提供技术依据。

2.7.1 材料与方法

1）试验设备

试验在定南县龙塘镇杏林农庄脐橙果园进行野外模拟降雨试验，采用 QYJY-502 型便携式全自动人工模拟降雨器（西安清远），有效雨滴降落高度为 4m，降雨均匀度大于 80%。选取农庄内 2 个天然等高种植带，设置裸露和人工覆草两个试验小区，每个降雨试验小区为 3m×5m，周边用薄铁皮板围成，小区下端安装 V 型铁皮导流槽和用以集水的径流桶。试验小区土壤粒径组成和土壤基础养分状况如表 2-22 和表 2-23 所示，现场调查分析显示该区域为红壤土。

表 2-22 土壤颗粒组成

耕层层度/cm	砂粒 2～0.05mm/（g/kg）	粉粒 0.05～0.002mm/（g/kg）	黏粒<0.002mm/（g/kg）
0～30	392.7	298.0	309.4
30～60	321.8	240.0	438.2

表 2-23 土壤基础养分状况

耕层层度/cm	有机质/%	全氮/%	全磷/%	全钾/%	碱解氮/（mg/kg）	有效磷/（mg/kg）	CEC/（cmol/kg）	Ca/（mg/kg）	Mg/（mg/kg）	B/（mg/kg）	pH
0～30	1.92	0.117	0.0307	0.147	74.2	10.04	12.60	148.8	147.8	0.209	5.20
30～60	1.94	0.190	0.0296	0.126	78.6	2.99	17.35	95.0	165.6	0.198	5.90

2）试验方法

2012 年 3～10 月，按照当地降雨情况分四次（2012.03.29、2012.05.16、2012.06.29 和 2012.10.21，标记为 a、b、c、d 进行模拟降雨试验，每次设计雨强均为 50mm/h，降雨历时 2.5h。为了保证试验的准确性，降雨在无风条件下进行，每次试验前对雨强进行率定，并对降雨均匀性进行检验。在降雨试验开始后，记录产流时间，并定时接取泥水样。径流监测指标包括 pH，COD，TN，TP，SS 等。样品分析方法：TN、NH_4^+-N 含量测定采用水质流动分析仪（Skalar）测定；TP 采用过钼锑抗分光光度法；COD 测定采用重铬酸钾法；pH 值测定采用雷磁 PHS-3C 精密 pH 计；SS 用 0.45μm 滤膜过滤，再烘干称重。

2.7.2 结果与分析

1. 产流时间

降雨产流时间主要受到土壤初始含水率、植被类型、降雨强度和坡度等因素的影响（吴希媛等，2007）。模拟降雨小区试验中初始产流时间情况如表 2-24 所示，果园覆草后降雨产流时间主要取决于土壤初始含水率，两者呈线性关系，$t = 97.139 - 3.7607\theta$（$R^2 = 0.9163$），其中 θ 为土壤初始含水率。与裸地状态相比，果园覆草后初始产流时间延缓 1～10.5min，说明果园覆草可以有效延缓降雨产流，因此从水土保持、改善生态环境、缓解养分流失的角度，果园应提倡适当留草，避免地表裸露。

表 2-24 裸地与地表覆盖模拟降雨产流时间比较

批次	土壤初始含水率/%	产流时间/min	
		裸地	覆草
1	17.15	20	30.5
2	24.33	2	3
3	22.98	8.2	10.4
4	21.23	18	22.4

2. 模拟降雨地表径流泥沙流失情况

图 2-12（a）、（b）、（c）、（d）是果园地表在裸地和覆草两种情况下降雨地表径流泥沙流失情况。从图中可以看出，两种情况下降雨地表径流的泥沙量均表现出逐步减少并趋于稳定的趋势。其原因可能是雨水击溅产生大量分散的土壤颗粒，被土壤薄层水流运走，形成产流后的泥沙流失（吴冰等，2010）。降雨 50min 内，径流泥沙含量较高，随着降雨的持续，降雨侵蚀趋于稳定，因而泥沙量也逐渐减少并趋于稳定，因此山地果园集中汇集拦截初期雨水可有效控制降雨产流污染。与裸地相比，覆草能减少 5.6%～69.1%的泥沙流失，有效缓解降雨对土壤的侵蚀作用，有利于水土流失防治。

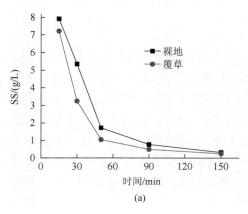

(a)

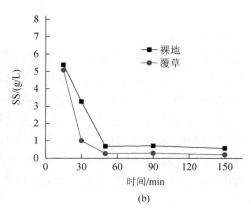

(b)

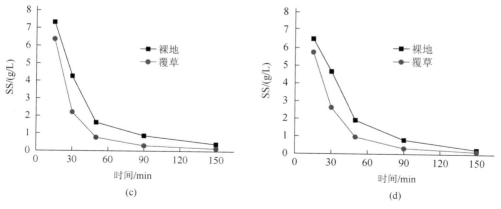

图 2-12　果园模拟降雨地表径流泥沙流失情况

3. 模拟降雨地表径流污染物浓度分析

　　土壤表层的养分迁移主要包括随地表径流的水相迁移和随径流沉积物相迁移等，径流中养分流失受到土壤初始养分含量、土壤容重、土壤初始含水量、土地利用方式等的显著影响。图 2-13 描述了 4 次果园模拟降雨试验下裸地和覆草两种土地利用方式下地表径流 COD 流失情况。两种情况下降雨地表径流的 COD 基本表现出了逐步减少并趋于稳定的趋势，覆草果园地表径流中的 COD 普遍比裸地情况下的高，但降雨时间超过 1h 后，COD 浓度都在地表Ⅳ类水标准以内。

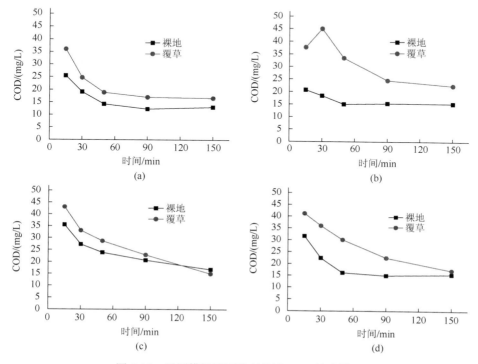

图 2-13　果园模拟降雨地表径流 COD 流失情况

　　裸地和覆草两种土地利用方式下地表径流中的 TN 表现出了逐步减少并趋于稳定的趋势，与降雨 15min 时相比，50min 时径流水中总氮浓度降低了 37.7%～65.0%，90min 时总氮浓度降低了 61.8%～88.7%。由图 2-14 可知，覆草果园地表径流中的 TN 浓度要比裸地情况下低 4.2%～40.8%，说明果园覆草可以有效减少降雨造成的 TN 的流失。从 4 次试验结果看，雨季地表径流中 TN 浓度显著降低。在旱季降雨时表层土壤中的 TN 浓度较高，初期雨水径流为劣 V 类水，但随着雨季持续降雨，导致土壤中的 TN 随径流、泥沙流失或被雨水淋溶，使养分浓度逐渐降低，一直保持在地表Ⅳ类水标准。

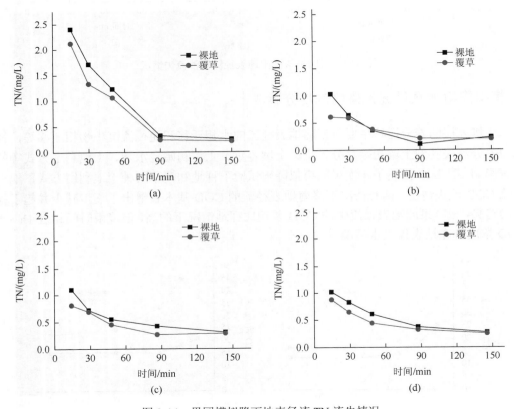

图 2-14　果园模拟降雨地表径流 TN 流失情况

　　大部分土壤对 P 有较强的固定作用，使得 P 在土壤剖面上的垂直迁移很微弱，由图 2-15 可知，径流水中 TP 的浓度在 0.007～0.141mg/L，远低于地表Ⅳ类水标准，说明 TP 的损失主要随泥沙流失为主。P 与土壤的吸附作用较强，致使径流泥沙中携带 P（王辉等，2007）。

2.7.3　结论

　　通过野外人工模拟降雨过程，对同一雨强下，不同季节不同土地利用方式下，东江源头区脐橙果园产流时间、水土流失和养分流失的研究表明：①果园产流时间主要取决于土壤含水率，径流泥沙与养分流失主要发生在降雨初期，东江源头区果园水土与养分

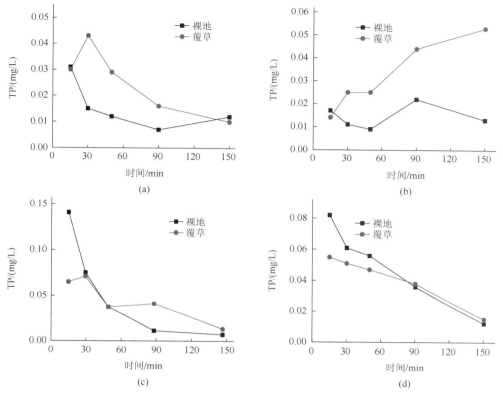

图 2-15　径流中 TP 浓度变化情况

流失主要发生在汛期（4～9 月），尤其是 5～6 月。②果园地表覆草后能有效延缓产流，控制土壤养分流失，降雨径流中泥沙流失量减少 5.6%～69.1%，TN 流失减少 4.2%～40.8%。③在东江源头区应提倡果园地表覆草或适当留草，同时因地制宜利用沟、塘等汇集处理初期雨水，从而减少径流泥沙和土壤养分流失，保持水土，保护水环境。

2.8　浮萍净化与资源化利用沼液技术

在南方"猪-沼-果"生态农业系统中，尽管沼液的主要去向是作为果树的肥料使用，但因生产季节和气象条件的限制，不是所有的沼液都能被果园消纳，经调查有 40%左右的沼液要向系统外排放。研究如何净化并资源化外排的沼液，对降低"猪-沼-果"生态农业系统的面源污染具有重要的意义。

浮萍是常见的漂浮植物，其特点是生产周期短、生产总量高，氮、磷含量丰富，适宜范围广，适口性好，是良好的猪、鸭、鸡饲料和鱼类饵料。水生植物在富营养化水体中具有明显的氮磷吸收和抑藻作用，浮萍放养体系对养殖污水的净化效果显著，且受年气候变化影响较大（沈根祥等，2006；种云霄等，2004）。以浮萍为研究对象，在不同稀释倍数的沼液中培养，研究浮萍对沼液中氮、磷、COD 的净化去除能力和沼液浓度对其生长的影响，为利用浮萍净化沼液同时生产动物饲料实现资源化利用提供科学依据。

2.8.1　材料与方法

1. 试验材料

1）供试验品种

试验用的浮萍科的青萍（*Lemma minor L.*）和紫背浮萍（*Lemna polyrhiza L.*）取自于水稻田中，自然状态下紫背浮萍和青萍按照 2∶1 的比例混合生长，取材料时将稻田水用塑料箱一并运回，放置在温室中进行驯养繁殖。

2）试验用沼液

本试验采用的沼液来自生猪养殖基地，为猪舍排放的粪尿经厌氧发酵后的沼液。主要理化指标如表 2-25 所示。

表 2-25　试验用沼液水质指标　　　　　　　（单位：mg/L，pH 无量纲）

项目	COD_{Mn}	NH_4^+-N	NO_3^--N	NO_2^--N	TN	TP	TDP	pH
试验沼液	375	2.05	54.589	78.953	192.356	45.876	36.871	7.3

2. 试验方法

1）浮萍纯化

根据预培养结果，人工挑选长势良好的紫背浮萍和青萍，用稀释 15 倍的沼液进行单独培养，以提供实验用浮萍材料。

2）试验设计

按照前期预培养情况，试验设 3 个沼液浓度，W0 为对照（不放浮萍的沼液），W1、W2 和 W3 分别为稀释 10 倍、稀释 15 倍和稀释 20 倍的沼液。

试验在玻璃温室中进行，2011 年 9 月 19 日开始，10 月 11 日结束，采用容积为 40L 的塑料箱进行培养试验，每个箱子加入 28L 稀释好的沼液，标记液面高度，试验期间根据实际情况加水以补充因蒸发等原因失去的水分。

试验设置紫背浮萍和青萍 2 种方式，按照每箱投放鲜重 30g 的量进行培养。全部试验处理见表 2-26。

表 2-26　试验处理列表

处理	种类		
	紫背浮萍	青萍	空白沼液
W1	ZP-10	QP-10	ZY-10
W2	ZP-15	QP-15	ZY-15
W3	ZP-20	QP-20	ZY-20

在试验期间，每天记录气温、水温，观察植物生长情况，培养前取原始沼液测定其中各项指标，在第 6d、11d、16d 和 22d 称取培养箱中浮萍鲜重，记录生长量，并余留 30g 浮萍继续培养，采浮萍样，测定氮磷含量，并采水样测定 COD 浓度。

3）测试方法

沼液水样：COD 采用高锰酸钾法测定，氨氮含量用纳氏试剂光度法测定，硝氮含量用紫外分光光度法测定，总氮含量用碱性过硫酸钾消解紫外分光光度法测定，总磷含量用钼酸铵分光光度法测定，pH 用数显测定计测定，叶绿素用分光光度计法测定。浮萍总氮含量采用 H_2SO_4-H_2O_2 消化蒸馏法测定，总磷含量采用 H_2SO_4-H_2O_2 消化-钼锑抗比色法测定。

2.8.2　结果与分析

1. 不同浓度沼液中浮萍的生长量变化

浮萍种类和沼液稀释倍数决定浮萍的生长速率，结果见表 2-27。试验期间 3 个浓度处理的紫背浮萍阶段性净生长量持续下降，以稀释 20 倍沼液为例，浮萍平均相对净生长率从 0.817 下降到 0.217，降幅为 73.4%。因为试验期间为 9 月下旬至 10 月上旬，气温变化较大，后期日均温度下降，昼夜温差大，受低温影响，紫背浮萍相对生长率持续下降。

表 2-27　紫背浮萍和青萍的培养期间的生长量与相对生长率

日期	9.25		9.30		10.5		10.11	
	净生长量/g	相对生长率/(g/g)	净生长量/g	相对生长率/(g/g)	净生长量/g	相对生长率/(g/g)	净生长量/g	相对生长率/(g/g)
ZP-W1	32.5	1.083	13.5	0.450	8.5	0.283	2.5	0.083
ZP-W2	26.3	0.877	10.5	0.350	8.0	0.267	−1	−0.033
ZP-W3	24.5	0.817	8.0	0.267	8.5	0.283	6.5	0.217
QP-W1	16	0.533	15.0	0.500	11.5	0.383	8.8	0.293
QP-W2	23	0.767	5.0	0.167	12.0	0.400	14.5	0.483
QP-W3	14.8	0.493	11.0	0.367	21.0	0.700	8.5	0.283

相对于紫背浮萍，青萍的低温耐受性更高，以稀释 20 倍沼液为例，浮萍平均相对净生长率从 0.493 下降到 0.283，降幅为 42.6%。观察表明，在 25～30℃温度范围内（9 月 19～25 日之间的气温），紫背浮萍生长快于青萍，而 20～25℃的环境温度则更适于青萍的生长繁殖，但是在环境温度低于 20℃时，青萍也难以生长。

2. 不同浓度沼液中浮萍的氮磷含量变化

在不同浓度沼液中，紫背浮萍和青萍的含氮量（%）随生长时间而呈缓慢递减趋势，含磷量（%）在生长初期下降迅速，以紫背浮萍 W1 为例，从 9 月 25～30 日，紫背浮萍含磷量下降了 50.9%，青萍 W1 同样时间段，含磷量下降了 71.2%，而后持续缓慢减小，表明浮萍的含氮量受沼液的氮浓度影响不显著，但含磷量与沼液的磷浓度密切相关。总体上，紫背浮萍的氮磷含量高于青萍，以 W1 为例，紫背浮萍平均含氮量高于青萍 9.8%，含磷量高于青萍 17.9%。

从 9 月 19 日开始试验，到 10 月 11 日，22d 中，各处理从沼液中以生物量的形式除去的氮磷总量（g）见表 2-28。结果表明，紫背浮萍从稀释 10 倍、15 倍和 20 倍沼液中吸收的氮占初始稀释沼液中总氮的 34.2%、39.3%和 58.3%，吸收的磷占初始稀释沼液中总磷的 17.9%、19.9%和 21.8%；青萍从稀释 10 倍、15 倍和 20 倍沼液中吸收的氮占初始稀释沼液中总氮的 26.6%、43.7%和 54.6%，吸收的磷占初始稀释沼液中总磷的 10.1%、19.9%和 21.8%。因此，浮萍对沼液中氮的净化效率要高于对磷的净化。

表 2-28　不同浓度稀释沼液中紫背浮萍、青萍生长情况和氮磷去除量比较

处理	时间	紫背浮萍					青萍				
		净生长量/g	N/%	TN/g	P/%	TP/g	净生长量/g	N/%	TN/g	P/%	TP/g
W1	9.25	32.5	0.320	0.104	0.053	0.017	16.0	0.380	0.061	0.052	0.008
	9.30	13.5	0.324	0.044	0.026	0.004	15.0	0.276	0.041	0.015	0.002
	10.05	8.5	0.328	0.028	0.019	0.002	11.5	0.269	0.031	0.015	0.002
	10.11	2.5	0.326	0.008	0.015	0.000	3.8	0.247	0.009	0.010	0.000
合计		57.0		0.184		0.023	46.3		0.143		0.013
W2	9.25	26.3	0.340	0.089	0.050	0.013	23.0	0.290	0.067	0.051	0.012
	9.30	10.5	0.269	0.028	0.018	0.002	5.0	0.311	0.016	0.022	0.001
	10.05	8.0	0.295	0.024	0.019	0.002	12.0	0.275	0.033	0.018	0.002
	10.11	−1.0	—	0.000	—	0.000	14.5	0.287	0.042	0.014	0.002
合计		43.8		0.141		0.017	54.5		0.157		0.017
W3	9.25	24.5	0.340	0.083	0.042	0.010	14.8	0.330	0.049	0.066	0.010
	9.30	8.0	0.330	0.026	0.021	0.002	11.0	0.248	0.027	0.010	0.001
	10.05	8.5	0.320	0.027	0.016	0.001	21.0	0.246	0.052	0.011	0.002
	10.11	6.5	0.318	0.021	0.013	0.001	8.5	0.226	0.019	0.008	0.001
合计		47.5		0.157		0.014	55.3		0.147		0.014

3. 不同处理对各浓度沼液中 COD 的净化效果

不同处理对各浓度沼液中 COD 的净化效果见图 2-16。在培养期内，空白沼液的 COD 值变化无明显规律，出现先下降，再上升，然后又下降的现象，可能与其中藻类的生长死亡相关。浮萍处理系统，其 COD 值均随培养时间而呈下降趋势，去除效果明显。浮萍对沼液中 COD 的去除率达到 30%～40%，但不同浮萍种类的去除效果各有差异。紫背浮萍对不同稀释倍数沼液进行处理后，稀释 10 倍、稀释 15 倍和稀释 20 倍沼液中 COD 浓度分别降低了 32.9%、34.3%和 42%。青萍对稀释 10 倍、稀释 15 倍和稀释 20 倍沼液

中 COD 浓度分别降低了 20.37%、51.68% 和 36.26%。比较不同浓度稀释的处理组，浮萍对 10 倍浓度稀释沼液的净化效果最差，而对 15 倍、20 倍浓度稀释沼液 COD 的去除率可达 40%～50%。

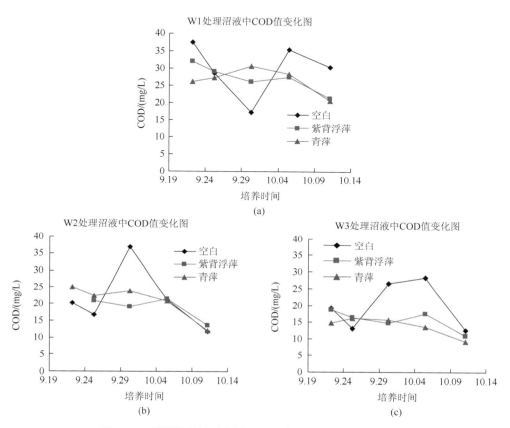

图 2-16　不同稀释处理中浮萍对沼液 COD 净化效果比较图

4. 不同浮萍组合对各浓度沼液中藻类生长的抑制作用

叶绿素 a 含量的高低与该水体藻类的种类、数量等密切相关，也与水环境质量有关，是水体理化性质动态变化的综合反映指标。本实验中浮萍处理的沼液中叶绿素 a 和 b 含量均显著地低于空白对照组（图 2-17），紫背浮萍在稀释 10 倍、15 倍、20 倍沼液中的叶绿素总量分别为对照的 13%、12.3% 和 9.5%，青萍在稀释 10 倍、15 倍、20 倍沼液中的叶绿素总量分别为对照的 11.1%、24.1% 和 13.6%。这表明作为藻类营养物质和光能利用的竞争者，浮萍能够显著地降低沼液中叶绿素的含量，即有效地抑制藻类的生长，且紫背浮萍的抑制效果优于青萍。

2.8.3　结论与讨论

环境温度对浮萍生长影响较大。紫背浮萍相对青萍，耐低温能力更弱，低于 25℃ 则停止生长，因此春秋期间利用青萍净化沼液较紫背浮萍更有优势。但如何在低于20℃的环境条件下利用浮萍净化沼液需要进一步的研究。

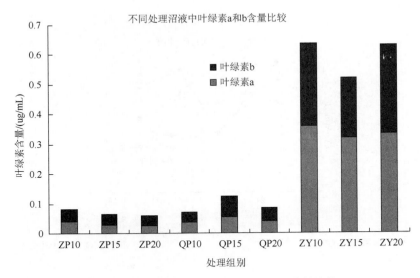

图 2-17　不同处理沼液中叶绿素 a 和 b 含量比较

各处理中浮萍的生物量（g）及净化能力随着浮萍种类和沼液稀释倍数的不同略有差异。紫背浮萍在稀释 10 倍的沼液中、青萍在稀释 15 倍的沼液中生长及对氮磷的净化效果最好。紫背浮萍在稀释 20 倍的沼液中、青萍在稀释 15 倍的沼液中对 COD 的净化效果最好。

利用浮萍既可有效净化沼液中污染物，又能抑制藻类的生长，抑制率平均可达 86%。因此在水体中培养浮萍还是抑制富营养化水体中水华爆发的有效措施。

2.9　稻田田面水氮磷控水滞排技术研究

2.9.1　材料与方法

供试土壤为红壤农田土，基本理化性状：有机质 11.8g/kg，全氮（N）1.12g/kg，全磷（P）1.38g/kg，全钾 27.6g/kg，水解氮（N）96.6mg/kg，速效磷（P）70.8mg/kg，速效钾（K）142.6mg/kg，pH5.5。灌溉水取自试验基地附近井水经蓄水池放置一周后用于灌溉。供试水稻品种为"陆两优 996"。复合缓释肥的成分是氯化铵、磷酸铵和氯化钾，其 N、P、K 含量分别为 21%、8%、11%。

试验基地内设计模拟稻田，共 12 丘，各模拟稻田（6m×3m×0.7m）排成两列。模拟稻田为水泥砖混结构，模拟稻田中稻田土（红壤）深 45cm。池中间设有灌水渠，两边设有排水沟，排水沟可收集模拟农田排水。模拟实验池靠近排水沟一侧用 PVC 板（0.6m×0.25m）代替水泥砖混结构，板上设置不同高度排水孔，试验时通过排水孔取田面水。具体见图 2-18～图 2-20。

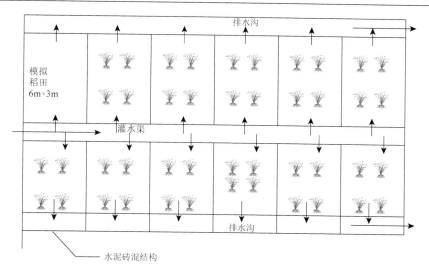

图 2-18　模拟稻田俯视图

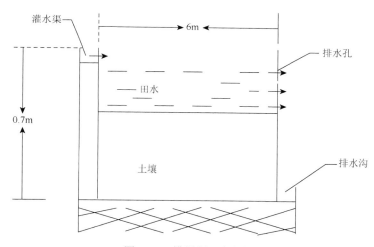

图 2-19　模拟稻田主视图

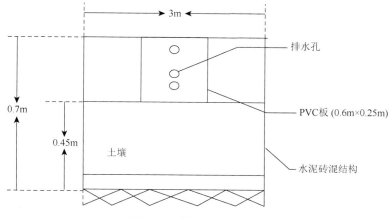

图 2-20　模拟稻田侧视图

2009 年 4 月 26 日开始对模拟稻田进行保水湿润。5 月 4 日开始在模拟稻田内春耕耕整稻田土壤，边耕边放水同时撒施基肥，基肥为复合肥，施肥量为 750kg/hm^2，折合每个模拟稻田 1.35kg。耕整完后，使模拟稻田内灌水深度都为 10cm。在模拟稻田一侧的 PVC 板上设置 3cm、6cm 和 9cm 高度的取水孔，各三个重复，共 9 个模拟稻田，随机排列，其中 3cm 为常规水管高度。于耕整后第 1/24d、1d、2d、3d、5d、7d 从取水孔取水样测定。于 5 月 11 日插秧，每丘模拟稻田插 420 株秧苗，秧苗间距约 15cm。

2.9.2　结果与讨论

1. 田面水中氮素动态特征及其减排效能

模拟稻田施基肥耕整后田面水氮素的动态变化结果见图 2-21。施肥 1h 后，田面水总氮浓度迅速提高，在 2～3d 达到最大，其后随着时间延长田面水中总氮浓度降低。田面水总氮浓度在开始一段时间内随时间推移呈动态升高的特征，其原因是施入土壤内的基肥缓慢释放出的氮素和春耕耕整使土壤内原有的氮素进入田面水中，使氮浓度升高，随着时间延长，田面水中部分氮素被颗粒悬浮物吸附，从水中沉淀下来。但前期起主导作用的是耕作层中肥料的释放。田面水氮素浓度呈现随时间下降的特征主要是由于土壤的吸附和沉淀作用，约占 7%的氮通过土壤层间水进入土壤耕作层（张瑜芳等，1999）。其次，与氨氮挥发有关，氨挥发过程十分复杂，且受许多因素的影响，是稻田氮素损失的主要途径之一。另外，稻田的硝化-反硝化作用引起的气态氮（N$_2$ 或 N$_2$O）的排放也能造成一定的氮损失，作者认为硝化-反硝化作用也是水中硝态氮浓度在第 7d 升高的原因。

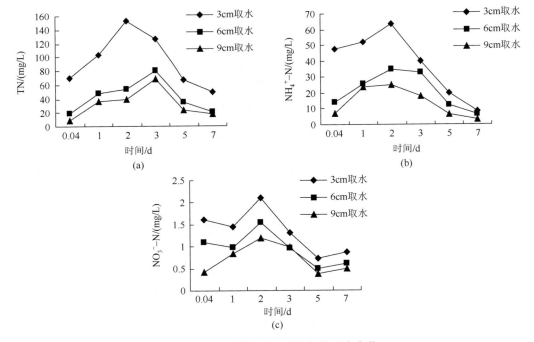

图 2-21　施肥耕整后田面水氮的动态变化

从图 2-21 中可以看出，在施肥耕整后同一时间段，稻田田面水取水中氮素浓度随排水高度从低到高依次降低，即 C（3cm）＞C（6cm）＞C（9cm）。其中，9cm 排水口取水和 6cm 排水口取水与 3cm 排水口取水中总氮浓度相比较，分别为 3cm 排水口取水中总氮浓度的 13.1%～54.4% 和 27.9%～63.53%。因此，可对春耕耕整后的稻田进行控制排水，减少污染物排放。相对于排水至水深 3cm 或排干稻田水的常规稻田水管理，若排水至水深 6cm，可减少排放总氮 36.47%～72.13%；若排水至水深 9cm，可减少排放总氮 45.57%～86.88%。显然，排水至水深 6cm 或 9cm 对于减少氮素污染物排放和提高水资源利用都具有显著效果。

此外，虽然施肥耕整后 1h 稻田田面水排水中氮素浓度较低，但从图 2-22 中可以看出，此时水中颗粒悬浮物浓度非常高，不宜排水；施肥耕整后 2～3d，三种排水高度处理总氮浓度都达到最大，而后才随时间降低，此时仍不宜排水。因此，施肥后 3d 内应控制排水。若排水至水深 3cm，延迟 5d 排水比在 3d 内排水可减少总氮排放 35.62%～56.32%，延迟 7d 排水比在 3d 内排水时可减少总氮排放 52.68%～67.89%；若排水至水深 6cm，延迟 5d 排水比在

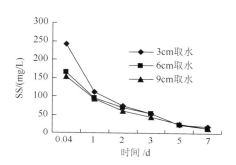

图 2-22　施肥耕整后田面水 SS 的动态变化

3d 内排水可减少总氮排放 28.79%～57.09%，延迟 7d 排水比在 3d 内排水时可减少总氮排放 57.31%～74.27%。

结合实际农业生产，稻田施肥耕整后，为了减少氮素污染物排放和提高水资源利用，稻田春耕耕整后，应尽量蓄水延迟排（退）水。

从表 2-29 可以看出，在施肥耕整后 1h，三个处理的排水中氨氮/总氮都达到所有动态观察期中的最大值 0.68～0.79。随着时间的推移，氨氮/总氮逐渐下降，这种趋势意味着田面水排水以氨氮为主的相对流失潜能被以总氮为主的相对流失潜能替代。这可能是耕作后 1h，对耕作层的扰动使耕作层中的氮素重新进入田面水中，由于耕作层间液中含有较高的氨氮，而此时施入的缓释肥中氮素还未释放出来，因此此时是以氨氮形态的相对流失潜能为主。随着时间的推移，伴随着田面水中悬浮态颗粒物质的物理沉降作用、硝化作用、氨氮的挥发以及植物的利用，氨氮/总氮逐渐下降，其排水中氮素相对流失潜能以总氮为主。

表 2-29　施肥耕整后田面水中氨氮/总氮的动态变化

处理	施肥耕整后时间/d					
	0.04	1	2	3	5	7
3cm 取水	0.68	0.51	0.42	0.32	0.29	0.17
6cm 取水	0.73	0.53	0.65	0.41	0.35	0.31
9cm 取水	0.79	0.66	0.64	0.27	0.29	0.19

2. 田面水中磷素动态特征及其减排效能

模拟稻田施基肥耕整后田面水排水中磷素的动态变化结果见图 2-23。田面水排水中总磷在施肥后 1h 浓度达到 0.32～0.86mg/L，其原因可能是春耕耕整对耕作层的扰动使耕作层内原有的磷素进入田面水中。1h 后，复合肥中磷素进入田面水中，使磷浓度迅速提高，在 24h 达到最大。如图 2-24 所示，稻田耕整后田水中的颗粒悬浮物迅速升高并在 1h 达到最大，随着时间延长而下降，在此阶段，磷素与田水中的颗粒悬浮物结合在一起，伴随颗粒悬浮物逐渐沉降下来，重新进入土壤内。因此，在 24h 后田水中的磷素浓度呈随时间降低的特征。

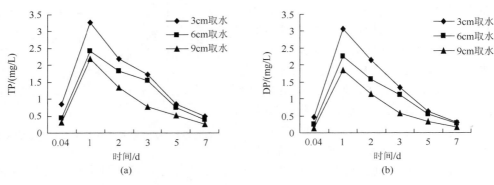

图 2-23　施肥耕整后田面水磷的动态变化

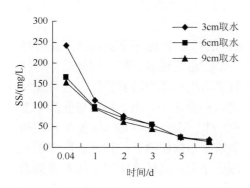

图 2-24　施肥耕整后田面水 SS 的动态变化

从图 2-23 可以看出，在施肥耕整后同一时间段，稻田田面水取水中磷素浓度随排水高度从低到高依次降低，即 C（3cm）＞C（6cm）＞C（9cm）。其中，9cm 排水口取水和 6cm 排水口取水中总磷浓度分别为 3cm 排水口取水中总磷浓度的 50%～90.1%和 37.2%～67%。因此可对春耕耕整后的稻田进行控制排水。相对于排水至水深 3cm 或排干稻田水的常规水分管理，若排水至 6cm 水深，可减少排放总磷 20.41%～50%；若排水至 9cm 水深，可减少排放总磷

33.02%～62.79%。显然，排水至 6cm 或 9cm 水深对于减少磷素污染物排放和提高水资源利用都具有显著效果。

施肥耕整后 1h 稻田田面水中磷素浓度较低，此时水中总颗粒悬浮物浓度非常高。施肥后 24h，三种排水高度处理中总磷浓度都达到最大，然后才随时间降低，因此 1d 内应控制排水。结合此时稻田田面水中氮素的动态特征，施肥耕整后 3d 内稻田应控制排水。若稻田排水至 3cm 水深，延迟 5d 排水比在 3d 内排水可减少总磷排放 51.16%～74.31%，延迟 7d 排水比在 3d 内排水时可减少总磷排放 51.62%～68.88%；若排水至 6cm 水深时，

延迟 5d 排水比在 3d 内排水可减少总磷排放 43.02%～85.01%，延迟 7d 排水比在 3d 内排水时可减少总磷排放 74.83%～83.81%。

结合实际农业生产，稻田施肥耕整后，为了减少磷素污染物排放和提高水资源利用，稻田春耕耕整后，应尽量蓄水延迟排（退）水。

从表 2-30 可以看出，施肥耕整后三个蓄水处理的可溶性总磷/总磷动态变化总体上差异不大，但基本表现为 P（3cm）＞P（6cm）＞P（9cm）。三个不同蓄水处理在施肥耕整后 1h，可溶性总磷/总磷相对较低，但在 1～2d 内达到最大，为 0.85～0.98，然后随时间推移逐渐有不同程度的下降。这可能只是因为春耕耕整对耕作层的扰动使耕作层内吸附的固相磷迅速重新进入田面水中，而肥料中的磷素还未完全进入田面水中，使得可溶性总磷/总磷较小。随着时间的推移，肥料中的磷开始释放溶解到在田面水中，使可溶性总磷/总磷在 1～2d 内达到最大。随后，被吸附的溶解性磷随颗粒悬浮物被沉淀下来，使可溶性总磷/总磷逐渐下降。因此，在此阶段稻田田面水排水中磷素主要是以可溶性态为主。

表 2-30　施肥耕整后田面水中可溶性总磷/总磷的动态变化

处理	施肥耕整后时间/d					
	0.04	1	2	3	5	7
3cm 取水	0.55	0.94	0.98	0.77	0.74	0.61
6cm 取水	0.58	0.93	0.86	0.72	0.71	0.67
9cm 取水	0.44	0.84	0.85	0.74	0.62	0.65

2.9.3　结论

（1）春耕施复合基肥耕整后 1h，稻田田面水总氮浓度迅速提高，在 2～3d 达到最大，其后随时间延长总氮浓度降低。稻田田面水以氨氮为主的相对流失潜能被以总氮为主的相对流失潜能替代。稻田田面水总磷在 1h 浓度达到 0.32～0.86mg/L，在 24h 达到最大，为 2.19～3.27mg/L，然后随时间延长总磷浓度降低。稻田田面水排水磷素主要是以可溶性态为主。

（2）稻田在春耕施肥耕整后，应尽量蓄水延迟排（退）水。稻田在春耕施肥耕整后，保持蓄水延时排（退）水对于减少氮素排放和提高水资源利用都具有显著效果。相对于排水至水深 3cm 或排干稻田水的常规水分管理，若排水至 6cm 水深，可减少排放总氮 36.47%～72.13%，减少排放总磷 20.41%～50%；若排水至 9cm 水深，可减少排放总氮 45.57%～86.88%，减少排放总磷 33.02%～62.79%。稻田施肥耕整后 3d 内应控制排水。若排水至 3cm 水深，延迟 5d 排水比在 3d 内排水可减少总氮排放 35.62%～56.32%，减少总磷排放 51.16%～74.31%；延迟 7d 排水比在 3d 内排水时可减少总氮排放 52.68%～67.89%，减少总磷排放 51.62%～68.88%。若排水至 6cm 水深时，延迟 5d 排水比在 3d 内排水可减少总氮排放 28.79%～57.09%，减少总磷排放 43.02%～85.01%；延迟 7d 排水比在 3d 内排水时可减少总氮排放 57.31%～74.27%，减少总磷排放 74.83%～83.81%。

（3）结合稻田实际农业生产需要和春耕插秧时对稻田水分高度的要求，稻田施肥耕整后，为了减少氮磷污染物排放和提高水资源利用，稻田春耕耕整后，应尽量蓄水延迟排（退）水。延迟 5d 控制田面水深 6cm 排（退）水，相对于稻田常规春耕耕整后的排（退）水管理，可减少总氮排放 32.59%～75.87%，减少总磷排放 53.42%～90.44%。

2.10　山地农林畜区面源污染控制示范工程

2.10.1　示范工程概况

示范工程位于定南县龙塘镇朱坑生态养殖小区的杏林农庄，总面积 33.33hm^2，实行山顶戴帽（种植水土涵养林）、山腰开梯田种脐橙、山脚穿靴（保留防护植被带）、山凹建生猪养殖场并匹配建设沼气系统，山底建鱼塘，形成了"猪-沼-果-鱼"四位一体的生态农业模式。其系统结构分布如图 2-25 所示。

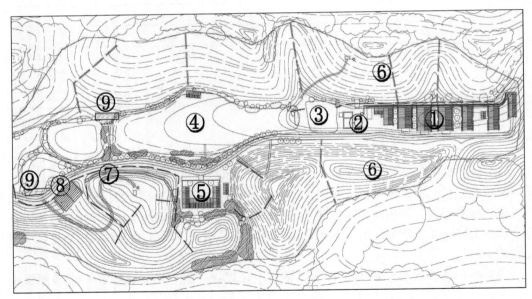

图 2-25　杏林农庄"猪-沼-果-鱼"生态农业模式系统结构示意图

①养猪场；②沼气系统；③氧化塘；④鱼塘；⑤管理房；⑥脐橙果园；⑦防滑坡排水沟；⑧堆肥场；⑨沉砂池

1. 示范工程的生态调查

对示范工程的各单元构成进行现场调查和测量。测量果园的坡度、种植带的宽度、内倾斜度，脐橙的株距，梯壁的高度，梯壁杂草的生物量与主要种类；测定猪场、沼气系统、氧化塘、鱼塘的规模与面积（示范工程全景照片见图 2-26，彩图附后）。采集果园土壤混合样品进行基础理化性状分析，结果（表 2-23）显示果园土壤肥力中等，土壤为红壤土，根据脐橙养分需求判断，Ca、Mg 等元素比较缺乏。

图 2-26　示范工程全景照片

2. 系统优化

根据生态调查的结果，以"控源-减污-净化"为原则，以控制面源污染为目标，对杏林农庄生产系统进行优化改造，集中示范了果园生态化种植技术、果园农用化学品减量化技术、果畜结合定量化配置技术、有机固体废弃物循环利用技术、生猪养殖高氨氮废水处理技术、浮萍净化与资源化利用沼液技术和果园生物截留缓冲带建设和生态沟渠构建等技术。

3. 杏林农庄的系统结构与功能分析

如图 2-25 所示，杏林农庄养猪场建在小流域的上游。猪场总面积 2600m²，采用自繁自养的方式，有良种母猪 35 头，猪场年出栏肥猪 120 头。猪场设置雨污分流系统，猪粪尿固液分离，粪尿与冲洗水进入沼气池发酵。猪粪通过堆置后，供果园使用。经计算，猪场沼液 60% 进入果园，40% 进氧化塘。氧化塘，长 23m，宽 18m，深度 0.6～0.8m，定期抽沼液放入氧化塘，定期捞取喂鱼，净化的沼液再排入鱼塘，作为促进水生生物生长的肥源，培养鱼饵料。鱼塘建在农庄下游，面积约 5600m²，深度平均 3m，鱼塘主要养殖草鱼、白鲢、鲤鱼和鳙鱼，以及少量的鲫鱼和青鱼。杏林农庄在小流域的两侧山坡以开梯田的方式种植脐橙树，沼液、灌溉都采用管道化的方式进行。果园坡度平均为 31.8°，采取等高种植的方式，开设反倾斜的水平梯带，种植带宽 3m，脐橙株距 4m，梯壁高度 1.5～1.8m，等高面向内倾斜，倾斜度为 6°～8°，以便汇水排水，减少水土流失；山坡修筑排水沟，沟内留草，阻隔径流泥沙。园内存留梯面、梯壁的植物主要有芒草、藿香蓟等植物，截流养分并减少水土流失。

杏林农庄的系统结构与功能关系如图 2-27 所示。

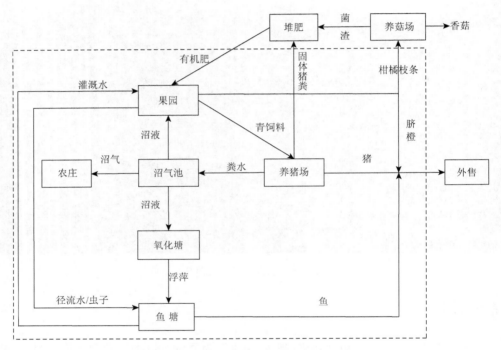

图 2-27 "猪-沼-果-鱼"生态农业模式结构

2.10.2 示范工程效果分析

1. 控源

杏林农庄果园施肥主要以猪粪自制有机肥、沼液为主，以及外购少量复合肥、钾肥等肥料，园内定期人工除草并覆盖于种植带表土作为绿肥使用。果树施肥，以基肥为主，配合一定次数的沼液追肥，针对土壤基础养分分析结果，适当补充钙、镁、硼等脐橙必需矿质养分，总施肥量见表 2-31，其显著少于定南县周边农户的平均养分投入量。农庄利用猪场猪粪为主要原料自制有机肥，并全部用于果园，因而使得示范区内的养殖固体废弃物得到循环利用，同时大大减少了化肥的使用量。经计算，本示范区域内养殖固体废弃物循环利用率达到 95%以上，化肥的使用量减少 66.9%。

表 2-31 杏林农庄果园施肥水平状况 （单位：kg/亩）

(a) 2011 年

肥料种类	用量	养分含量		
		N	P_2O_5	K_2O
自制有机肥	225	7.60	4.57	6.10
复合肥	22.5	3.38	3.38	3.38
沼液	17520	3.50	1.93	2.63
高效钾肥	11.25	0.73	0.34	1.18
钙镁磷肥	22.5	—	2.7	—
高效镁硼肥	11.25	—	—	—
合计		15.21	12.92	13.29

(b) 2012 年

肥料种类	用量	养分含量		
		N	P_2O_5	K_2O
自制有机肥	675	20.92	12.15	8.64
复合肥	22.5	3.38	3.38	3.38
沼液	17520	3.50	1.93	2.63
高效钾肥	11.25	0.73	0.34	1.18
钙镁磷肥	22.5	—	2.7	—
高效镁硼肥	11.25	—	—	—
合计		28.53	20.5	15.83

果园实行健康栽培技术，合理进行水肥管理，病虫害防治主要以生物、物理防治为主，包括释放天敌捕食螨防治红蜘蛛（每株果树释放一袋，含 300 头捕食螨，5~8 月份在脐橙每叶害螨虫/卵少于 2 头时释放），安装频振式杀虫灯（每盏杀虫灯控制面积 $2hm^2$，一般采用悬挂安装，悬挂高度为 1.5m 左右，开灯时间分别为 4~6 月和 8~11 月，天黑后开灯，每晚开灯 4~6h）、挂黄板诱虫（主要诱杀蚜虫、白粉虱、美洲斑潜蝇等害虫，每颗果树上悬挂一张，规格 20cm×24cm）等；配合冬季施用生石灰进行树体刷白和果园清园消毒处理，喷洒波尔多液、氢氧化铜等矿物源制剂防治果树病害。果园内种植胜红蓟等吸引天敌的杂草、留存茅草等快速生长的土著杂草，增加果园生物多样性，为果树害虫天敌提供栖息繁衍的场所，致使杏林农庄每年使用农药 9~11 次，明显少于定南县果园平均 14~16 次的农药使用次数，化学农药使用量减少 46.77%；而且果园坚持人工除草和覆盖抑草，不施用除草剂。这些措施显著减少了杏林农庄的农药化肥使用量，从源头上有效控制了面源污染风险。

2. 减排

果园采用等高种植，开设反倾斜的水平种植梯带，保留梯壁植物和径流草沟，建防滑坡排水沟和沉砂池等，对径流减排起到重要的作用。

果园中梯壁杂草以茅草为主，长势旺盛，吸收大量营养，每棵脐橙树平均拥有约 $6m^2$ 的梯面，如以每年除草四次，每次鲜杂草量为 $6.3kg/6m^2$ 计算，果园共计 4000 棵脐橙树，则每年果园梯壁可生长杂草量为 100.8t，经测定杂草含氮 0.346%，磷（P_2O_5）0.124%，钾 0.314%，可截获 348.77kg 氮，124.99kg 磷（P_2O_5）和 316.51kg 钾。如割草后就地铺草则能为果园提供大量营养，同时有利于水土保持。沉砂池是拦截径流水泥沙的重要方式，每年丰水期能拦截大量泥沙，有效减少水土流失。

因果园采用生态化的栽培与管理措施，径流水中的氮磷含量也较低，监测结果如表 2-32 所示。对照地表水环境质量标准可知，果园径流水水质为 I ～III 类水。

表 2-32　杏林农庄果园径流水水质分析结果

批次	TN	TP	NH_4^+ - N	COD_{Mn}
1	0.126±0.006	0.031±0.001	0.019±0.002	1.02±0.062
2	0.887±0.047	0.138±0.009	0.405±0.022	2.86±0.272
3	0.427±0.030	0.012±0.004	0.029±0.004	5.21±0.165
4	0.809±0.040	0.011±0.004	0.065±0.013	4.66±0.284
5	0.908±0.044	0.008±0.003	0.044±0.006	5.13±0.916
6	0.495±0.002	0.205±0.014	0.130±0.027	3.89±0.225
7	0.393±0.025	0.116±0.022	0.015±0.004	2.54±0.240
8	1.034±0.190	0.119±0.017	0.134±0.020	4.74±0.520
9	1.191±0.194	0.196±0.019	0.490±0.031	7.65±0.598

3. 净化

杏林农庄猪场沼气发酵产生的沼液尽管主要用于果园,但仍有40%的沼液需要外排。农庄设置了氧化塘以净化外排沼液，然后进入鱼塘肥水养鱼。氧化塘引入浮萍快速净化沼液，而且浮萍又是鱼塘的好饲料。鱼塘是整个系统径流水与排放养分的汇集与滞留处，养分经过生态浮床和微生物制剂的作用，得到进一步的利用与净化。然后排水通过沉砂池沉淀后进入自然生态湿地系统，再经生态草沟净化后排出系统外。

4. 示范工程排水水质

杏林农庄通过控源、减污和净化等综合措施，大大减少果园农药、化肥的使用量，有效控制水土流失，大大减少养殖废水排放量，从而有效改善系统外排水水质，进而达到控制面源污染与保护生态环境的效果。

从 2010 年 6 月至 2011 年 8 月对农庄边界总排口外排水的监测数据可知（表 2-33），杏林农庄排水总体状况良好，基本优于地表水IV类水质指标要求。

表 2-33　杏林农庄总排口排水水质监测结果

采样日期	NH_4^+ - N /（mg/L）	TN/（mg/L）	TP/（mg/L）	pH
2010 年 6 月 30 日	0.18	0.73	0.17	6.62
7 月 6 日	0.07	0.37	0.23	6.27
7 月 15 日	0.11	0.57	0.19	6.50

采样日期	$NH_4^+ - N /$（mg/L）	TN/（mg/L）	TP/（mg/L）	pH
7 月 16 日	0.13	0.59	0.18	6.58
7 月 17 日	0.11	0.60	0.14	6.62
7 月 24 日	0.13	0.58	0.20	6.57
7 月 31 日	0.15	0.57	0.23	6.68
8 月 8 日	0.05	0.83	0.13	6.59
8 月 18 日	0.06	0.80	0.17	6.39
9 月 8 日	0.05	1.29	0.13	6.37
10 月 13 日	0.47	2.74	0.07	7.18
12 月 1 日	0.44	1.39	0.11	6.82
2011 年 1 月 1 日	0.46	1.58	0.12	6.92
3 月 15 日	0.07	0.46	0.10	7.19
4 月 1 日	0.09	0.63	0.15	7.10
4 月 9 日	—	0.64	0.12	6.96
4 月 15 日	0.07	1.26	0.01	6.93
5 月 1 日	0.09	1.27	0.01	7.05
5 月 24 日	0.26	1.41	0.03	7.15
6 月 10 日	0.02	0.24	0.02	7.37
6 月 20 日	0.03	0.24	0.05	7.68
6 月 30 日	0.06	0.81	0.12	7.36
7 月 10 日	0.09	0.85	0.10	6.59
7 月 20 日	0.02	0.09	0.009	7.40
8 月 1 日	0.03	0.09	0.010	6.84
8 月 11 日	0.03	0.12	0.005	7.15
8 月 20 日	0.49	1.45	0.173	7.30

对示范工程系统总排口排水中农残进行了检测，农药残留种类很少，而且浓度非常低，连续 6 个月监测结果表明，示范工程总排水中常用农药：毒死蜱、啶虫脒、辛硫磷、草甘膦、阿维菌素均未检出，且示范工程内化学农药的使用量比一般的农户减少了46.77%。

5. 示范工程经济效益分析

本示范工程是典型的"代价小、效益好、排放低、可持续的"生态农业工程，与东江源丘陵地区的典型地貌特征和生产方式相匹配，其推广应用可有效减少农药、化肥的使用量，保护生物多样性，提高农业废弃物的综合利用率，减少畜禽养殖污染物排放，从而有效控制农业面源污染，削减水体氮磷等常规污染物，控制重金属、农残等有毒有害物质风险，改善东江源头区水质状况；同时该模式的推广将有利于源头区果业和畜禽养殖业的发展，有利于改善果品，降低种植成本，促进农民增收，具有良好的经济、社会和生态效益。杏林农庄 2011 年总投入 70.42 万元，总收入为 97.44 万元，净收入为 27.02 万元，取得良好的经济效益，具体详见表 2-34（投入中不包括基本建设费）。

表 2-34　示范工程经济效益分析

项目	数量	单价/元	总金额/元
收入合计			974400
脐橙	170000/斤	1.4	238000
猪场			653200
小猪	120/头	6000	72000
肉猪	78000/斤（300·260）	7.8	608400
鱼塘			56000
鱼	6000/斤	8	48000
日常垂钓			8000
支出合计			704250
果园			122250
施肥			45000
病虫药物防治	10/次	2800	28000
杀虫灯	5	250	1250
人工			48000
鱼塘			11000
饲料			6000
捕鱼网兜等			5000
猪场			571000
打药、管理			68000
饲料			503000
净收入			270150

2.11　南方丘陵地区"猪-沼-果-鱼"生产系统农业面源污染控制技术规范

　　根据生态农业、循环农业的原则，在对东江源头区"猪-沼-果-鱼"系统开展了以控制农业面源污染为目标的分析研究基础上，明确了系统各环节控源、减排、净化的技术要求，制定了本技术规程，以期为在南方丘陵地区大力推广"猪-沼-果-鱼"生产系统控制农业面源污染提供参考。

2.11.1　"猪-沼-果-鱼"生产系统整体规划

1. 景观生态布局

　　利用景观生态学原理、生态经济学原理和生态美学原理协调小流域各种土地利用方式的空间关系和数量关系，形成山坡种果、山凹上游养猪、下游筑坝养鱼的景观格局（骆世明，2008）。山坡种果遵循山顶戴帽（保留自然植被）、山腰种果、山脚穿靴（植被防护带）的原则；山凹上游建立养猪场，遵循雨污分流、猪粪干湿分离，并配备堆肥场、沼气池、氧化塘的原则；下游筑坝养鱼，遵循青草鲢鳙四大家鱼混养的原则。整个系统沟渠路管网配套，进行因地制宜的绿化与美化。

2. 系统养分循环利用规划

循环体系建设是通过建立系统组分间物质循环链接，提高系统的资源利用效率和减少其对环境的压力，建立经济适用的循环模式。"猪-沼-果-鱼"生态农业模式是以养殖业为龙头，以沼气建设为纽带，根据系统的资源特色，串联种、养和水产养殖，开展沼液、沼渣综合利用，形成"养猪-沼气-种果-养鱼"四位一体多产联动的生态良性循环生产系统。

2.11.2　系统构成单元定量化配制

以系统内部养分消纳和尽量减少面源污染排放为目标，遵循"以种定养"的原则，实现系统种植、生猪养殖、沼气发酵、氧化塘和养鱼等系统单元的定量化配置。

以东江源果园种植脐橙为例，平均每亩年 N、P_2O_5 的投入量分别为 26.1kg 和 21.9kg。猪场固体猪粪经发酵堆制后用作果园肥料，入园率达 95%；猪尿水进入沼气池作为发酵原料，产生的 60%沼液投入果园，剩余 40%沼液排入氧化塘，氧化塘培养浮萍净化沼液，浮萍则作为鱼饲料用于鱼塘养鱼。基于果树对养分 N 的需求，每公顷脐橙园可承载的生猪为 41 头，配套建设沼气池 28m³，每年可培养浮萍 17500kg，鱼塘可套养草鱼 384 尾。

2.11.3　面源污染控源技术

主要从果树种植和生猪养殖两个单元实现面源污染的控源。

1. 果园

减少化学肥料、农药投入与流失是果树种植控源的主要方面。

1）水肥管理

合理进行水肥管理，以猪粪自制有机肥和发酵的沼液为主，外购少量复合肥、钾肥等肥料，园内定期人工除草并覆盖于种植带表土作为绿肥使用。果树施肥，以基肥为主，配合一定次数的沼液追肥，针对土壤基础养分分析结果，适当补充钙、镁、硼等必需矿质养分。

2）病虫害防治

采取"预防为主，综合防治"的原则。以农业防治和物理防治为基础，大力推广应用以生态防治和生物防治为核心，合理使用化学防治的综合防治技术，有效防治病虫害。

保护果园生物多样性，进行生草栽培；实施翻土、修剪、控梢、排水、清园等技术措施，加强栽培管理，增强树势，提高树体自身抗病虫能力。

（1）物理防治。根据害虫的趋光性和趋化性防治害虫。果园可安装黑光灯、频振式杀虫灯诱杀害虫，30 亩/盏，通过降低虫口基数起到防治害虫的作用；挂黄板等以色彩诱杀害虫；使用糖、酒、醋液，性引诱剂等防虫；果实套袋防虫与防灼伤。

（2）捕食螨防治红蜘蛛。红蜘蛛是脐橙等果树的主要害虫。每株果树释放一袋捕食螨，5～9 月份在果树每叶具有害螨虫/卵少于 2 头时释放。

（3）应用生物源农药和矿物源农药防治病虫。使用生物源杀虫剂如苏云金杆菌、白僵菌、颗粒体病毒等，植物源杀虫剂如苦参碱、除虫菊、印楝素、鱼藤酮等防治害虫，连续两次用药可获得较好的防虫效果；矿物源杀虫杀菌剂（如轻矿物油、机油乳剂等）防治蚜虫、介壳虫等害虫，石硫合剂、波尔多液、铜盐（如硫酸铜、氢氧化铜、氯氧化铜、辛酸铜等）防治炭疽病、疮痂病等病害。

（4）化学防治。不得使用高毒、高残毒农药，使用药剂防治应符合 GB 4285、GB/T 8321 的要求。对主要虫害防治，在适宜时期施药。病害防治在发病初期进行，防治时期，严格控制安全间隔期、施药量和施药次数，注意不同作用机理的农药交替使用和合理混用，避免病虫产生抗药性。

3）杂草防治

果园自然生草，保留梯壁植物，选留良性草，铲除恶性草，合理进行水肥管理，每年人工或机械除草 3～5 次，就地覆盖；利用行间合理覆草、覆秸秆，铺黑膜等方式抑制杂草。

2. 生猪养殖

生猪养殖场实行雨污分流、干湿分离。用粪尿液体进行沼气发酵、固体猪粪制作堆肥是循环利用养分，减少污染排放的关键措施（图 2-28）。

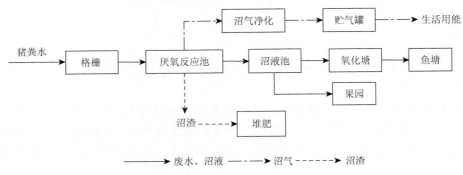

图 2-28　猪粪水污染控制与资源化利用工艺流程图

1）雨污分流

猪场采取水污分离沟、污水沟上覆盖盖板，使流经猪场的干净水、雨水与污水得到有效分离。生产过程中产生的猪尿水和冲洗水等通过格栅过滤排入沼气池发酵处理。

2）干湿分离

养猪场建立"早晚两清，日产日清"的清粪制度，及时将猪粪单独清出，做到干湿分离，干粪集中堆积处理。干粪堆放地采取有效的防渗、防漏、防雨设施，防止粪便外漏对周边环境和地下水的污染。

3）沼气发酵

根据养猪场的规模和种养配套原则，在猪场附近建设地埋式沼气池，有利于保温产气。养殖场的尿水与冲洗水进沼气池发酵，沼液排入沼液池，沼液池按每头猪 $2m^3$ 配置，并需要建防雨棚，防止暴雨造成沼液外溢。根据需要，沼液抽排到果园、氧化塘及鱼塘消纳，沼渣和猪粪一起进行堆肥处理，然后施入果园。

4）氧化塘及其他配套设施建设

在沼气池下游建立氧化塘（浮萍池）和鱼塘，氧化塘面积以 0.5～1 亩为宜，做好防渗处理。利用氧化塘放养浮萍净化沼液，同时产生鱼饲料，经净化的沼液水再进入鱼塘，肥水养鱼，杜绝沼液直接外排造成环境污染。

2.11.4　面源污染减排技术

果园采用等高种植，开设 3m 宽 6°～7°反内倾种植面，保留堤壁植物，修建径流植草沟，建造防滑坡导流沟、沉砂池等，加强水土保持措施，实现面源污染减排。

1. 径流植草沟

在果园地表径流排水沟的基础上改造建设径流植草沟。根据地表径流在植草沟中的传输方式不同，植草沟分为三种类型：标准传输植草沟、干植草沟和湿植草沟（刘燕等，2008）。修筑径流植草沟以充分截留雨水径流中的悬浮颗粒污染物，去除部分溶解态污染物，有效控制暴雨径流携带的面源污染。

2. 沉砂池

沉砂池是山地丘陵地区地表径流拦蓄常见措施，在拦蓄地表径流的同时，也截留了面源污染物，具有水土保持和面源污染减排功能。在果园中径流排水沟下游地势低洼处布设沉砂池，沉砂池容量根据果园暴雨径流量而定，一般为矩形，长 4～10m，宽 1～2m，高 1～1.5m，用石料或砖衬砌防漏。运行期间要及时清出拦截的泥沙。

3. 防滑坡导流沟

南方丘陵地区暴雨导致的山体滑坡是水土流失的重要源点（陈瑞冰和席运官，2012）。沿果园道路剖面、山脚植被防护带等易产生滑坡地段开挖排水沟槽，水泥石块浇筑，修建防滑坡导流沟。对已经产生的滑坡，要及时清理，修复加固，滑坡面加设防护网，并挖设种子穴，促使复绿。

4. 山边沟

应用山边沟技术，拦截果园地表径流。山地果园一般在留取的山顶自然植被下端边缘与果园种植带的顶端衔接处开挖一条山边沟，然后在果园种植带每隔 16～20m 开一条沟，坡度小的隔 20m，坡度大的隔 16m，山边沟宽 2m，外高内低，高差 0.1m。山边沟将山地长坡截成短坡，减短了坡长，分段排除径流，有效控制水土流失，减少面源污染物排放。

2.11.5　面源污染净化技术

"猪-沼-果-鱼"生态系统中，鱼塘是整个系统径流水的汇集与滞留处，通过对鱼塘水的净化，将进一步控制系统面源污染外排。此外，在沼液进入鱼塘前，增设氧化塘，利用浮萍净化沼液，并实现资源化利用，也是整个系统面源污染控制的重要环节。

1. 浮萍净化沼液

浮萍包括青萍和紫萍等，在"猪-沼-果-鱼"生态系统中，沼液的主要去向是作为果园肥料使用，但因生产季节等条件限制，仍有部分沼液不能被果园消纳。在氧化塘中，利用浮萍净化沼液，同时产生鱼饲料。根据浮萍生长特性，春秋季放养青萍，夏季放养紫萍，或青萍与紫萍混放，净化效果更好，在磷 0.1～15mg/L，氨氮 0.5～20mg/L 范围内，浮萍较适宜生长。

2. 微生物菌剂净化技术

微生物菌剂能够直接作用于养殖水体，有效净化养殖水体中的氨氮、亚硝酸氮、硝氮和硫化氢等有害物质，从而改善水质。微生物菌剂主要应用菌种为：乳酸菌、芽孢杆菌、酵母菌、光合细菌、硝化细菌、微生物菌群等。应用较为广泛的有 EM 菌、芽孢杆菌制剂、硝化细菌制剂、光合菌制剂等，一般 10～15d 泼洒一次。微生物菌剂净化水体的同时，可以有效地改善养殖生态环境，减少疾病的发生。

3. 生态浮床净化技术

在鱼塘水面建造生态浮床，净化水质的同时，可以美化生态景观。生态浮床借助浮体上栽培的水生植物，通过植物、根系上的微生物等的作用，直接从水体中吸收营养物质及其他污染物，达到净化水质的目的（罗思亭等，2011）。生态浮床一般由浮床框架、植物浮体、水下固定装置以及水生植被四个部分组成，框架可采用自然材料如竹、木条等；植物浮体可选用塑料泡沫、高分子轻质材料等；常用植物有美人蕉、风车草、菖蒲、香根草、鸢尾，可适当栽种空心菜、水稻等经济作物，植物的选择需考虑冬季低温条件下生态浮床的净化能力。浮床与水面面积的比例一般在 10%～20%。

2.11.6　运行与维护

1. 养殖场

注重饲料的营养平衡，精粗饲料比例适当，杜绝含重金属饲料添加剂的使用，如砷、铜等，减少重金属在土壤的蓄积；树立"养重于防"的观念，选择抗病力较强的生猪品种、适度运动、做好消毒和卫生措施、建立健全的生物安全体系，减少常规兽药的使用。定期巡查与维护沼气工程设备、管件等，按时按需合理施用沼液，防止沼液外溢。

2. 果园

加强生产、管理人员果树栽培技术、生态环境保护知识培训。加强果园生态建设，按测土配方施肥，注重果树水肥管理，增施有机肥，推行病虫草害农艺、生物、物理综合防治措施。雨季加强山体排水巡查，防止滑坡与塌方，沉砂池及时清淤。

3. 鱼塘

按需投放饵料与浮萍，关注鱼塘透明度、溶氧等水质指标情况，定期泼洒微生物菌剂，改善水质，提高鱼体健康；鱼病防治以预防为主，治疗为辅，通过预防措施如选择抗病苗种、控制放养密度、优化管理等措施来保证养殖健康；冬季清塘前利用微生物菌剂等进行深度处理后再排放，并晒塘撒生石灰消毒。

参 考 文 献

陈瑞冰, 席运官. 2012. 东江源头区坡地果园水土流失防治措施分析. 中国水土保持科学, 10（2）: 92-96.

赖晓桦, 黄传龙, 谢上海, 等. 2009. 赣南脐橙施肥情况调查研究. 中国南方果树, 38（04）: 30-32.

李国学, 李玉春, 李彦富. 2003. 固体废物堆肥化及堆肥添加剂研究进展. 农业环境科学学报, 22（2）: 252-256.

刘燕, 尹澄清, 车伍. 2008. 植草沟在城市面源污染控制系统的应用. 环境工程学报, 2（3）: 334-339.

骆世明. 2008. 生态农业的景观布局、循环设计及生物关系重建. 中国农学通报, 24（S）: 6-10.

罗思亭, 张饮江, 李娟英, 等. 2011. 沉水植物与生态浮床组合对水产养殖污染控制的研究. 生态与农村环境学报, 27（2）: 87-94.

沈根祥, 徐介乐, 胡双庆, 等. 2006. 浅水体浮萍污水净化系统氮的去除途径研究. 农村生态环境学报, 22（1）: 42-47.

王辉, 王全九, 邵明安. 2007. 表层土壤容重对黄土坡面养分随径流迁移的影响. 水土保持学报, 21（3）: 10-13.

吴冰, 邵明安, 毛天旭, 等. 2010. 模拟降雨下坡度对含砾石土壤径流和产沙过程的影响. 水土保持研究, 17（5）: 54-58.

武淑霞. 我国农村畜禽养殖业氮磷排放变化特征及其对农业面源污染的影响. 北京: 中国农业科学院, 2005.

吴希媛, 张丽萍, 张妙仙, 等. 2007. 不同雨强下坡地氮流失特征. 生态学报, 11: 4576-4582.

徐建国. 2003. 柑橘优良品种及无公害栽培技术. 北京: 中国农业出版社: 75-86.

张瑜芳, 张蔚榛, 沈荣开, 等. 1999. 淹灌稻田的暗管排水中氮素流失的试验研究. 灌溉排水, 18（3）: 12-16.

种云霄, 胡洪英, 钱易. 2004. 细脉浮萍和紫背浮萍在污水营养条件下的生长特性. 环境科学, 25（6）: 59-63.

邹华娇. 2002. 柑橘全爪螨的发生规律及其综合防治. 植物保护,（4）: 18-21.

Bernal M P, Alburquerque J A, Moral R. 2009. Composting of animal manures and chemical criteria for compost maturity assessment: a review. Bioresource Technology, 100 (22): 5444-5453.

Castaldi P, Garau G, Melis P. 2008. Maturity assessment of compost from municipal solid waste through the study of enzyme activities and water-soluble fractions. Waste Management, 28 (3): 534-540.

Cegarra J, Alburquerque J A, Gonzalvez J, et al. 2006. Effects of the forced ventilation on composting of a solid olive-mill by-product ("alperujo") managed by mechanical turning. Waste Manag, 26 (12): 1377-1383.

Goyal S, Dhull S K, Kapoor K K. 2005. Chemical and biological changes during composting of different organic wastes and assessment of compost maturity. Bioresource Technology, 96 (14): 1584-1591.

Ko H J, Kim K Y, Kim H T, et al. 2008. Evaluation of maturity parameters and heavy metal contents in composts made from animal manure. Waste Management, 28 (5): 813-820.

Miller F C. 1992. Composting as a process based on the control of ecologically selective factors//Metting F B Jr. Soil microbial eology: applications in agricultural and environmental management. New York: Marcel Dekker: 515-544.

Mondini, C, Abate, MT, Leita, L, et al. 2003. An integrated chemical, thermal, and microbiological approach to compost stability evaluation. Journal of Environmental Quality, 32 (6): 2379-2386.

Rae D J, Watson D M, Liang W G, et al. 1996. Comparison of petroleum spray oils, abamectin, cartap, and methomyl for control of citrusleafminer (Lepidoptera: Gracillariidae) in southern China. Journal of Economic Entomology, 89: 93-500.

Tang Z, Yu G H, Liu D, et al. 2011. Different analysis techniques for fluorescence excitation-emission matrix spectroscopy to assess compost maturity. Chemosphere, 82 (2): 1202-1208.

第 3 章　东江源矿区生态复绿技术与工程示范

东江源头区矿产资源丰富，特别是钨、铅、锌、铜和稀土等矿产资源丰富，素有"稀土王国"之称，区内现有各类矿山、采矿点数千座（处）。多年的采矿活动，产生了大量的废弃地和矿山固体废弃物形成的尾砂库，目前源区矿产开发累计破坏面积达 174km^2，累计废石存放 2.04 亿 t，尾沙累计排放 4.15 亿 t，存在严重的水土流失的风险（许炼烽等，1999）。

围绕东江源稀土尾砂地和钨矿废弃地水土流失控制中的植被生态恢复技术开展研究，建立基质改良和适宜植物种筛选的实用技术，并进行工程示范，为东江源矿区生态复绿奠定技术与工程基础。

3.1　东江源矿山废弃地基质理化性质

3.1.1　稀土尾砂理化性质

在江西定南县下庄稀土矿，对稀土尾砂和周边红壤进行了采样分析。稀土尾砂采样点 3 个，稀土尾砂地周边红壤采样点 3 个，采样深度均为 0～20cm。农化性质分析结果见表 3-1，机械组成分析结果见表 3-2。

表 3-1　稀土尾砂和周边土壤农业化学性质

类型	有机质/%	全氮/%	水解性氮/（mg/kg）	全磷/（mg/kg）	有效磷/（mg/kg）	速效钾/（mg/kg）	全钾/%	阳离子交换量/[cmol（+）/kg]	pH
稀土尾砂	0.310±0.017	0.008±0.001	18.0±0.882	35.0±13.1	0.860±0.033	21.0±3.79	6.56±1.21	5.04±0.793	5.39±0.283
稀土尾砂周边土壤	0.640±0.251	0.044±0.009	43.0±11.0	601±263	1.866±0.827	110±47.7	5.05±0.525	6.75±1.75	5.23±0.571

表 3-2　稀土尾砂和周边土壤机械组成

类型	各粒级百分含量（%，体积百分比，美国制）						
	<2μm	2～50μm	50～100μm	100～250μm	250～500μm	0.5～1mm	1～2mm
稀土尾砂	2.48±0.721	11.9±2.49	3.20±0.446	3.54±0.902	8.90±1.77	33.4±3.09	36.6±5.91
稀土尾砂周边土壤	10.9±0.684	46.7±17.0	5.20±0.602	6.02±2.76	8.28±4.52	16.2±8.52	6.61±4.82

从表 3-1 可见，稀土尾砂场 pH 为强酸性到酸性，周边红壤 pH 为强酸性到弱酸性。养分含量则周边红壤明显高于稀土尾砂，而周边红壤中，植被覆盖良好的红壤养分含量

又显著高于植被覆盖差的。按照全国第二次土壤普查的分级标准（共 6 级：很高、高、中等、低、很低、极低），稀土尾砂养分含量水平为"极低"级。表 3-2 显示，与红壤相比，稀土尾砂黏粒含量少而砂粒含量多，因此保水保肥能力差。

3.1.2　钨矿废渣理化性质

在江西定南县岿美山钨矿，对钨矿废渣和周边土壤进行了采样分析。钨矿废渣采样点 6 个，钨矿废弃地周边土壤采样点 2 个。钨矿废渣采样深度均为 0～20cm，周边土壤采集 2 层。基本农化性质见表 3-3，机械组成分析结果见表 3-4，重金属含量分析结果见表 3-5。

从表 3-3 可见，钨矿废渣 pH 为酸性；周边土壤 pH 为强酸性至中性。钨矿废渣的养分含量不平衡，按照全国第二次土壤普查的分级标准，有机质和全氮含量为"极低"级，水解性氮含量为"极低"至"中等"级，速效磷含量为"低"至"高"级，速效钾含量为"高"和"很高"级。与周边原生土壤相比，钨矿废渣的有机质和氮素含量明显低于周边土壤，磷含量明显高于周边土壤，钾含量则与周边土壤基本相当。

从表 3-4 可以看出，钨矿废渣中的石砾含量很高，＞2mm 的颗粒含量为 78.11%。需要说明的是，钨矿废渣地中有许多大块石，有的达到数百公斤，由于采样上的困难，对这些区域未进行采样。

表 3-5 显示，钨矿废渣地的砷、铜和锌的含量很高。对照《土壤环境质量标准》的三级标准，6 个废渣采样点砷的含量均超标，超标倍数 3.16～3.74 倍，平均超标 3.44 倍；6 个废渣采样点铜的含量也都超标，超标倍数 0.26～1.77 倍，平均超标 1.23 倍；6 个废渣采样点中，5 个点锌的含量超标，超标倍数 0.08～0.67 倍。而周边土壤只有锌超标，其含量与废渣中的含量相当。

3.2　矿区废弃地适宜植物种筛选

3.2.1　野外小区种植试验

1. 试验设计

1）小区布置

在稀土尾砂地和钨矿废渣地，各选择一片近水平的场地布设小区。

稀土尾砂地试验小区设于定南县历市镇下庄稀土矿。下庄稀土矿位于定南县城东北约 4km（直线距离），于 1987 年停止开采。矿区及周边地形为丘陵山地，试验小区地理坐标为 $115°3'58''E$，$24°48'39''N$，海拔约 323m，地形近水平。参试植物共 10 种，其中草本植物包括百喜草、狗牙根、弯叶画眉草、狼尾草、高羊茅和白三叶 6 种，灌木包括多花木兰、胡枝子、猪屎豆和紫穗槐 4 种（陈志彪等，2002；李德荣等，2003；喻荣岗等，2008）。每种植物设 3 个重复（即 3 个小区），每个小区面积为 1m×1m，10 种植物共 30 个小区，小区之间相隔 20cm。不覆客土。

表 3-3　钨矿废渣和周边土壤基本理化性质

类型	取样深度/cm	有机质/%	全氮/%	水解性氮/(mg/kg)	全磷/(mg/kg)	有效磷/(mg/kg)	速效钾/(mg/kg)	全钾/%	阴离子交换量/[cmol(+)/kg]	pH
钨矿废渣	0~20	0.129±0.016	0.018±0.002	60.3±16.8	1375±153	18.7±3.58	201.9±24.00	4.59±0.178	2.15±0.211	6.07±0.057
钨矿废渣周边土壤	0~20	0.948±0.122	0.101±0.007	104±32.6	670±280	3.10±2.50	206.5±20.95	2.30±0.435	3.05±0.370	6.24±0.510
钨矿废渣周边土壤	20~220	0.129±0.052	0.029±0.007	75.1±36.0	410±10.0	2.43±2.33	200.1±28.70	3.12±0.020	2.37±0.065	5.76±0.190

表 3-4　钨矿废渣和周边土壤机械组成

类型	取样深度/cm	>2mm占/%	<2mm 各粒级百分含量/%						
			<2μm	2~50μm	50~100μm	100~250μm	250~500μm	0.5~1mm	1~2mm
钨矿废渣	0~20	78.1±4.15	17.6±0.432	63.9±0.967	6.54±0.905	5.65±0.418	3.67±0.393	2.66±0.595	0
钨矿废渣周边土壤	0~20	42.7±3.33	19.5±2.40	74.9±1.90	2.96±0.975	2.32±0.190	0.268±0.243	0	0
钨矿废渣周边土壤	20~220	35.7±29.3	20.3±5.10	74.9±3.65	3.07±1.43	1.58±0.130	0.155±0.135	0	0

表 3-5　钨矿废渣和周边土壤重金属含量

类型	取样深度/cm	重金属含量/(mg/kg)							
		砷	汞	铅	镉	铜	铬	锌	镍
钨矿废渣	0~20	177±3.62	0.048±0.006	277±21.3	0.615±0.222	957±31.2	25.3±3.27	630±58.0	5.08±0.709
钨矿废渣周边土壤	0~20	27.4±4.80	0.065±0.005	118±0.950	0.070±0.030	64.7±14.6	17.4±0.200	497±42.1	8.36±3.54
钨矿废渣周边土壤	20~220	17.9±8.76	0.045±0.005	153±13.6	0.035±0.018	43.0±14.3	27.1±0.800	654±43.1	9.85±1.75
土壤环境质量三级标准		40	1.5	500	1	400	300	500	200

　　钨矿废渣地试验小区设于定南县老城镇峎美山钨矿。矿区及周边地形为丘陵山地，试验小区海拔约 762m，地形近水平。参试植物为上述稀土尾砂地小区试验所选的 10 种植物中除猪屎豆以外的 9 种植物。每种植物设 3 个重复（即 3 个小区），每个小区面积为 1m×0.5m（钨矿废渣地地形多变，布设的小区面积较小），9 种植物共 27 个小区，小区之间相隔 20cm。对小区表层 10cm 进行整松，并清除粒径约 5cm 以上的石块，不覆土。

　　2）种植与管理

　　施基肥：种植前施基肥，基肥为 N+P$_2$O$_5$+K$_2$O≥6%、有机质含量≥45%的大地盛源微生物肥料，肥料用量 300g/m^2（3 t/hm^2），即稀土尾砂地每个小区 300g，钨矿废渣地每个小区 150g。将肥料均匀撒在小区表面，然后用普通农用耙子对表层约 3～5cm 进行翻耙，尽量使肥料与表层基质混合均匀。

　　种植：各植物都采用播种方式进行种植，种子用量 20g/m^2（200kg/hm^2），即稀土尾砂地每个小区 20g，钨矿废渣地每个小区 10g。将干种子均匀撒在小区表面，播后稀土尾砂地用尾砂、钨矿废渣地从小区周边废渣中选取细粒物质薄层覆盖。播种日期为 2011 年 4 月 18 日（钨矿废渣小区）和 2011 年 4 月 19 日（稀土尾砂小区）。

　　种植后管理：播后不采取任何人为管理措施（包括在播种当日也不浇水），以便比较在自然情况下各植物种的生长情况，筛选出不需要人为管理情况下表现好的植物种，以满足矿山废弃地植被恢复时粗放管理的需要。

　　3）观测与采样

　　2011 年 5 月底、10 月底、12 月初、2012 年 3 月底对小区植物生长和成活情况进行现场观测。2011 年 10 月 31 日和 2011 年 11 月 3 日分别对钨矿废渣小区和稀土尾砂小区进行垂直拍照（用于测植被盖度）和植物样方采样，植物生长天数分别为 196d 和 198d。植物采样在垂直拍照完成后进行，每小区一个样方，钨矿废渣小区样方大小一般为 40cm×50cm，稀土尾砂小区一般为 50cm×50cm。对每个样方挖出全部植株（包括地上部和地下部）。利用照片和样方植物测定盖度、株高、主根长、生物量鲜重和干重。

2. 测定方法

　　植被盖度：数字图像法测定（关法春等，2010）。

　　株高和主根长：采取抽样测定的方法，即：将每个样方的全部植株摊放成高矮搭配均匀的一排，从中抽取 10%左右（本试验中，抽取的样品植株数多在 60～120），对抽取的样品植株，用直尺逐一测定株高和主根长，计算平均值。

　　生物量：收获的植物用清水洗干净，吸干植物上的水分，剪成地上部和地下部，用精度 0.1g 的电子秤立即测定鲜重（包括地上部和地下部）。带回实验室用烘箱烘至恒重，测干重（包括地上部和地下部）。

3. 植物生长状况评价方法

　　以株高、主根长、地上部生物量（干重）、地下部生物量（干重）和盖度作为评价指标，对植物生长状况进行评价（分草本植物和灌木分别进行）。

先对各指标进行归一化处理，方法为

$$r_i = \frac{x_i}{\text{Max}(x_i)}$$

式中，r_i 为植物的 i 指标归一化值；x_i 为植物的 i 指标原始值（测定值）；$\text{Max}(x_i)$ 为各植物 i 指标原始值（测定值）中的最大值。

然后按以下公式计算各植物种的评分值。

$$V = \left(\sum_{i=1}^{n} r_i\right)\bigg/ n$$

$$V' = \frac{V}{\text{Max}(V)}$$

式中，V 为植物的原始分值；r_i 为植物的 i 指标归一化值；n 为评价指标个数；V' 为植物的归一化评分值；$\text{Max}(V)$ 为各植物原始分值中的最大值。

将归一化评分值划分为 5 个区间，进行植物生长状况综合评价：0.8～1 为好（Ⅰ级），0.6～0.8 为较好（Ⅱ级），0.4～0.6 为中（Ⅲ级），0.2～0.4 为较差（Ⅳ级），0～0.2 为差（Ⅴ级）。

4. 结果分析

1）稀土尾砂小区

2011 年 5 月底观测，稀土尾砂小区每种植物的出苗情况都很好。当年 10 月底观测时，高羊茅小区没有植株存活，白三叶仅有极少数植株存活，但极矮小，与裸露地几乎没有区别。据此可以判定，这两种草是因不能适应试验区夏季的高温而死的。2012 年 3 月底观测时，猪屎豆全部死亡。猪屎豆在热带地区种植普遍，试验表明，它在本区难以越冬。

其他 7 种植物的株高和主根长的测定结果见表 3-6，盖度测定结果见表 3-7，生物量测定结果见表 3-8。图 3-1 为 4 种草本植物主要生长指标的比较，图 3-2 为 3 种灌木主要生长指标的比较。植物生长状况评价结果见表 3-9 和表 3-10。

表 3-6　稀土尾砂小区植物株高与主根长　　　　　　（单位：cm）

植物种	株高	主根长
百喜草	1.2～10.6	1.5～10.1
狗牙根	2.1～22.7	2.5～19.3
弯叶画眉草	3.2～20.4	1.4～18.2
狼尾草	2.0～21.6	1.0～13.0
多花木兰	1.5～19.1	1.5～40.1
胡枝子	1.2～78.5	6.1～87.2
紫穗槐	1.0～8.0	1.5～21.0

注：每个灌木样方测定植株为样方内全部植株

表 3-7　稀土尾砂小区植被盖度　　　　　　　　　（%）

植物种	小区①	小区②	小区③	平均
百喜草	35.7	42.9	43.8	40.8
狗牙根	30.2	37.9	37.7	35.3
弯叶画眉草	56.6	56.1	55.9	56.2
狼尾草	37.2	39.9	41.4	39.5
多花木兰	0.680	0.710	1.53	0.970
胡枝子	4.58	6.12	3.65	4.78
紫穗槐	0.200	0	0.100	0.100

表 3-8　稀土尾砂小区生物量　　　　　　　　（单位：g/m²）

植物种类	鲜重			干重		
	地上部	地下部	总鲜重	地上部	地下部	总干重
百喜草	158.1±39.3	152.0±28.7	310.1±68.0	109.2±17.5	106.7±6.5	215.9±23.1
狗牙根	97.6±9.4	81.5±0.4	179.1±9.1	66.9±8.2	58.1±5.0	125.1±12.7
弯叶画眉草	115.2±16.0	58.9±9.8	174.1±25.1	88.5±11.6	49.9±8.2	138.5±19.1
狼尾草	116.0±45.9	189.0±91.2	305.0±137.1	79.7±20.5	113.9±31.1	193.6±51.6
多花木兰	13.5±1.1	17.5±1.4	30.9±2.5	10.5±1.6	15.7±1.7	26.1±3.3
胡枝子	126.8±6.3	401.5±19.1	528.3±24.8	96.5±2.8	314.7±9.8	411.2±11.4
紫穗槐	0.2±0.1	0.7±0.5	0.9±0.6	0.1±0.1	0.5±0.3	0.6±0.4

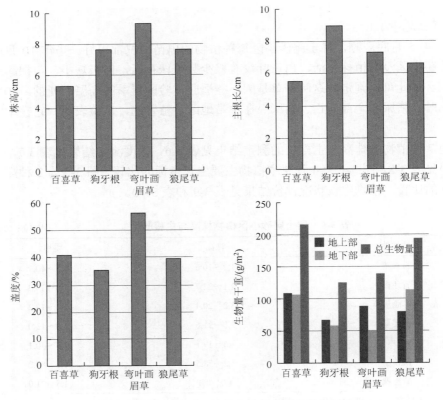

图 3-1　稀土尾砂小区 4 种草本植物主要生长指标比较

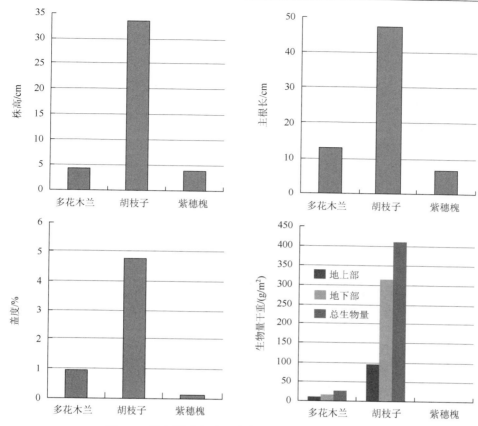

图 3-2 稀土尾砂小区 3 种灌木主要生长指标的比较

表 3-9 稀土尾砂小区植物生长状况评价（草本）

植物种	株高		主根长		地上部干重		地下部干重		盖度		原始值	归一化评分值	等级
	测定值/cm	归一化值	测定值/cm	归一化值	测定值/（g/m²）	归一化值	测定值/（g/m²）	归一化值	测定值/%	归一化值			
百喜草	5.3	0.57	5.5	0.618	109.2	1	106.7	0.937	40.8	0.726	0.77	0.949	I
狗牙根	7.7	0.828	8.9	1	66.9	0.613	58.1	0.51	35.3	0.628	0.716	0.883	I
弯叶画眉草	9.3	1	7.2	0.809	88.5	0.81	49.9	0.438	56.2	1	0.811	1	I
狼尾草	7.7	0.828	6.6	0.742	79.7	0.73	113.9	1	39.5	0.703	0.801	0.988	I

表 3-10 稀土尾砂小区植物生长状况评价（灌木）

植物种	株高		主根长		地上部干重		地下部干重		盖度		原始值	归一化评分值	等级
	测定值/cm	归一化值	测定值/cm	归一化值	测定值/（g/m²）	归一化值	测定值/（g/m²）	归一化值	测定值/%	归一化值			
多花木兰	4.3	0.157	12.9	0.315	10.5	0.109	15.7	0.05	0.97	0.203	0.167	0.167	V
胡枝子	27.4	1	41.0	1	96.5	1	314.7	1	4.78	1	1	1	I
紫穗槐	3.0	0.109	5.0	0.122	0.1	0.001	0.5	0.002	0.10	0.021	0.051	0.051	V

4 种草类中，主要生长指标比较，株高为弯叶画眉草＞狗牙根和狼尾草＞百喜草，主根长为狗牙根＞弯叶画眉草＞狼尾草＞百喜草，盖度为弯叶画眉草＞百喜草＞狼尾草＞狗牙根，地上部生物量为百喜草＞弯叶画眉草＞狼尾草＞狗牙根，地下部生物量为狼尾草＞百喜草＞狗牙根＞弯叶画眉草。从单项指标看，这 4 种草类各有各的优势。从综合评价结果看，相对而言，4 种草中以弯叶画眉草（评分为 1）和狼尾草（评分 0.988）最好，狗牙根最差（评分 0.883），百喜草居中（评分 0.949）。但 4 种草的综合评分比较接近，均比较适宜在稀土尾砂地上种植。

3 种灌木中，各项生长指标均以胡枝子最高，且远远高于多花木兰和紫穗槐。多花木兰和紫穗槐相比，多花木兰的各项指标又都高于紫穗槐，除株高略大于紫穗槐外，其他指标都显著高于紫穗槐。2011 年 5 月底观测时，紫穗槐出苗情况也不错，到 10 月底，紫穗槐 3 个小区中，有一个小区没有存活植株，另两个小区存活植株数分别只有 8 株和 1 株，株高除一株为 14cm 外，其他多为 1～4cm。可能是紫穗槐对本区气候的适应性较差。虽然胡枝子在 3 种灌木中表现最好，但其盖度很低，只有 4.78%，原因是植株成活率低。总的来说，胡枝子在稀土尾砂地的表现不是很好，但在 3 种参试灌木中最好，可作为稀土尾砂地的适宜植物种，多花木兰和紫穗槐则表现太差，不适宜在稀土尾砂地上种植。

2）钨矿废渣小区

2011 年 5 月底观测，白三叶小区的出苗情况很好。当年 10 月底观测时，白三叶只在有其他植物（为侵入小区的植物）生长的庇阴处有少许植株保存，且植株矮小，株高多为 2～3cm。因此可以判定，与稀土尾砂小区一样，白三叶是因不能适应试验区夏季的高温而死的。与稀土尾砂小区不同的是，高羊茅在钨矿废渣小区上能安全越夏，生长良好，可能是这里海拔较高（762m，比稀土尾砂小区高 439m），夏季气温低一些的缘故。

其他 8 种植物的株高和主根长的测定结果见表 3-11，盖度测定结果见表 3-12，生物量测定结果见表 3-13。图 3-3 为 5 种草本植物主要生长指标的比较，图 3-4 为 3 种灌木主要生长指标的比较。植物生长状况评价结果见表 3-14 和表 3-15。

5 种草主要生长指标比较，株高为狼尾草＞高羊茅＞弯叶画眉草＞百喜草＞狗牙根，主根长为狼尾草＞高羊茅＞狗牙根＞百喜草＞弯叶画眉草，盖度为狼尾草＞弯叶画眉草＞高羊茅＞狗牙根＞百喜草，地上部生物量为狼尾草＞弯叶画眉草＞百喜草＞高羊茅＞狗牙根，地下部生物量为狼尾草＞高羊茅＞狗牙根＞弯叶画眉草＞百喜草。狼尾草每项指标均为最好；其他 4 种草中，与地上部相关的指标总体上弯叶画眉草较高，与地下部相关的指标则高羊茅较高。从综合评价结果看，其优劣排序为狼尾草（1 分）＞高羊茅（0.706 分）＞弯叶画眉草（0.637 分）＞狗牙根（0.516 分）＞百喜草（0.499 分）（括号中为归一化评分值）。相邻位次的评分差距除狗牙根和百喜草比较小外，其他的都较为明显，尤其是狼尾草的评分明显高于排在第二位的高羊茅。总的来看，上述 5 种草都适宜在钨矿废渣地上种植，其中尤以狼尾草为最好，其次是高羊茅和弯叶画眉草，狗牙根和百喜草相对差一些。

3 种灌木主要生长指标比较情况为：株高为多花木兰＞紫穗槐＞胡枝子，多花木兰远远高于紫穗槐和胡枝子，而紫穗槐和胡枝子比较接近；主根长为胡枝子＞紫穗槐＞多花木兰，但 3 种灌木很接近；盖度、地上部生物量和地下部生物量的排序都与株高一样，为多花木兰＞紫穗槐＞胡枝子，且多花木兰远远高于紫穗槐和胡枝子。各单项指标除主根长以胡枝子最高（略高于其他 2 种）外，其他 4 项指标都是多花木兰远远高于紫穗槐和胡枝子。综合评分也是多花木兰（1 分）远高于紫穗槐（0.341 分）和胡枝子（0.299分），紫穗槐和胡枝子评分比较接近。3 种灌木中，多花木兰在钨矿废渣地上表现非常好，极适宜在钨矿废渣地上种植；紫穗槐和胡枝子均表现较差。

表 3-11　钨矿废渣小区植物株高与主根长　　　（单位：cm）

植物种	株高	主根长
百喜草	2.2～26.0	1.1～21.1
狗牙根	1.9～26.0	1.0～20.3
弯叶画眉草	3.4～52.8	1.2～16.0
狼尾草	3.0～75.5	3.2～34.0
高羊茅	4.0～29.8	2.0～27.3
多花木兰	3.5～140.0	4.2～54.8
胡枝子	2.0～36.7	12.0～43.5
紫穗槐	3.9～39.2	4.0～68.4

表 3-12　钨矿废渣小区植被盖度　　　（%）

植物种	小区①	小区②	小区③	平均
百喜草	45.8	34.4	49.1	43.1
狗牙根	65.6	59.7	66.1	63.8
弯叶画眉草	66.5	69.6	89.0	75.0
狼尾草	69.8	81.1	86.8	79.2
高羊茅	56.7	85.5	56.5	66.2
多花木兰	95.6	90.0	89.8	91.8
胡枝子	6.6	9.0	4.2	6.6
紫穗槐	29.4	5.1	8.9	14.5

表 3-13　钨矿废渣小区生物量　　　（单位：g/m²）

植物种类	鲜重			干重		
	地上部	地下部	总鲜重	地上部	地下部	总干重
百喜草	243.2±45.6	81.1±17.8	324.3±54.4	157.5±27.7	66.6±13.7	224.1±37.0
狗牙根	178.1±26.0	111.7±21.1	289.9±46.2	111.1±17.2	76.4±7.4	187.5±24.5
弯叶画眉草	308.9±45.1	100.2±36.5	409.1±46.2	195.2±29.9	68±12.8	263.2±42.4
高羊茅	291.8±95.6	348.2±105.7	640.0±188.3	138.3±32.4	150.1±60.8	288.3±86.4
狼尾草	449.8±84.8	396.5±126.4	846.3±185.4	269.2±32.8	252.2±34.1	521.4±57.3
多花木兰	2103.5±714.0	768.0±82.7	2871.5±781.9	1402.1±518.1	520.6±93.3	1922.7±607.0
胡枝子	14.1±6.7	65.7±9.5	79.8±16.2	10.5±5.2	51.8±9.6	62.3±14.8
紫穗槐	46.8±11.8	199.0±55.4	245.8±67.2	32.3±6.6	139.3±31.4	171.6±38.0

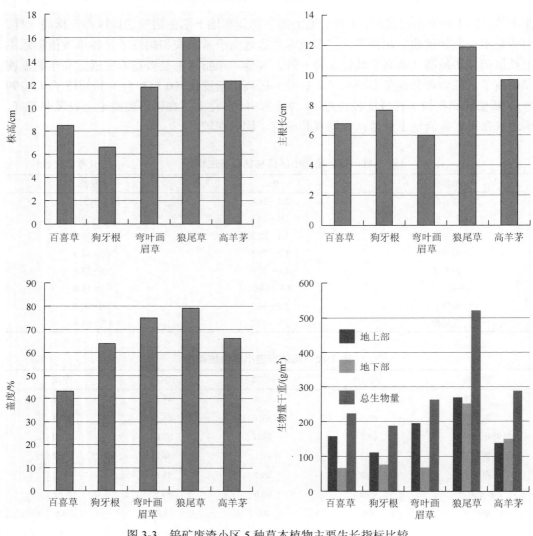

图 3-3 钨矿废渣小区 5 种草本植物主要生长指标比较

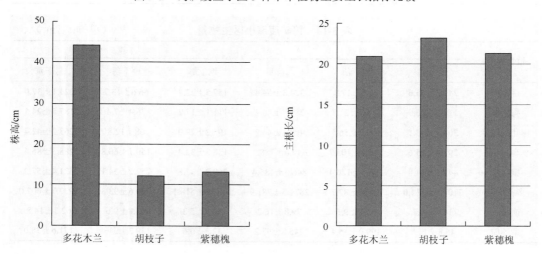

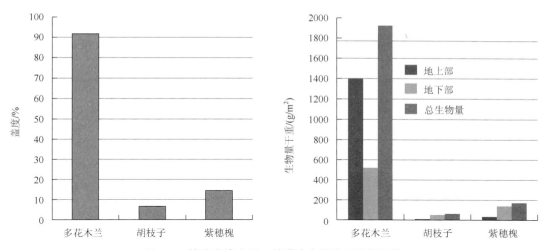

图 3-4　钨矿废渣小区 3 种灌木主要生长指标比较

表 3-14　钨矿废渣小区植物生长状况评价（草本）

植物种	株高		主根长		地上部干重		地下部干重		盖度		原始值	归一化评分值	等级
	测定值/cm	归一化值	测定值/cm	归一化值	测定值/(g/m^2)	归一化值	测定值/(g/m^2)	归一化值	测定值/%	归一化值			
百喜草	8.5	0.531	6.8	0.571	157.5	0.585	66.6	0.264	43.1	0.544	0.499	0.499	III
狗牙根	6.6	0.413	7.7	0.647	111.1	0.413	76.4	0.303	63.8	0.806	0.516	0.516	III
弯叶画眉草	11.8	0.738	6	0.504	195.2	0.725	68.0	0.27	75.0	0.947	0.637	0.637	II
狼尾草	16.0	1	11.9	1	269.2	1	252.2	1	79.2	1	1	1	I
高羊茅	12.3	0.769	9.7	0.815	138.3	0.514	150.1	0.595	66.2	0.836	0.706	0.706	II

表 3-15　钨矿废渣小区植物生长状况评价（灌木）

植物种	株高		主根长		地上部干重		地下部干重		盖度		原始值	归一化评分值	等级
	测定值/cm	归一化值	测定值/cm	归一化值	测定值/(g/m^2)	归一化值	测定值/(g/m^2)	归一化值	测定值/%	归一化值			
多花木兰	44.0	1	20.9	0.901	1402.1	1	520.6	1	91.8	1	0.980	1	I
胡枝子	12.5	0.284	23.2	1	10.5	0.007	51.8	0.100	6.6	0.072	0.293	0.299	IV
紫穗槐	13.4	0.305	21.3	0.918	32.3	0.023	139.3	0.268	14.5	0.158	0.334	0.341	IV

3.2.2　植物耐旱力试验

1. 试验设计

　　耐旱力试验在盆栽条件下进行。参试植物为百喜草、狗牙根、弯叶画眉草、狼尾草、高羊茅和白三叶 6 种草本。以稀土尾砂为基质，试验用尾砂采自江西定南县下庄稀土矿废弃地。取大小相同的花盆，每盆装稀土尾砂 2kg（风干重量），施入生物有机肥 6g/盆，将表层约 3cm 尾砂与肥料混匀。将种子均匀播于盆中,每盆播种量:百喜草 30 粒、狗牙根 200 粒、弯叶画眉草 50 粒、狼尾草 30 粒、高羊茅 50 粒、白三叶 40 粒。播后用尾砂薄层覆盖。

　　本区干旱威胁最大的时间是 7 月份,也就是在播种后 3～4 个月,因此耐旱力试验中,播种后 100d 内进行正常浇水,100d 后进入干旱胁迫。试验设 3 种水分处理:①CK(正常浇水):3d 浇水 1 次,每次浇水至田间持水量的约 60%;②D2(2 周不浇水):正常浇水至 100d 时浇透水,之后停止浇水 2 周,再恢复正常浇水;③D3(3 周不浇水):正常浇水至 100d 时浇透水,之后停止浇水 3 周,再恢复正常浇水。每种处理 2 个重复,6 种草共 36 盆。干旱胁迫开始后,对干旱胁迫下叶片形态变化及复水后叶片恢复情况进行观测,每周观测 1 次,播种后 135d 收获,测生物量。

2. 测定方法

　　干旱胁迫下叶片形态变化:用目测法观测叶片卷曲、萎蔫和颜色变化的情况。

　　恢复供水后叶片恢复情况:用目测法观测有无叶片恢复正常生长(颜色恢复为原来的鲜绿色,叶片伸展开),定性描述恢复叶片的多少(个别、少量、全部等)。恢复的叶片包括叶片整片恢复和部分恢复。

　　生物量:同小区种植试验中生物量测定方法。

3. 植物耐旱力评价方法

　　评价指标:从干旱胁迫下叶片形态变化、恢复供水后叶片恢复情况和干旱胁迫与正常浇水处理的生物量比值 3 方面,评价植物的耐旱力。

　　指标值转化:对"干旱胁迫下叶片形态变化"和"恢复供水后叶片恢复情况"这 2 个定性描述的指标,定性判定各草种在该指标上的差异,将定性描述的优劣转换为 0～1 的数值,最好的为 1,最差的为 0,其他的根据定性描述的相互差异大小确定一个合适的数值。对"干旱胁迫与正常浇水处理的生物量比值",根据下式将指标原始值转换为归一化值:

$$r = \frac{x - \text{Min}(x)}{\text{Max}(x) - \text{Min}(x)}$$

式中,r 为植物的归一化值;x 为植物的原始值(此处指干旱胁迫与正常浇水处理的生物量比值的原始值);$\text{Min}(x)$ 为各植物原始值中的最小值;$\text{Max}(x)$ 为各植物原始值中的最大值。

　　评分方法:根据前文 3.2.1 节中的公式进行评分。

4. 结果分析

　　1)干旱胁迫下植物叶片形态变化

　　表 3-16 是干旱胁迫下各草种叶片形态变化的描述。从表可见,干旱胁迫下,百喜草

叶片形态变化最慢，停止浇水 2 周后基本无变化，其他 5 种草则显著变化；停止浇水 3 周后，百喜草的叶片颜色较深，且有个别叶片的局部未发生卷曲。根据叶片卷曲、萎蔫和颜色改变的程度，可确定 6 种草类叶片形态变化从小到大排序为：百喜草＜弯叶画眉草＜狗牙根＜狼尾草和高羊茅＜白三叶。

表 3-16　干旱胁迫下植物叶片形态变化

草种	停止浇水 1 周	停止浇水 2 周	停止浇水 3 周	优劣值
百喜草	基本无变化	基本无变化	几乎全部卷曲，颜色暗绿	1
狗牙根	基本无变化	几乎全部卷曲，颜色浅绿夹浅黄	全部卷曲，颜色灰绿夹浅黄	0.5
弯叶画眉草	基本无变化	几乎全部卷曲，颜色黄绿	全部卷曲，颜色灰绿夹黄	0.75
狼尾草	基本无变化	全部卷曲、萎蔫，颜色灰绿夹黄	全部卷曲、萎蔫，颜色浅灰绿夹黄	0.25
高羊茅	基本无变化	全部卷曲、萎蔫，颜色绿夹黄	全部卷曲、萎蔫，颜色浅绿夹黄	0.25
白三叶	基本无变化	大部分卷曲、萎蔫，颜色包括暗绿、黄和近鲜绿	全部卷曲、萎蔫，颜色黄夹暗绿	0

2）恢复供水后叶片恢复情况

表 3-17 是干旱胁迫处理恢复供水后叶片恢复情况的描述。根据表中的描述，可以确定 6 种草恢复供水后叶片恢复能力的大小排序为：百喜草＞弯叶画眉草和高羊茅＞白三叶＞狗牙根和狼尾草。百喜草的恢复能力最强，停止浇水 3 周复水后，仍有少量叶片恢复正常生长（颜色恢复为原来的鲜绿色，叶片伸展），且恢复速度快。狗牙根和狼尾草无论是停止浇水 3 周还是停止浇水 2 周后再复水，都没有叶片恢复。

表 3-17　干旱胁迫处理恢复供水后叶片恢复情况

草种	停止浇水 2 周			停止浇水 3 周		优劣值
	复水 1 周后	复水 2 周后	复水 3 周后	复水 1 周后	复水 2 周后	
百喜草	保持正常生长	保持正常生长	保持正常生长	少量叶片恢复	恢复叶片新增少量	1
狗牙根	无叶片恢复	无叶片恢复	无叶片恢复	无叶片恢复	无叶片恢复	0
弯叶画眉草	基本恢复正常生长	基本恢复正常生长	基本恢复正常生长	无叶片恢复	无叶片恢复	0.7
狼尾草	无叶片恢复	无叶片恢复	无叶片恢复	无叶片恢复	无叶片恢复	0
高羊茅	无叶片恢复	个别叶片恢复	恢复叶片新增少量	无叶片恢复	少量叶片恢复	0.7
白三叶	少量叶片恢复	恢复叶片新增少量	恢复叶片长势变好	无叶片恢复	无叶片恢复，且全部枯黄	0.4

3）干旱胁迫对生物量的影响

表 3-18 是干旱胁迫与正常浇水处理的播种后 135d 生物量干重对比。干旱胁迫处理与正常浇水处理的生物量之比高，说明植物生长受干旱影响小。2 种干旱胁迫处理与正常浇水的生物量干重之比的平均值的排序为：狗牙根＞百喜草＞高羊茅＞狼尾草＞弯叶画眉草＞白三叶。干旱胁迫对生物量影响最小的是狗牙根，其次是百喜草，影响最大的是白三叶。

表 3-18　干旱胁迫与正常浇水处理的播种后 135 天生物量干重对比

草种	生物量干重测定值/（g/盆）			干旱胁迫与对照的生物量干重之比			归一化值
	对照 CK	干旱胁迫 2 周 D2	干旱胁迫 3 周 D3	原始值			
				D2 与 CK 之比	D3 与 CK 之比	平均	
百喜草	7.42	6.80	4.67	0.916	0.629	0.773	0.94
狗牙根	10.42	7.45	8.90	0.715	0.854	0.785	1
弯叶画眉草	6.78	4.89	3.63	0.721	0.535	0.628	0.20
狼尾草	9.44	6.52	6.49	0.691	0.688	0.690	0.52
高羊茅	10.14	7.04	8.08	0.694	0.797	0.746	0.80
白三叶	5.36	3.09	3.22	0.576	0.601	0.589	0

4）各草种耐旱力的评价

综合上述 3 方面，6 种草类的耐旱力以百喜草最好，其次为狗牙根、弯叶画眉草和高羊茅，再次为狼尾草，最差的为白三叶（表 3-19）。

表 3-19　供试草种耐旱力评价

草种	干旱胁迫下叶片状况赋分值	复水后叶片恢复状况赋分值	干旱胁迫与对照的生物量干重之比归一化值	原始分值	归一化评分值	耐旱力等级
百喜草	1	1	0.94	0.98	1	I
狗牙根	0.50	0	1	0.50	0.51	III
弯叶画眉草	0.75	0.7	0.20	0.55	0.56	III
狼尾草	0.25	0	0.52	0.26	0.27	IV
高羊茅	0.25	0.7	0.80	0.58	0.59	III
白三叶	0	0.4	0	0.13	0.13	V

通过实验，获得以下结果。

稀土尾砂地：草本以弯叶画眉草、狼尾草和百喜草为最佳选择，前二者在无恶劣条件下生长最好，而百喜草耐旱力特别强。狗牙根也表现不错，可适当搭配一些。高羊茅和白三叶不能越夏，不适宜在本区稀土尾砂地种植。参试灌木中，只有胡枝子适宜在稀土尾砂地种植；多花木兰和紫穗槐都表现差，不太适合在本区稀土尾砂地种植；猪屎豆不能越冬，不宜选择。

钨矿废渣地：草本以狼尾草和百喜草为最佳选择，前者在无恶劣条件下生长最好，后者耐旱力特别强。高羊茅和弯叶画眉草也表现不错。狗牙根的表现一般，可少量搭配。白三叶不能越夏，不宜选择。灌木中，多花木兰表现特别好，而紫穗槐和胡枝子都表现不好，因此可主要选择多花木兰。

3.3　矿区废弃地基质改良试验

3.3.1　稀土矿尾砂地改良技术

1. 试验设计

分别采取覆土、施肥和接种微生物菌种 3 种改良措施，通过试验研究它们对稀土尾砂地植物生长的促进作用。

1）施肥对稀土尾砂改良效果的试验

试验用稀土尾砂采自定南县下庄稀土矿废弃地。试验用植物包括狗牙根、百喜草、弯叶画眉草、狼尾草、高羊茅、白三叶和黑麦草 7 种草（蔡剑华和游云龙，1995；李德荣等，2001）。每种植物设施肥和不施肥 2 个处理，每个处理 2 个重复，共 28 盆。取大小相同的花盆，每盆装稀土尾砂 2kg（风干重量）。施肥组肥料种类和用量同前文耐旱力试验，不施肥组将草种直接播于盆中。每盆播种量：黑麦草 30 粒，其他草种同前文耐旱力试验。3～4d 浇水一次，每次浇水至约尾砂田间持水量的 60%。播种后 135d 收获，测生物量。

2）覆土对稀土尾砂地改良效果的试验

试验与稀土尾砂地植物种筛选小区试验在同一场地、同一时期进行，参试植物为弯叶画眉草和狗牙根。

设置施肥情况下的覆土与不覆土处理，将植物种筛选试验中的弯叶画眉草和狗牙根小区（共 6 个）作为不覆土+施肥处理；覆土施肥处理（2 种植物 6 个小区）均覆土 10cm 后施肥，播种后用客土薄层覆盖，其他设计（小区布设、施肥、种植、播后管理、观测采样等）与不覆土+施肥处理完全相同。覆土土源来自试验小区旁，土源处植被为稀疏的矮草，草高约 20cm。客土理化性质：有机质 0.17%，全氮 0.06%，水解性氮 65mg/kg，全磷 870mg/kg，有效磷 3.50mg/kg，速效钾 202mg/kg，全钾 5.85%，阳离子交换量 3.26cmol（+）/kg，pH6.36。

另外，还设置了覆土不施肥处理，每种植物 3 个小区，除不施肥外，其他设计与覆土施肥处理完全相同。

2011 年 11 月 3 日（播种后 198d）进行垂直拍照（用于测植被盖度）和植物样方采样，测盖度、株高、主根长、生物量鲜重和干重。

3）接菌处理对稀土尾砂地改良效果的试验

本试验在定南县下庄稀土矿废弃尾砂地布置小区进行，种植植物为弯叶画眉草。每个小区为 50cm×50cm，分为接种根瘤菌属（*Rhizobium sp.*）W33 菌株及接种 W33 灭活菌株两种处理，每个处理 3 个重复。菌种经发酵后用草炭吸附，制成固体制剂使用，使用量为 50g/m^2。植物种植采用播种方式，2011 年 4 月播种，播种后不进行浇水、除草、杀虫等管理。10 月收获植物，测定植物株高、根长、干重、固沙量。

2. 测定方法

测定方法同上文 3.3 节植物种筛选试验中的野外小区种植试验。

3. 结果分析

1）施肥对稀土尾砂的改良效果

不施肥情况下，植物生长得非常弱小，其生物量鲜重只相当于施肥处理的 0.65%～7.65%，平均为 2.69%；不施肥处理的生物量干重相当于施肥处理的 1.03%～13.03%，平均为 4.28%（表 3-20，图 3-5）。说明在稀土尾砂地进行种植，施肥是不可少的。试验中仅施基肥，按面积计算（盆内尾砂表面面积约 200cm^2），施肥量为生物有机肥 3 t/hm^2，为常规用量。说明只需施常规用量的基肥，无需施追肥，就可以保证植物在稀土尾砂上正常生长。

表 3-20　稀土尾砂地施肥与不施肥处理的生物量　　　　　　　　　　　（单位：g/盆）

植物种	鲜重			干重		
	不施肥	施肥	不施肥/施肥	不施肥	施肥	不施肥/施肥
百喜草	0.18	26.90	0.67%	0.13	7.42	1.75%
狗牙根	0.29	38.44	0.75%	0.19	10.42	1.82%
弯叶画眉草	0.09	13.75	0.65%	0.07	6.78	1.03%
狼尾草	2.24	29.27	7.65%	1.23	9.44	13.03%
高羊茅	0.43	37.1	1.16%	0.25	10.14	2.47%
白三叶	0.13	17.19	0.76%	0.08	5.36	1.49%
黑麦草	6.25	86.53	7.22%	1.78	21.21	8.39%

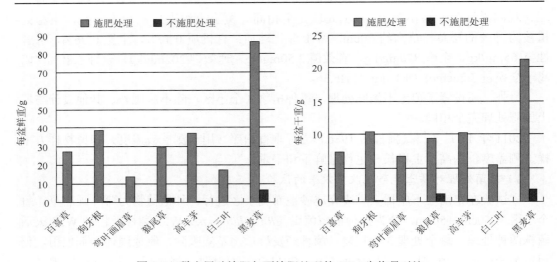

图 3-5　稀土尾砂施肥与不施肥处理的 135d 生物量对比

2）覆土对稀土尾砂地的改良效果

施肥情况下，覆土处理的株高、盖度和生物量明显高于不覆土处理，其中狗牙根覆土比不覆土生物量干重高 1.88 倍，弯叶画眉草覆土比不覆土生物量干重高 1.20 倍，而 2 种处理的主根长相差不大（表 3-21～表 3-23，图 3-6）。但相对于施肥与不施肥处理的植物生长差异，施肥情况下覆土与不覆土的植物生长差异小得多；而且不覆土情况下，植物长势尚可。只覆土不施肥处理的狗牙根未出苗；弯叶画眉草长得极其弱小，颜色土黄，要靠近小区仔细察看才能发现，远处看与裸地没有区别。这可能是客土有机质含量过低的原因。可见，用周边贫瘠的土壤覆盖，必须与施肥相结合，才能起到改良的作用。在不施肥的情况下，仅以贫瘠土壤覆盖，起不到改良的作用。

表 3-21 稀土尾砂地施肥情况下覆土与不覆土处理的株高与主根长

植物种	处理	株高/cm	主根长/cm
狗牙根	不覆土	2.1～22.7	2.5～19.3
	覆土	2.5～37.2	3.5～18.5
弯叶画眉草	不覆土	3.2～20.4	1.4～18.2
	覆土	3.5～29.1	1.0～15.5

表 3-22 稀土尾砂地施肥情况下覆土与不覆土处理的盖度

植物种	不覆土		覆土	
	样方	植被盖度/%	样方	植被盖度/%
狗牙根	样方（1）	30.2	样方（1）	70.8
	样方（2）	37.9	样方（2）	72.9
	样方（3）	37.7	样方（3）	69.1
	平均	35.3	平均	70.9
弯叶画眉草	样方（1）	56.6	样方（1）	85.1
	样方（2）	56.1	样方（2）	91.1
	样方（3）	55.9	样方（3）	88.1
	平均	56.2	平均	88.1

表 3-23 稀土尾砂地施肥情况下覆土与不覆土处理的生物量

植物种	处理	鲜重/（g/m²）			干重/（g/m²）		
		地上部	地下部	总鲜重	地上部	地下部	总干重
狗牙根	不覆土	97.6±9.4	81.5±0.4	179.1±9.1	66.9±8.2	58.1±5.0	125.1±12.7
	覆土	403.6±39.5	210.5±24.9	614.1±63.4	232.4±27.4	128.4±21.2	360.8±47.7
弯叶画眉草	不覆土	115.2±16.0	58.9±9.8	174.1±25.1	88.5±11.6	49.9±8.2	138.5±19.1
	覆土	296.1±37.9	107.5±11.0	403.6±47.0	218.1±18.0	86.9±6.7	305.1±23.0

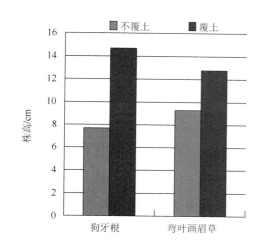

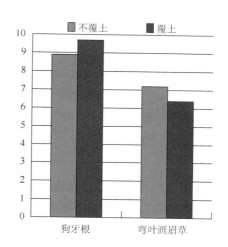

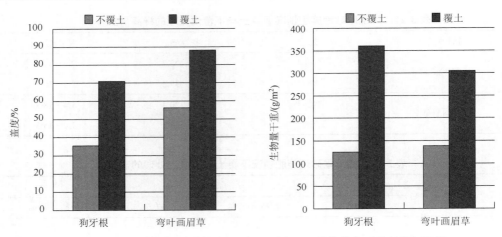

图 3-6　稀土尾砂地施肥情况下覆土与不覆土处理的植物主要生长指标比较

3）接菌处理对稀土尾砂地的改良效果

在稀土尾砂堆中，根瘤菌 W33 菌株可以促进弯叶画眉草株高和根长显著增加，分别比对照提高 46% 和 19%；植物干重增加 9%，增加不显著。菌株 W33 的接种使得植物根系发达，固沙量增加 98%（表 3-24）。

表 3-24　稀土废弃地上根瘤菌 W33 对弯叶画眉草的促生效应

处理	株高/cm	根长/cm	干重/（g/m²）	固沙量/（g/m²）
接菌	10.1±1.5	7.4±1.0	143.2±13.0	1076.9±51.4
对照	6.9±0.9	6.2±0.3	130.9±36.3	542.3±70.7

4）不同改良措施对稀土尾砂基质改良效果比较

试验表明，施肥能显著改善稀土尾砂基质条件，接菌处理也有一定的改良效果。采用覆土措施时，由于稀土尾砂地周边的山地土壤都比较贫瘠，单独覆土起不到改良作用，而在施肥的情况下，覆土能起到显著的改良作用。

从各试验中都种植的弯叶画眉草的生长状况的改善来看（以生物量干重的增加倍数来衡量），可以看出：效果最显著的是施肥（施肥比不施肥增加 95.86 倍），其次是施肥情况下覆土（覆土比不覆土增加 1.20 倍），再次是接菌（接菌比不接菌增加 9%），单独覆土起不到改良作用。

3.3.2　钨矿废渣地改良技术

1. 试验设计

1）覆土对钨矿废渣地改良效果的试验

试验在定南县岿美山钨矿废弃地布置小区进行。种植植物为百喜草、狗牙根和弯叶画眉草。每种植物设覆土与不覆土处理，每种处理 3 个重复，3 种植物共 18 个小区。每个小区面积 0.5m×1m。覆土小区的覆土厚度为 10cm，客土理化性质为：pH6.62，全 N 含量 0.022%，全磷含量 340mg/kg（P_2O_5），全钾含量 2.94%（K_2O），阳离子交换量 1.20cmol/kg，碱解氮 35.8mg/kg，速效磷 2.80mg/kg（P_2O_5），速效钾 215.9mg/kg（K_2O），有机质 0.126%，粒径<2μm 占 11.2%，粒径 2～50μm 占 81.9%，粒径 50～100μm 占 5.54%，粒径 100～250μm 占 1.17%，粒径 250～500μm 占 0.13%，粒径 0.5～1mm 占 0.00077%。不覆土小区对表层 10cm 进行整松，并清除粒径约 5cm 以上的石块。

覆土与不覆土处理均施基肥，基肥种类、用量和施肥操作同植物种筛选试验中的野外小区种植试验。

植物种植采用播种方式。播种后覆土小区用客土、不覆土小区从小区周边废渣中选取细粒物质薄层覆盖，其他（播种时间、种子用量、播后管理）同植物种筛选试验中的野外小区种植试验。

观测、采样时间和操作除样方面积为 40cm×40cm 外，其他同植物种筛选试验中的野外小区种植试验。

2）清除石砾对钨矿废渣地改良效果的试验

试验用钨矿废渣来自定南县岿美山钨矿。设置保留 20mm 以下石砾和清除石砾（清除粒径 2mm 以上全部石砾）2 种处理，种植 4 种植物：百喜草、弯叶画眉草、狼尾草和白三叶，播种量分别为每盆 30 粒、50 粒、30 粒和 40 粒，每种处理 3 个重复，共 24 盆。每盆施生物有机肥 6 克（盆内基质表面面积约 200cm²，施肥水平相当于 3t/hm²），3～4d 浇水一次，每次浇水至约田间持水量的 60%。播种后 135d 收获，测株高和生物量。

3）接菌处理对钨矿废渣地改良效果的试验

试验在定南县岿美山钨矿布置小区进行。2011 年 4 月播种，种植弯叶画眉草，每个小区为 1m×1m，分为接种根瘤菌属 W33 菌株及接种 W33 灭活菌株两种处理，每个处理 3 个重复。菌种经发酵后用草炭吸附，制成固体制剂使用，使用量为 150g/m²。田间试验不进行浇水、除草、杀虫等管理。2011 年 10 月收获植物，测定植物株高和干重。

2. 测定方法

株高：对盆栽试验，测定每盆全部植株的株高，计算平均值。小区试验株高的测定方法同植物种筛选试验中的野外小区种植试验。测定的株高为生理株高，即植株拉直后所具有的最大高度。

植被盖度、主根长、生物量：测定方法同植物种筛选试验中的野外小区种植试验。

3. 结果分析

1）覆土对钨矿废渣地的改良效果

3 种植物在钨矿废渣地覆土处理的株高、主根长、盖度和生物量都高于不覆土处理（表 3-25～表 3-27，图 3-7）。其中，生物量差别最大，百喜草、狗牙根和弯叶画眉草生物量干重在覆土时分别为 633.9g/m²、436.0g/m² 和 1053.0g/m²，不覆土时分别为 175.6g/m²、193.2g/m² 和 324.2g/m²，覆土比不覆土分别高出 2.61 倍、1.26 倍和 2.25 倍。

表 3-25　钨矿废渣地覆土与不覆土处理的株高与主根长

植物种	处理	株高/cm	主根长/cm
百喜草	不覆土	2.5～21.0	0.8～13.2
	覆土	4.2～38.0	2.1～30.0
狗牙根	不覆土	2.5～25.2	1.0～19.8
	覆土	3.0～34.2	1.2～25.2
弯叶画眉草	不覆土	5.0～57.1	0.6～16.6
	覆土	6.8～91.5	1.0～24.0

表 3-26　钨矿废渣地覆土与不覆土处理的盖度　　　　　　　　（%）

植物种	不覆土植被盖度	覆土植被盖度
百喜草	44.3±1.9	76.8±4.2
狗牙根	65.7±1.3	68.9±3.2
弯叶画眉草	92.8±3.7	100

表 3-27　钨矿废渣地覆土与不覆土处理的生物量

植物种	处理	鲜重/（g/m²）			干重/（g/m²）		
		地上部	地下部	总鲜重	地上部	地下部	总干重
百喜草	不覆土	327.5±39.1	136.9±5.1	464.4±43.5	118.2±7.6	57.4±3.8	175.6±9.5
	覆土	902.3±66.6	389.6±54.3	1291.9±107.4	415.4±12.1	218.5±14.6	633.9±25.1
狗牙根	不覆土	174.2±20.0	101.9±12.0	276.1±30.0	117.8±13.7	75.4±3.3	193.2±16.2
	覆土	597.9±125.9	311.7±38.8	909.6±153.3	278.8±45.1	157.2±23.5	436.0±63.8
弯叶画眉草	不覆土	369.2±84.3	62.7±3.9	431.9±85.6	274.9±47.6	49.3±3.0	324.2±45.9
	覆土	1464.2±195.7	134.8±10.7	1599.0±205.6	958.6±80.9	94.4±3.6	1053.0±84.5

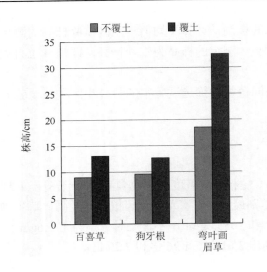

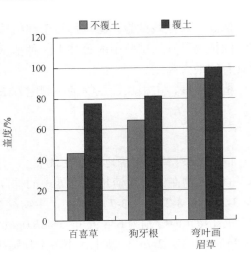

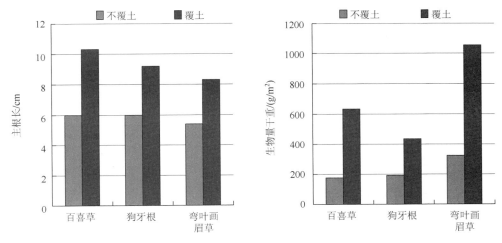

图 3-7　钨矿废渣地覆土与不覆土处理的植物主要生长指标比较

2）清除石砾对钨矿废渣地的改良效果

播种后 135d，4 种植物的株高和生物量都是清除石砾处理不同程度地大于保留 20mm 以下石砾处理。其中，弯叶画眉草清除石砾后生长状况改善最大，株高和生物量干重分别增加 44% 和 161%（表 3-28，图 3-8）。

表 3-28　清除石砾对钨矿废渣基质上植物生长的影响

植物种	135d 平均株高			135d 生物量干重		
	不同处理的株高/cm		清除石砾比保留 20mm 以下石砾增加/%	不同处理的生物量/（g/盆）		清除石砾比保留 20mm 以下石砾增加/%
	保留 20mm 以下石砾	清除石砾		保留 20mm 以下石砾	清除石砾	
百喜草	27.1	35.4	31	0.75	1.38	84
弯叶画眉草	54.8	78.8	44	1.07	2.79	161
狼尾草	27.3	38.3	40	1.48	2.54	72
白三叶	5.5	7.4	35	0.29	0.47	62

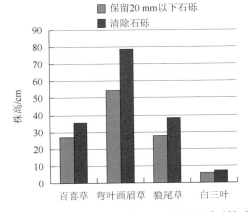
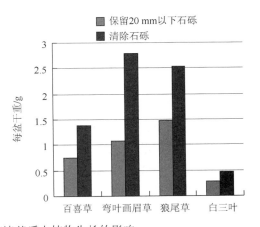

图 3-8　清除石砾对钨矿废渣基质上植物生长的影响

3）接菌处理对钨矿废渣地的改良效果

在钨矿废渣中，根瘤菌 W33 菌株可以促进弯叶画眉草株高和干重显著增加，分别比对照提高 30%和 43%（表 3-29）。

表 3-29　钨矿废弃地上根瘤菌 W33 对弯叶画眉草的促生效应

处理	株高/cm	干重/（g/m²）
接菌	18.7±0.7	392.4±63.7
对照	14.4±1.2	274.7±39.4

4）不同改良措施对钨矿废渣改良效果比较

试验表明，覆客土（施肥情况下）、清除石砾和接菌处理都能促进钨矿废渣上植物的生长。从各试验中都种植的弯叶画眉草的生长状况的改善来看（以生物量干重的增加倍数来衡量），可以看出：效果最显著的是施肥情况下覆土（比只施肥不覆土高出 2.25 倍），其次是清除石砾（比保留 20mm 以下石砾增加 161%），再次是接菌（比不接菌增加 43%）。与稀土尾砂地相比，钨矿废渣地覆土（施肥情况下）和接菌的改良作用更明显（同一试验期内，稀土尾砂地施肥情况下覆土比不覆土的弯叶画眉草干重增加 1.20 倍，接菌比不接菌的弯叶画眉草干重增加 9%）。虽然未进行施肥对钨矿废渣地改良作用的试验，但从钨矿的养分情况看，其有机质和氮素含量都极低，可以推断施肥的改良作用应当是最大的，也是必需的。

基于上述研究工作，本课题研发了一种尾矿堆植被恢复技术，利用筛选出适宜于钨矿废渣地和稀土尾砂堆种植的植物品种，配以基质改良和坡地整理，实现无覆盖土直接种植，可用于废弃尾矿堆的植被恢复。

3.4　示　范　工　程

3.4.1　示范工程概况

东江源矿区水土流失控制示范工程包括 2 处：下庄稀土矿尾砂地水土流失控制示范工程和岿美山钨矿废渣地水土流失控制示范工程。

1. 下庄稀土矿尾砂地水土流失控制示范工程场地基本情况

定南县下庄稀土矿尾砂地位于该县历市镇下庄村北部。该矿开采始于 20 世纪 80 年代初，采矿方法为池浸与堆浸法。下庄稀土矿分布有采剥区 18 个，采剥量 61.46×10⁴m³；尾砂堆积区 18 个，堆积量 47.35×10⁴m³；淤积区 7 个，淤积量 27.06×10⁴m³。废弃地总面积为 17.84 hm²，其中尾砂堆积地 7.27 hm²（其余为采矿裸露地 8.64 hm²，浸矿池遗留地 1.93 hm²）。

1）位置与面积

下庄稀土矿尾砂地水土流失控制示范工程位于江西定南县历市镇下庄村对门排自然村以北直线距离约 1km 处的虎形坳（图 3-9）。工程区经纬度范围大致为 115°03′55″～

115°04′01″E，24°48′33″～24°48′42″N，总面积约 1.53hm²。

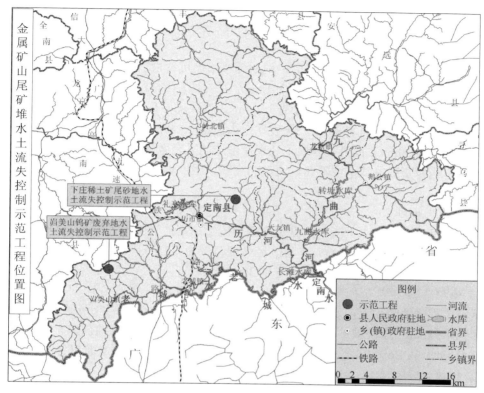

图 3-9 矿区水土流失控制示范工程位置图

2）地形

示范工程区 1.53hm² 废弃尾砂地中，平地和近平地面积约 1.20hm²，陡坡地（坡度 35°～38°）面积约 0.33hm²。工程区北、西、东三面环山，地形北高南低，最高点在工程区最北端，海拔约 347m；最低点为工程区最南端的拦砂坝坝顶，海拔约 308m。工程区分为 3 部分：南部和中部为尾砂淤积地，它们被一条道路隔开；北部为尾砂坡地，包括 5 个陡坡地和 1 片缓倾斜的近平地。

经长期侵蚀，陡坡地上形成了许多侵蚀沟，其中西北部的 2 个坡地各有数条宽而深的冲沟，这些冲沟上口最宽处约 2～8m，最深处约 2～6m，冲沟成为这两个坡的主体，相邻两条冲沟之间的部分很窄，基本上呈脊状，有如斧刃朝上。

3）植被

稀土尾砂场条件十分恶劣，示范工程建设前，几乎没有植物生长。示范工程区稀土尾砂理化性质见前文 3.1.1 节部分。

2. 岿美山钨矿废弃地水土流失控制示范工程场地基本情况

岿美山钨矿地处江西定南县岿美山镇，与龙南县接壤，距定南县城 36km，地理坐标为：114°52′35″～114°54′16″E，24°40′01″～24°43′35″N。岿美山钨矿始采于 1918 年，解放后由国家列为重点矿山，1960 年 7 月国家投资 3700 多万元，建成年开采原料矿 75 万 t、年选矿处理能力为 61 万 t 的大型机械化矿山。1996 年 12 月，岿美山钨矿正式停产。

据《江西省定南县岿美山钨矿矿山地质环境治理可行性研究报告》显示，岿美山矿区因开采而侵占或破坏土地总面积为 261.8hm²，主要为山林地，少部分为农田。其中主平窿和三夹水两大采区采矿场侵占土地 1.6hm²，露采场破坏土地 12.7hm²，各窿口山坡及沟谷堆放废石占用土地 88.8hm²，尾砂库占用土地 12.4hm²，水土流失或泥石流淤塞河道与冲毁农田 66.6hm²。此外，因地下开采而形成的采空区面积 29.7hm²，其地表土地功能因地面塌陷和变形也基本被破坏。大量的废石、尾砂堆积，诱发了多次崩塌、滑坡和泥石流灾害。

1）位置与面积

岿美山钨矿废弃地水土流失控制示范工程位于定南县岿美山钨矿七号窿以北，行政区划属定南县老城镇（图 3-9）。工程区经纬度范围为 114°53′18.26″～114°53′23.50″E，24°42′55.34″～24°43′1.83″N，总面积约 1.53hm²。

2）地形

示范工程区地势由南向北逐渐降低，南部最高点海拔 800m，北部最低点海拔 736m。在总面积 1.53hm² 中，陡坡地（坡度 25°以上）0.84hm²，占 54.9%；缓坡地（坡度一般 5°～15°）0.41hm²，占 26.8%；平地、近平地 0.28hm²，占 18.3%。陡坡地面积占了一半以上。

3）植被

钨矿废渣地条件十分恶劣，示范工程场地范围内，地表几乎没有植物生长。钨矿废渣理化性质见前文 3.1.2 节部分。

3.4.2 示范工程设计

1. 岿美山钨矿废弃地水土流失控制示范工程

结合定南县岿美山钨矿尾矿库的运行现状及渗出水水质现状，在该示范工程点，尾矿库的污染控制包括重金属污染控制及水土流失的防治，目标为：尾矿堆的植被覆盖率达 50%以上，渗出水中典型重金属镉的去除率维持 30%以上。因此，选择应用了东江源矿区重金属污染源头控制技术集成体系中所有关键技术，其中在钨矿废渣地采用了尾矿钝化技术和废弃尾矿堆植被恢复技术，在尾矿库渗出水处建设了吸附拦截装置，采用了水体重金属吸附去除技术。

1）截坡

对坡长过大的陡坡地，用挖掘机沿其走向开挖宽度 2～3m、沿走向缓倾斜而沿坡向水平的通道，既作为作业通道，又起到将长坡截成短坡的作用。截坡后每一阶梯最大高度一般控制在 8m 以内，边坡坡度一般控制在 40°以下。

2）大石块清理

将陡坡坡面上的大石块翻至坡脚，缓坡地和平地地表的大石块清理至靠近的陡坡坡脚，然后将其垒成稳固的石堤，这些石堤可起到拦截陡坡上滚落下来的石砾泥沙的作用。为保证石堤稳固，在垒砌石堤之前，需将石堤基部原地面整平或外侧略高。石堤的分布见图 3-10。

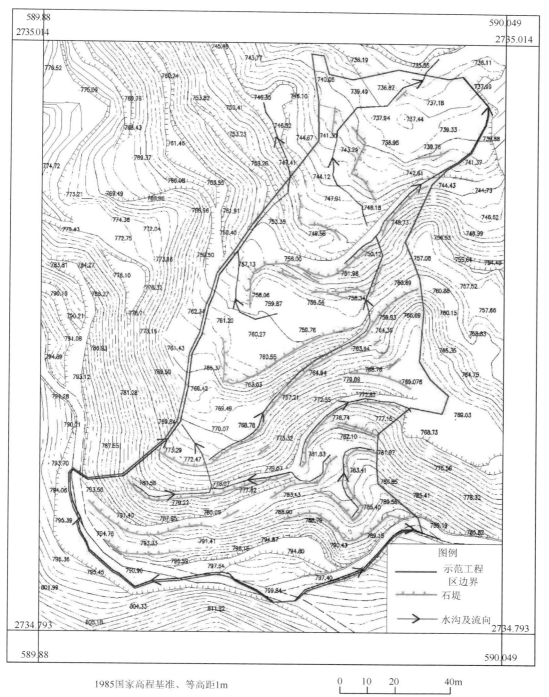

1985国家高程基准、等高距1m

图 3-10　岿美山钨矿废弃地水土流失控制示范工程截排水沟和石堤布局

3）截排水沟修建

示范工程场地的地形南高北低。为使场地外洪水不汇入场地内，在场地的南、西、东侧修建截水沟。在场地内开挖排水沟，排水沟一般布局在陡坡坡脚石堤外侧，与石堤保持一定距离（50cm左右），保证石堤稳定。排水沟宽、深一般为20～40cm。排水沟布局见图3-10。

4）整地与种植

a. 陡坡地坡面整理与种植

陡坡地采用等高窄条带（或品字型穴）整地播种草灌乔的模式。根据能否通过适当清除表层（5～10cm）石块后形成黏粒和砂粒为主的表层，等高窄条带整地包括等高窄台阶和水平浅沟两种方式。

对表层（5～10cm）以黏粒和砂粒为主，或通过适当清除石块后能形成黏粒和砂粒为主的表层的区域，采用"开挖等高窄台阶（或品字型穴）+清除表层石块+施肥+播种草灌乔"的模式。台阶宽一般15～20cm，台阶高度30cm左右；种植穴呈品字型布置，穴径一般15～20cm，沿坡的走向，相邻穴之间大致间隔一个穴的距离。上下两排穴保持适当距离，以保证穴的稳定。开挖产生的松散物中，细粒物尽量保留在台阶面（或穴面）上，较大的碎石清理至坡脚石堤内侧蓄积。在开挖的台阶（或种植穴）上，施肥后进行播种。在蓄积的碎石带上挖浅沟，填入厚10cm左右客土后施肥播种。

对石砾含量过高、无法通过适当清除石块形成黏粒和砂粒为主的表层的区域，采用"开挖水平浅沟（或品字型穴）+填适量客土+施肥+播种草灌乔"的模式。水平沟上宽和穴径一般15～20cm，相邻水平沟和种植穴的间距视情况确定，以保证废石边坡稳定为原则。水平沟（或种植穴）填厚度10cm左右客土后，施肥播种。

肥料采用生物有机肥，用量2.5t/hm²。用手将撒下的肥料和表层基质进行混合，然后播种（混播），植物种类包括：草本百喜草、狗牙根、弯叶画眉草、狼尾草、高羊茅，灌木多花木兰和紫穗槐，以及乔木刺槐，种子用量约300kg/hm²。撒下种子后，用手对表层进行翻混，尽量减少种子暴露，或以薄层土覆盖种子。

在陡坡坡脚石堤和排水沟之间，布置一条香根草带和一条灌木播种带。香根草株距20cm左右，挖小穴后，在穴中施适量基肥（用生物有机肥），将肥料与底土拌匀，然后栽植，栽后浇水2～3次。灌木播种带采用多花木兰和紫穗槐混播。

陡坡地整地种植模式见图3-11。

b. 缓坡地坡面整理与种植

对表层（5～10cm）以黏粒和砂粒为主，或通过适当清除石块后能形成黏粒和砂粒为主的表层的区域，采用"水平宽台阶整地+清除表层石块+挖穴施肥栽植乔木+施肥播种草灌乔"的模式。先开挖水平台阶，台阶高15～25cm，宽度视原地面坡度而定，坡度小则台阶宽，一般30～60cm，然后对台阶面表层进行松土，松土厚度一般5～10cm，并开挖植树穴。将挖台阶、松土、挖树穴中遇到的石块堆积在台阶边坡，然后在台阶面上种植。先栽植乔木马尾松和杉，栽植密度为行株距约1m×1m。在穴中施适量基肥（用生物有机肥），将肥料与底土拌匀，然后栽植马尾松、杉带土球苗，栽后浇水2～3

次。植苗完成后，整平台阶，在台阶面上撒施基肥（用生物有机肥），用量 2.5t/hm²。用普通农用耙子将肥料和表层土壤进行混合，然后撒播种子（混播，植物种类同上），种子用量约 300kg/hm²。撒下种子后，用普通农用耙子对表层进行翻混，尽量减少种子暴露。

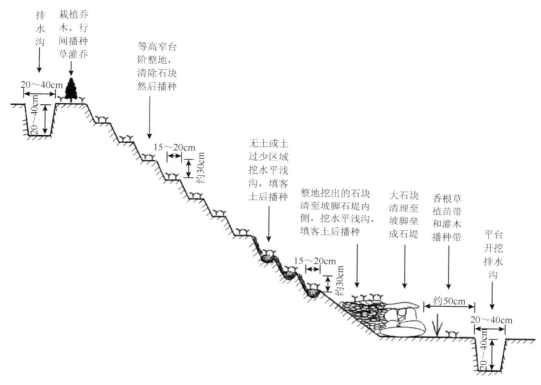

图 3-11　陡坡地整地种植模式示意图

对石砾含量过高、无法通过适当清除石块形成黏粒和砂粒为主的表层的区域，采用"开挖水平沟+填适量客土+施肥+播种草灌乔"的模式。水平沟上宽一般 20～30cm，水平沟填厚度 10cm 左右客土后施肥播种。植物种类、播种方法、肥料和种子用量同上述水平宽台阶。

图 3-12 为缓坡地整地种植模式示意图。

c. 平地和近平地整地与种植

平地和近平地采用"平整+带状松土+清除表层石块+挖穴施肥栽植乔木+施肥播种草灌乔"的模式（图 3-13）。

平整的要求主要是消除暴雨时可能发生积水的洼地。松土按带状进行，石块多的区域，松土条带窄一些，石块少的区域，松土条带宽一些，条带宽度一般为 0.5～1.0m。松土厚度一般 5～10cm。松土的同时，以适宜的造林密度开挖植树穴。将松土和挖树穴中遇到的石块堆成宽 10～20cm、高 10cm 以内的断续窄条带（堆成连续的窄条带，可能会造成暴雨时排水受阻，因此宜断续堆放）。

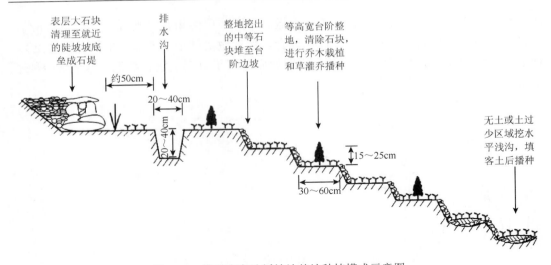

图 3-12　钨矿废弃地缓坡地整地种植模式示意图

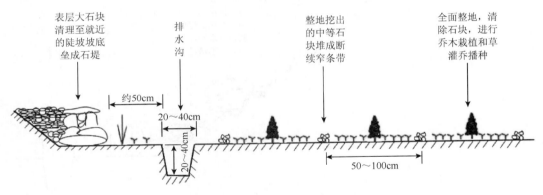

图 3-13　平地和近平地整地种植模式示意图

　　种植时，先栽植马尾松、杉带土球苗，然后在乔木行间撒施基肥，进行播种。栽植密度和方法、肥料用量和施肥方法、播种植物种类、种子用量和播种方法同上述水平宽台阶。

　　工程区整地与种植模式的布局见图 3-14。

2. 下庄稀土矿尾砂地水土流失控制示范工程

　　结合定南县下庄稀土矿尾矿库的运行现状及渗出水情况，在该示范工程点，工程的污染控制以防治水土流失为主，尾矿堆的植被覆盖率达 50% 以上。为此，主要应用了东江源矿区重金属污染源头控制技术体系中的废弃尾矿堆植被恢复技术。

　　1）修建排水沟

　　北部尾砂坡地经长期流水侵蚀，已形成了自然排水沟。人工修建排水沟主要在南部和中部。

　　在南部尾砂淤积地靠近东、西两边山坡坡脚处各修建一条宽、深均为 80cm 的砖砌截洪沟，拦截两边山坡的汇水，排入坝下，保证尾砂坝的安全。在中部尾砂淤积地开挖排水沟，将北部自然排水沟和南部截洪沟连接起来，形成完整的截排水系统。中部尾砂淤积地的排水沟边坡用透水砂袋（编织袋装砂）防护，既能防止沟坡崩塌，又使水流能够侧渗，有利于植物生长。排水沟布局见图 3-15。

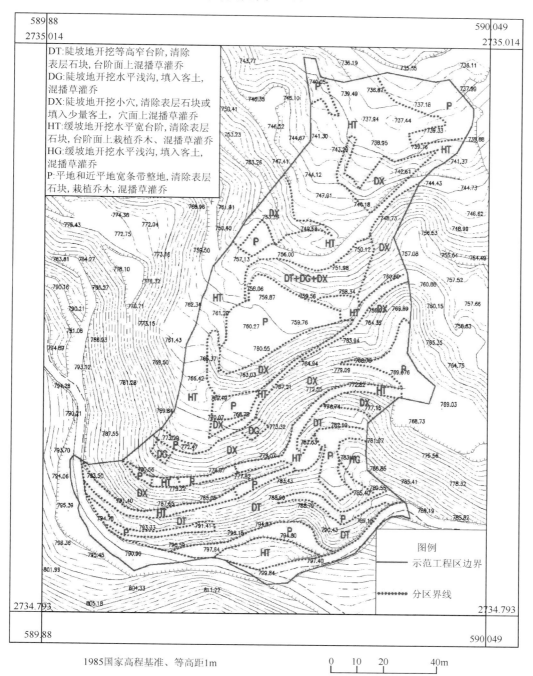

图 3-14　工程区整地与种植模式布局图

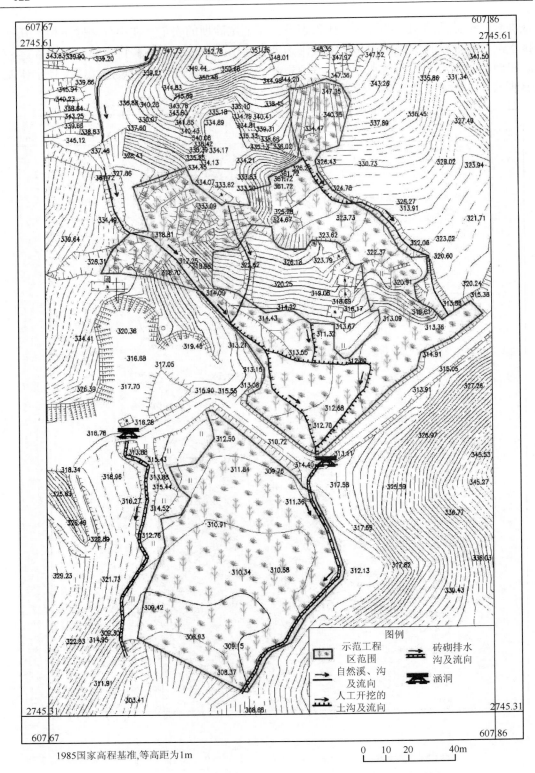

1985国家高程基准,等高距为1m

0 10 20   40m

图 3-15　下庄稀土矿尾砂地水土流失控制示范工程排水沟布局图

2）植物选种

择植物种时，应乔、灌、草结合，多树种和多草种搭配。所选植物种应具有下列特点：适应当地气候；耐瘠薄、干旱和酸性；生长快；种子或苗木在市场上容易购买。在满足上述要求的前提下，尽量选择能与当地产业相结合、经济效益好的植物种。

根据本课题进行的小区试验和工程示范，以及在江西、福建、广东的稀土尾砂地进行的相关研究的总结，以下植物种适宜在东江源及周边地区稀土尾砂地上种植，可参考选择：乔木南岭黄檀（*Dalbergia balansae*）、南酸枣、马尾松、湿地松（*Pinus elliottii*）、巨桉、板栗（*Castanea mollissima*）、芙蓉李（*Prunus salicina*）、脐橙（*Citrus sinensis*），灌木美丽胡枝子（*Lespedeza Formosa*）、胡枝子、草本香根草（*Vetiveria zizanioides*）、宽叶雀稗（*Paspalum wettsteinii*）、马唐（*Digitaria sanguinalis*）、糖蜜草（*Melinis minutiflora*）、鸭跖草（*Commelina communis*）、金色狗尾草（*Setaria glauca*）、卡松古鲁狗尾草（*Setaria anceps*）、百喜草、狗牙根、弯叶画眉草、狼尾草、象草（*Pennisetum purpureum*）。

3）陡坡地坡面整理与种植

陡坡地采用"香根草等高种植带+水平台阶草灌混播带"模式。

按从坡顶到坡底的作业顺序，开挖水平台阶和种植穴。种植穴用于种植香根草，沿等高线布置，株距 20～30cm，相邻两条香根草带沿坡长方向的距离为 1.2m。相邻两条香根草带之间开挖两条水平台阶，用于播种草灌。水平台阶高度 25cm 左右，台阶面宽度 15cm 左右。台阶边坡坡度视尾砂固结松紧情况，大体在 60°～80°，尾砂松散时坡度小一些，尾砂紧实时坡度大一些。对施工产生的松散尾砂，种植穴旁留下用于种植时回填的部分，台阶面上留少许用于施肥和播种时与肥料和种子混合，多余的部分逐级清理至坡底，堆成缓坡。

对相邻两条侵蚀沟之间呈脊状的部分，先进行削顶处理，即把顶部削掉一部分，直至有一定宽度（大约 50～60cm），再开挖水平台阶，在台阶上种植。对侵蚀沟壁，根据其坡度和深度情况，采取开挖水平窄台阶播种或种植藤本植物沿沟壁生长的措施。对于坡度相对小（坡度约 70°以下）、有条件开挖水平窄台阶的，开挖水平窄台阶（台阶宽度 10cm 左右）后播种。对于近直立的，如沟壁深度不大、又有削坡条件的，采取削坡开挖窄台阶后播种的措施；如沟壁太深，或不具备削坡条件，则在沟壁顶部台阶上种植藤本植物（如葛藤），通过藤本植物沿峭壁向下生长，恢复植被，保持水土。

种植时，先种植香根草和葛藤，在种植穴内施适量基肥，将肥料与底土拌匀，然后栽植，栽后浇水 2 次。植苗完成后，在水平台阶上进行施肥和播种。先撒施基肥（生物有机肥，用量 2.5t/hm²），用手将肥料和表层尾砂混合。然后撒播百喜草、狗牙根、弯叶画眉草、狼尾草、胡枝子、多花木兰、紫穗槐和刺槐种子（混播），种子用量 200kg/hm²（20g/m²）。撒下种子后，用手将表层翻混，尽量减少种子暴露。

4）平地、近平地整理与种植

平地、近平地采用"全面整地+栽植乔木+行间混播草灌"模式。

先进行平整，以消除暴雨时可能发生积水的低洼地。平整后，对表层硬实的区块进行松土作业，松土厚度 0.10m 以上，松后尾砂呈细碎状。

种植时，先挖穴植树。按行株距 3m×2m 挖种植穴，在穴内施适量基肥，将肥料与底土拌匀，然后栽植，树种包括巨桉和南酸枣 2 种，栽后浇水 2 次。植苗完成后，进行播种作业。先撒施基肥（生物有机肥，用量同上），将其与表层尾砂进行混合，然后撒播种子（混播），植物种类同坡地。撒下种子后，对表层 3～5cm 进行翻耙，尽量减少种子暴露。

不同地形区域的整地与种植模式见图 3-16，工程区整地与种植模式的布局见图 3-17。

3.4.3　示范工程运行及效果

1. 肖美山钨矿废弃地水土流失控制示范工程

示范工程于 2011 年 2～4 月施工。种植植被前，先在选定区域喷洒钝化剂。运行至当年 12 月，示范工程平均植被盖度达到 58%，灌木层高度普遍达到 0.5～1.0m。到次年 9 月，平均植被盖度达到 72%，灌木层高度普遍达到 1.0～2.0m。图 3-18 为示范工程建设前后对比照片（彩图附后）。

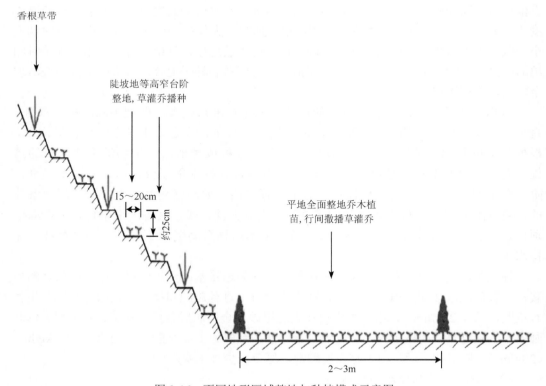

图 3-16　不同地形区域整地与种植模式示意图

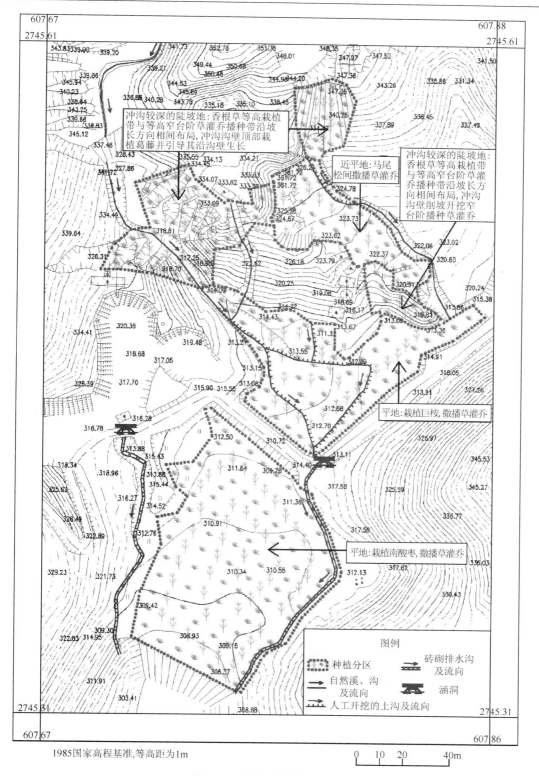

图 3-17　整地种植模式布局

(a)

(b)

图 3-18　东江源矿区污染综合控制技术示范工程（钨矿）实施前后对照

注：（a）为工程实施前；（b）为工程实施后

2. 下庄稀土矿尾砂地水土流失控制示范工程

　　示范工程于 2011 年 2~4 月施工。当年 12 月，平均植被盖度达到 66%，主要乔木树种巨桉的平均株高由种植时的 1.03m 增加到 2.03m。到次年 9 月，平均植被盖度达到79%，巨桉的平均株高达到 2.98m。图 3-19 为示范工程建设前后对比照片（彩图附后）。

(a)

(b)

图 3-19　工程实施前后对照

注：（a）为工程实施前；（b）为工程实施后

3.4.4　南方稀土矿废弃地生态修复技术规范

1. 范围

本标准规定了南方稀土矿废弃地生态修复的原则、基本模式、整地、植物种选择、种植、种植后管理等的技术要求。

本标准适用于江西、福建、广东、湖南、广西的稀土矿废弃地生态修复。

2. 规范性引用文件

本标准内容引用了下列文件中的条款。凡是不注日期的引用文件，其有效版本适用于本标准。

GB/T 16453.2　水土保持综合治理　技术规范　荒地治理技术

3. 术语和定义

下列术语和定义适用于本标准。

1）稀土矿废弃地

稀土矿开采中因剥离、采掘、选矿等造成破坏的土地，包括采矿裸露地、浸矿池遗留地、尾矿砂堆积地等。

2）生态修复

利用生态系统的自组织和自调节能力，辅以人工促进措施，使退化的生态系统逐步恢复或使生态系统向良性循环方向发展。

3）场地整备

对废弃地进行杂物清理、地形整理（平整、挖水平台阶、填充坑穴等）、覆土等处理，使场地满足植物种植的要求。

4. 总则

（1）废弃地形成后，应及时进行生态修复。

（2）稀土矿废弃地的生态修复，应以生态效益为主，兼顾经济效益。

（3）在必要的人工促进措施下，充分发挥生态系统的自我恢复能力。

5. 不同类型废弃地修复基本模式

1）尾砂地

（1）起伏和缓的尾砂地。采用平整-植树为主-乔灌草（或农林结合）结合全面种植模式。在平整场地的基础上，选择与当地产业发展相结合、经济效益较好的经济林、果木林、用材林树种，并在林间种植草灌类或农作物。

（2）陡坡地。采用等高条带整地-种植密集草灌带为主的模式。在等高条带整地的基础上，种植密集的草灌等高条带，拦截流失泥沙。根据需要，可配合种植一定的乔木。

2）采矿裸露地

采用开凿水平沟（或品字型穴）-充填物料种植草灌的模式。开凿水平沟或品字型穴，在沟（穴）中填入客土或尾砂，种植草灌。

3）浸矿池遗留地

采用充填-乔灌草结合模式。用稀土尾砂将浸矿池填充为平地，进行乔灌草种植。

6. 场地整备

1）尾砂地

a. 起伏和缓的尾砂地

（1）场地上方汇水面积较大时，在场地周边开挖排水沟。

（2）对起伏不平的区域进行平整，消除低洼积水坑，并使坡度较大的区块降至5°以下。

（3）平整后，对表层硬实的区块进行松土作业，松土厚度0.10m以上，松后尾砂呈细碎状。

（4）按"7.植物种选择和种植施工"中规定的造林密度开挖种植穴或种植沟。用于植苗的种植穴（沟）的规格根据不同树种和树苗情况确定，以植物根系舒展为标准，一般穴径（沟宽）和穴深（沟深）为，种植乔木时0.4m左右，种植灌木时0.3m左右，种植果树时0.8~1.0m。播种时的穴径（沟宽）0.2~0.3m，穴深（沟深）0.15~0.20m。

b. 陡坡地

（1）按从坡顶到坡底的作业顺序，开挖水平台阶和种植穴。对施工产生的松散尾砂，种植穴旁留下用于种植时回填的部分，台阶面上可留少许用于施肥和播种时与肥料和种子混合，多余的部分逐级清理至坡底，堆成缓坡。

（2）水平台阶高度25cm左右，台阶面宽度15cm左右。台阶边坡坡度视尾砂固结松紧情况，大体在 60°～80°，尾砂松散时坡度小一些，尾砂紧实时坡度大一些。

（3）开挖用于种草的种植穴时，种植穴应沿等高线布置，穴距应尽可能小，以便形成密集的草带。

　　2）采矿裸露地

开凿水平沟，或品字型种植穴，在沟（穴）中填入客土或尾砂，形成可供种植的条带或穴。沟、穴的深度应达到可使填充的物料厚度达到 15cm 左右。

　　3）浸矿池遗留地

用浸矿池附近的稀土尾砂，将浸矿池填充为平地，参照上文"1）-a.-（3）"的规定开挖种植穴或种植沟。

7. 植物种选择和种植施工

　　1）植物种选择

（1）在稀土矿废弃地上种植，应实行乔、灌、草结合，多树种和多草种搭配。

（2）所选植物种应具有下列特点：适应当地气候；耐瘠薄、干旱和酸性；生长快；在满足上述要求的前提下，尽量选择能与当地产业相结合、经济效益好的植物种。

（3）表 3-30 列出了在南方稀土矿废弃地已经应用、能适应其环境的植物种，供选择植物种时参考。

表 3-30　稀土矿废弃地适宜植物种及其应用情况

植物名称	应用矿区	表现
乔木		
南岭黄檀（*Dalbergia balansae*）	江西寻乌县稀土分组厂尾砂地	+
南酸枣（*Choerospondias axillaris*）	江西定南县历市镇下庄稀土矿区	+
	江西定南县历市镇下庄稀土矿区	+
马尾松（*Pinus massoniana*）	福建长汀县河田镇芦竹村稀土矿废弃区	+
	江西寻乌县稀土分组厂尾砂地	—
湿地松（*Pinus elliottii*）	江西寻乌县稀土分组厂尾砂地	+
	江西寻乌县文峰乡石排村双茶亭稀土矿区	
	福建长汀县三洲乡三洲村稀土废矿区	+
巨桉（*Eucalyptus grandis*）	江西定南县历市镇下庄稀土矿区	+
	江西寻乌县文峰乡石排村双茶亭稀土矿区	
板栗（*Castanea mollissima*）	福建长汀县河田镇芦竹村稀土矿废弃区	+
芙蓉李（*Prunus salicina*）	江西寻乌县稀土分组厂尾砂地	+
脐橙（*Citrus sinensis*）	江西寻乌县稀土尾砂地	+
灌木		
美丽胡枝子（*Lespedeza Formosa*）	江西寻乌县稀土分组厂尾砂地	+
	福建长汀县河田镇芦竹村稀土矿废弃区	+
胡枝子（*Lespedeza bicolor*）	福建长汀县三洲乡三洲村稀土废矿区	+
	江西定南县历市镇下庄稀土矿区	+

植物名称	应用矿区	表现
草本		
香根草（*Vetiveria zizanioides*）	福建长汀县三洲乡三洲村稀土废矿区	+
	江西全南县大吉山矿区稀土开采废弃地	+
	江西定南县历市镇下庄稀土矿区	+
	江西寻乌县文峰乡石排村双茶亭稀土矿区	
	广东平远县仁居稀土矿	+
宽叶雀稗（*Paspalum wettsteinii*）	江西寻乌县稀土分组厂尾砂地	+
	福建长汀县河田镇芦竹村稀土矿废弃区	+
	福建长汀县三洲乡三洲村稀土废矿区	+
	江西寻乌县文峰乡石排村双茶亭稀土矿区	
狼尾草（*Pennisetum alopecuroides*）	福建长汀县河田镇芦竹村稀土矿废弃区	+
	江西定南县历市镇下庄稀土矿区	+
马唐（*Digitaria sanguinalis*）	江西寻乌县稀土分组厂尾砂地	+
	福建长汀县河田镇芦竹村稀土矿废弃区	+
糖蜜草（*Melinis minutiflora*）	福建长汀县河田镇芦竹村稀土矿废弃区	+
	江西龙南县稀土矿区	+
百喜草（*Paspalum notatum*）	江西定南县历市镇下庄稀土矿区	+
	江西寻乌县文峰乡石排村双茶亭稀土矿区	
狗牙根（*Cynodon dactylon*）	江西定南县历市镇下庄稀土矿区	+
弯叶画眉草（*Eragrostis curvula*）	江西定南县历市镇下庄稀土矿区	+
鸭跖草（*Commelina communis*）	福建长汀县三洲乡三洲村稀土废矿区	+
金色狗尾草（*Setaria glauca*）	江西寻乌县稀土分组厂尾砂地	+
	福建长汀县河田镇芦竹村稀土矿废弃区	+
卡松古鲁狗尾草（*Setaria anceps*）	福建长汀县河田镇芦竹村稀土矿废弃区	+
象草（*Pennisetum purpureum*）	福建长汀县河田镇芦竹村稀土矿废弃区	+

注："表现"一列中，"+"表示好，"–"表示不好，空白表示不详

2）种植

a. 平整的尾砂地和浸矿池充填地

（1）选择合适的用材林、经济林或果木林树种，进行植苗造林。用材林密度为每公顷 2000～5000 株，经济林与果树密度为每公顷 1000～2000 株。栽植前在种植穴中施适量基肥，与底土拌匀。栽植时将苗扶直、栽正，根系舒展、深浅适宜，填土（尾砂）后分层踩实。栽后浇水 2～3 次。

（2）植苗及栽后浇水完成后，在栽植的植物行间播种。先撒施基肥，将其与表层尾砂进行混合，然后撒播种子（一般采用多种草灌混播），并对表层 3～5cm 进行翻耙，使种子尽可能多地被尾砂盖住。

b. 尾砂坡地

（1）尾砂坡地以等高条带播种草灌为主。如需植苗，应在播种前完成植苗。植苗造林密度视具体情况确定，一般小于平地。施基肥和苗木栽植方法同上文"2）-a.-（1）"。

（2）完成植苗后，在开挖的水平台阶上播种。先在台阶面上撒施基肥，将其与台阶面上的松散尾砂混合，然后撒播种子，在台阶边坡轻轻挖取少许尾砂，用挖取的尾砂将播下的种子薄层覆盖，或通过与表层尾砂混合，使种子尽可能多地被尾砂盖住。

c. 采矿裸露地

采用播种方式种植。在充填后的条带或穴面上撒施基肥，将其与表层充填物料混合，然后撒播种子，再将表层物料进行翻混，使种子尽可能多地被盖住。

d. 种植时间

种植时间一般为 3 月上旬至 4 月中旬。

8. 种植后管理

种植后的管理参照 GB/T 16453.2 的规定进行。

参 考 文 献

蔡剑华，游云龙. 1995. 弯叶画眉草在红壤矿区尾砂坝的生态适应性及其防护效果. 环境与开发，10（3）：1-5.

陈志彪，涂红章，谢跟踪. 2002. 采矿迹地生态重建研究实例. 水土保持研究，9（4）：31-32.

关法春，梁正伟，王忠红. 2010. 方格法与数字图像法测定盐碱化草地植被盖度的比较. 东北农业大学学报，41（1）：130-133.

李德荣，董闻达，廖汉民，等. 2001. 治理稀土尾砂中百喜草的生长和促苗措施的研究. 江西农业大学学报，23（1）：93-95.

李德荣，王静，董闻达，等. 2003. 百喜草在我国南方红壤坡地农业可持续发展中的应用与地位. 江西农业大学学报，25（6）：948-952.

许炼烽，刘明义，凌垣华. 1999. 稀土矿开采对土地资源的影响及植被恢复. 农村生态环境，15（1）：14-17.

喻荣岗，左长清，杨洁，等. 2008. 红壤侵蚀区优良水土保持草本植物的选择及评价. 水土保持通报，28（2）：205-210.

第 4 章 东江源矿区重金属污染控制技术与工程示范

东江源头区的产业结构以畜牧业、果业和矿业为主，而过去的粗放式经济发展，造成了矿山的过度开采。其简单的开采方式造成了大量尾矿堆积，而尾矿中仍残余重金属元素。经过雨水长期的冲刷，尾矿中重金属会释放进入矿区的地表水体，并最终汇入东江，造成水体的重金属污染风险。同时，矿区还存在较严重的水土流失问题，也会造成重金属在矿区迁移，形成面源污染。因此，为了保护东江源头区水质，迫切需要开发矿区污染综合控制的相关技术，从源头控制矿区尾矿库的重金属污染。

为了达到从源头控制矿区重金属污染的目的，首先收集当地尾矿污染的环境资料，对尾矿中重金属的释放规律进行预测，然后研究从源头控制尾矿中重金属的释放，即原位控制技术，如尾矿钝化技术，最后针对已释放的重金属，研究吸附去除技术，阻止其随尾矿库出水汇入河流中。

4.1 尾矿重金属释放预测模型

尾矿是金属或非金属矿山开采出的矿石经破碎、磨矿和分选等处理选出有价值的精矿后排放的废渣，通常以泥浆形式排入尾矿库中露天堆存。通常，在矿石选矿过程中会排出大量的尾矿。尾矿的堆放不但会占用大量的土地，而且尾矿中含有大量可能污染环境的有害物质，如金属硫化物矿山尾矿在野外堆放过程中很容易被氧化而产生大量的酸，并可能释放出大量重金属元素，从而给周围环境带来严重污染。本研究以金属硫化物矿山尾矿为研究对象，对其进行分析并在模拟酸雨条件下进行淋溶实验，研究了尾矿释放重金属的规律及动力学，解释硫化物矿山尾矿中重金属的释放过程及释放规律。

4.1.1 尾矿中重金属的释放规律

尾矿中重金属 Cu、Zn、Cd、Pb 及 Mn 的累计释放量随时间的变化见图 4-1。由图可见，Cu、Zn、Cd 及 Mn 4 种重金属的累计释放量随时间变化的规律一致，其释放过程均可分为两个阶段，这与以往研究者的研究结果相一致。第一阶段为快速释放过程，4 种重金属在淋溶 48h 内的累计释放量均随时间的延长而迅速增加，但增加的速度在不断减小。第二阶段为慢速释放过程，表现为 4 种重金属在 48h 后的累计释放量随时间的延长而增加缓慢，说明重金属的释放速度趋于平稳。这主要是因为刚开始淋溶时，尾矿颗粒表面吸附的重金属离子会快速溶解进入淋滤液；同时，酸雨中的阳离子（如 H^+、Na^+、Ca^{2+}等）会置换重金属使其溶出。这两个过程均会使尾矿中的重金属快速释放。当尾矿中可交换态的重金属被耗尽后，在酸雨作用下，尾矿中的铁锰氧化物等表面会进一步被破坏，损失部分吸附位点，重金属进一步被释放。同时，尾矿中的矿物也会被氧化，将使更难交换的层间重金属及有机结合态的重金属释放出来。在这两个过程中重金属的释放相对较慢。由图 4-1 可看出，在 4 种重金属中，Mn 是最早进入第二释放阶段的，在淋溶进行 12h 左右；其次为 Zn 和 Cd，在淋溶进行 24h 左右；Cu 最晚进入第二释放阶段，在淋溶进行 48h 左右。这与重金属活性分析结果相同，表明了重金属的可交换态含量决定了其在初始阶段的释放速度及释放量。

重金属 Pb 的累计释放量随时间变化见图 4-1（d）。由图可见，Pb 的释放规律与其他 4 种重金属不同，其释放过程并没有明显的分阶段，淋溶过程中 Pb 的释放速率相对稳定，而使其累计释放量大致呈线性增长。首先，这可能与 Pb 可交换态含量占总含量的比例与其他 4 种重金属有差别有关。Pb 的可交换态含量占总量的比例为 0.23%，对比 Cu、Zn、Cd、Mn 的可交换态含量 2.84%、4.46%、3.87%、46.29%甚微，这就使 Pb 的释放过程中不会出现开始阶段的快速大量释放；其次，在 pH<4 的溶液中，Pb^{2+} 的浓度则取决于 SO_4^{2-} 的浓度。在淋溶过程中会产生大量的 SO_4^{2-}，Pb^{2+} 与 SO_4^{2-} 可以生成铅矾沉淀，此沉淀可成膜包裹方铅矿，抑制铅从方铅矿颗粒中迁出。因此，在自然矿山环境条件下，方铅矿的风化缓慢。

由 5 种重金属的释放过程可以看出，其累计释放量大小为 Mn>Cu>Zn>Cd>Pb。在模拟酸雨淋溶尾矿的过程中，重金属元素的释放可能主要是解吸作用和沉淀的溶解作用；另外，不同重金属呈现不同的溶出规律，这主要与尾矿的矿物组成、尾矿的重金属总量、尾矿颗粒对重金属离子的吸附性能、重金属离子本身的性质及其在尾矿中的存在形态、淋滤液的物理化学性质及竞争性离子的存在密切相关。

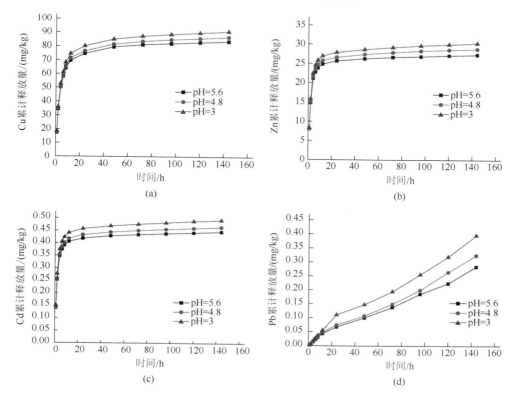

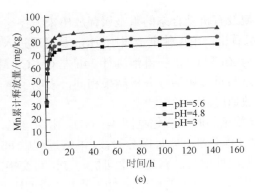

(e)

图 4-1　重金属 Cu、Zn、Ｃd、Pb 及 Mn 累计释放量随时间变化

4.1.2　淋滤液 pH 对重金属释放的影响

由图 4-1 可以看出，每种重金属在不同 pH 酸雨条件下其释放量不同，说明淋滤液 pH 大小对重金属的释放产生了影响。在淋溶的初始阶段，不同 pH 对重金属释放的影响并不显著。这一方面与淋滤液 pH 变化有关，在淋溶过程中，淋滤液会浸泡尾矿一段时间，其 pH 会影响重金属的释放；另一方面，在淋溶初始阶段，尾矿表面颗粒吸附的重金属量不同对重金属的释放量影响较大。而随着淋溶的进一步进行，不同 pH 淋滤液的影响逐渐显著且淋滤液 pH 的降低明显加剧了重金属的淋失。淋滤液 pH 的降低有利于碳酸盐结合态、有机质结合态及硫化物结合态重金属的释放。将不同时间点各种重金属的累计释放量相比较，可知 5 种重金属的释放受淋滤液 pH 影响的程度为 Pb＞Mn＞Zn＞Cd＞Cu。

4.1.3　尾矿重金属的淋溶强度

尾矿重金属的淋溶强度表征了不同重金属元素在淋溶过程中的平均淋溶速度与程度。参照文献的淋溶强度模型，对淋滤结果进行分析，模型如下：

$$L_x = \frac{M_x \cdot 10^3}{A_x \cdot M \cdot t}$$

式中，L_x 为 x 元素的淋溶强度；M_x 为 x 元素淋滤出的总累计量；A_x 为 x 元素在样品中的浓度；M 为样品总质量；t 为淋滤时间。采用模型计算结果见表 4-1。

表 4-1　尾矿重金属淋溶强度

淋溶强度	Cu	Zn	Cd	Mn	Pb
pH5.6	6.03	4.27	4.64	60.7	0.049
pH4.8	6.25	4.50	4.82	65.1	0.056
pH3.0	6.54	4.73	5.11	69.9	0.068

由表 4-1 可见，5 种重金属淋溶强度大小为 Mn＞Cu＞Cd＞Zn＞Pb，即重金属 Mn

的淋滤速度最快，淋滤率最高，而重金属 Pb 的淋滤速度最慢，淋滤率最低；且重金属 Mn 和 Pb 的淋溶强度与其他三者有较大差别，此结果与重金属形态活性分析大致相似。

4.1.4　尾矿重金属释放的数学模型

用常见的重金属释放动力学方程包括零级动力学方程、一级动力学方程、二级动力学方程、一级扩散方程、抛物线方程、Elovich 方程及双常数方程对尾矿重金属淋溶实验结果进行拟合。结果表明，5 种重金属的释放可以用不同的动力学方程进行描述。

对淋滤液中重金属 Cu、Zn、Cd 及 Mn 的累计释放量随时间变化进行数学拟合，发现可以用二级动力学方程及 Elovich 方程进行很好的拟合，而二级动力学方程更优，相关系数 R^2 均能达到 0.999 以上，拟合结果见表 4-2。下面是用于拟合的方程。

二级动力学方程：$\dfrac{t}{q_t} = a + kt$

Elovich 方程：$q_t = a + k\ln t$

式中，q_t 为时间 t 时尾矿重金属的累计释放量；a、b、k 为常数。

在二级动力学方程中，常数 k 等于金属最大释放量的倒数。从表 4-2 可知，当酸雨的 pH 下降时，k 值是逐渐下降的，这表明酸雨的 pH 越低，重金属的释放量越多。

表 4-2　尾矿释放 Cu、Zn、Cd 及 Mn 的动力学拟合参数

元素	酸雨	二级动力学方程			Elovich 方程		
	pH	a	k	R^2	a	k	R^2
Cu	5.6	0.036	0.012	0.9999	19.3	21.7	0.993
	4.8	0.037	0.011	0.9999	19.5	22.2	0.995
	3	0.036	0.011	0.9999	19.9	23.3	0.996
Zn	5.6	0.061	0.036	0.9999	9.62	7.03	0.950
	4.8	0.066	0.034	0.9998	9.66	7.43	0.953
	3	0.066	0.032	0.9998	10.1	7.76	0.956
Cd	5.6	3.580	2.230	0.9999	0.156	0.122	0.970
	4.8	3.750	2.140	0.9999	0.157	0.126	0.973
	3	3.660	2.020	0.9998	0.169	0.132	0.971
Mn	5.6	0.010	0.013	0.9997	35.6	19.7	0.913
	4.8	0.010	0.012	0.9997	38.9	20.8	0.912
	3	0.010	0.011	0.9996	41.9	22.6	0.900

Elovich 方程是一个经验方程，大量的研究和实践应用发现，它通常可以描述其他动力学方程所忽略的不规律性，描述各种化学吸附过程特别是非均相的化学反应过程。实验的结果可以用 Elovich 方程描述，表明重金属的累计释放量 q_t 与 $\ln t$ 之间的关系可以分

别用两个线性方程进行描述，这就对应着重金属释放过程的两个阶段。4 种重金属快速释放阶段的 Elovich 方程描述见表 4-2。方程中常数 k 代表重金属从固相到液相的扩散速度。k 值越大，表明扩算速度越快。由表可见，随着酸雨 pH 的降低，重金属的扩散速度加快。

重金属 Pb 的释放规律与其他 4 种重金属不同，其释放过程的数学描述也不同。对淋滤液中 Pb 的累计释放量随时间的变化进行动力学方程拟合，发现可以用双常数方程和零级动力学方程进行很好的描述（相关系数 $R^2 > 0.98$），拟合结果见表 4-3。用于描述的方程如下。

$$\text{双常数方程：} \ln q_t = a + k\ln t$$

$$\text{零级动力学方程：} q_m - q_t = a + k t$$

式中，q_t 为时间 t 时尾矿重金属的累计释放量；q_m 为尾矿重金属的累计最大释放量；a、k 为常数。

表 4-3　尾矿释放 Pb 的动力学拟合参数

元素	酸雨	双常数方程			零级反应方程		
	pH	a	k	R^2	a	k	R^2
	5.6	0.0038	0.858	0.993	0.274	−0.0019	0.994
Pb	4.8	0.0034	0.862	0.989	0.315	−0.0021	0.992
	3	0.0058	0.891	0.992	0.382	−0.0026	0.990

考虑到矿区降雨多年平均 pH4.8，则 pH=4.8 酸雨的淋溶结果更接近实际野外情况，所以用 pH4.8 酸雨条件下重金属的淋溶释放方程能更好地描述实际的释放过程。尾矿中 5 种重金属的释放过程可描述为

$$\text{Cu：} \frac{t}{q_t} = 0.03701 + 0.011165t$$

$$\text{Zn：} \frac{t}{q_t} = 0.06602 + 0.03392t$$

$$\text{Cd：} \frac{t}{q_t} = 3.7461 + 2.14226t$$

$$\text{Mn：} \frac{t}{q_t} = 0.01046 + 0.01192t$$

$$\text{Pb：} q_t = 0.315 - 0.00211t$$

4.2　重金属原位控制技术

在充分了解尾矿中重金属的释放机理的基础上，采用微包膜技术对尾矿进行表面钝化处理，抑制尾矿中重金属的释放。为此，在对尾矿理化性质进行表征的基础上，筛选

了合适的钝化试剂，考察其在实际环境条件下的钝化效率和长期稳定性，优化最佳钝化工艺条件，并对钝化试剂的环境风险进行评估。

4.2.1　尾矿的理化性质

分别采集了某金属矿山的原矿、拦泥坝、新鲜及尾矿坝不同深度的矿物样品，通过 XRD 测试分析显示：尾矿中基本都含有石英、高岭石、石膏、赤铁矿，但在尾矿坝 50cm 及以上深度没有石膏，在拦泥坝和尾矿坝不同深度中发现了黄钾铁矾。通过 XRF 分析数据发现，三个不同采样点尾矿样品中重金属 Pb 和 Zn 含量比较高。其中尾矿坝区域因为尾矿堆积时间比较长，风化现象最为明显，污染最为严重，新尾矿坝次之。拦泥坝的含硫量最高达 6.55%，长时间风化可能会造成严重的酸性废水污染，加速其中重金属的溶出和迁移转化。此外，三个不同采样点尾矿样品中 CaO 含量都较高，表明其依靠自身碱性物质中和采矿过程中产生酸性废水的能力较强。

通过 SEM 加能谱可以观察尾矿及原矿中存在的几种重金属元素 Pb、Fe 等及其赋存状态，结果显示：Fe 主要以氧化铁和黄铁矿形式存在，并从侧面验证 XRD 和 XRF 的测试结果。图 4-2 是铁的硫化物的扫描电镜图。

图 4-2　铁的硫化物的扫描电镜图和对应的能谱图

4.2.2　钝化剂的筛选、制备及钝化机理

1）三乙烯四胺（TETA）

A. 钝化效果分析

结合现有资料和前期研究积累，首先研究了三乙烯四胺（TETA）的钝化效果。

图 4-3 是添加钝化剂（b）和没有添加钝化剂（a）矿物样品被氧化后的扫描电镜的图像。从图中可以看出添加了钝化剂的样品被氧化后表面比较光滑，像有一层膜附在了尾矿表面。而没有添加钝化剂的矿物表面因为被氧化显得非常粗糙。

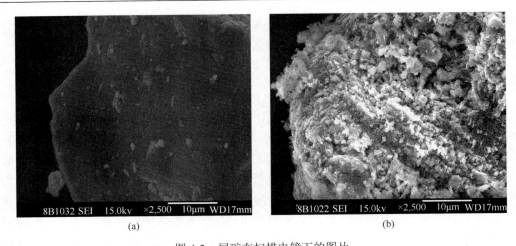

(a)　　　　　　　　　　　　　(b)

图 4-3　尾矿在扫描电镜下的图片

注：（a）为添加钝化剂；（b）为没有添加钝化剂

通过进一步的试验检验钝化剂是否能够控制尾矿中重金属的溶出，见图 4-4。

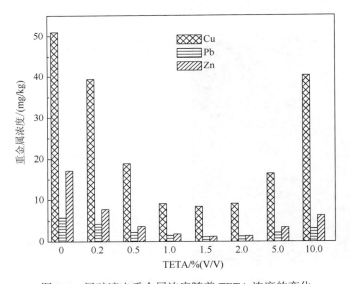

图 4-4　尾矿溶出重金属浓度随着 TETA 浓度的变化

从图 4-4 可以看出尾矿溶出重金属的浓度随着钝化剂浓度的升高先逐渐减小，后逐渐变高。当 TETA 的浓度在 1.5%的时候，溶出的重金属 Cu、Zn 和 Pb 的浓度最低，尾矿重金属在氧化条件下的溶出得到了最明显的抑制。目前国内外大多数研究者研究的钝化剂主要针对黄铁矿，而且需要对矿物进行预氧化才能得到相对好的钝化效果。TETA可以直接作用于尾矿而不需要预氧化，有着广泛的实际应用空间。

B. TETA 钝化机理的电化学分析

a. 不同浓度 TETA 处理后的黄铁矿电极的 OCP 测量

图 4-5 所示为被不同浓度的 TETA 钝化处理后的黄铁矿电极及未经钝化处理的原矿

电极在 0.5mol/L H_2SO_4 溶液中的开路电位随时间的变化曲线图。

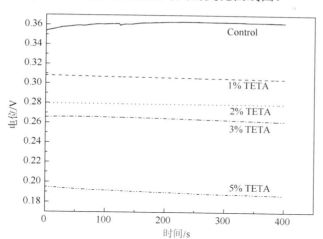

图 4-5　被不同浓度的 TETA 液钝化处理后的黄铁矿电极的开路电位值

　　当开路电位稳定后，原矿电极（图中标示为 Control）的 OCP 值为 362.8mV，而当电极中的黄铁矿样品分别被 1% TETA，2% TETA，3% TETA 和 5% TETA 钝化处理后，其 OCP 值分别变为 304.8mV，279.2mV，261.7mV 和 187.0mV。由此就可以很明显地发现 TETA 的加入能大大地降低黄铁矿电极的开路电位，这主要是因为 TETA 本身就具有较强的还原性能。TETA 作为一种聚胺，由于其结构中存在亲核性的 N 原子，在氧化还原反应中能提供电子从而充当还原剂的作用。TETA 的这种还原能力已经用双氧水滴定法得以证实。

　　另外由图 4-5 还可以发现当电极刚插入电解池时，原矿电极的 OCP 值是随测量时间的增加而有所增加，但被 TETA 液钝化处理后的黄铁矿电极 OCP 值的变化趋势却是相反。原矿电极的 OCP 变化主要是因为黄铁矿进入酸性溶液中，电极表面会逐步吸附水中的氧气分子，而在电极表面形成一层很薄的水合氧化层因而会使原矿电极 OCP 值有所增大。但如果黄铁矿被 TETA 包膜后，TETA 层阻隔了黄铁矿与溶液中氧气分子的接触，使矿物表面很难形成水合氧化层。反而电极表面的 TETA 分子会能通过下式消耗电极/溶液界面的氧气，从而使其电极表面的氧化还原电位随时间增长而略有降低。由此可看出，TETA 不仅可以在黄铁矿表面形成屏蔽层，而且还可以通过消耗氧化剂来保护矿物不受或减少氧化。

$$H_2N—CH_2—CH_2—NH—CH_2—CH_2—NH—CH_2—CH_2—NH_2 \xrightarrow{O_2/Fe^{3+}}$$
$$O_2N—CH_2—CH_2—NH—CH_2—CH_2—NH—CH_2—CH_2—NO_2$$

　　b. 不同浓度 TETA 处理后的黄铁矿电极的 CV 曲线测量

　　原矿电极和被不同浓度的 TETA 钝化处理后的黄铁矿电极在 0.5mol/L H_2SO_4 溶液中所测的 CV 曲线如图 4-6 所示。

　　由图 4-6 可知，原矿电极的 CV 曲线上有三个明显的氧化峰和三个阴极还原峰。−0.2V 出现的氧化峰为 H_2S 的氧化，+0.5V 左右出现的阳极峰为黄铁矿氧化为亚铁及亚铁进一步氧化为 Fe（Ⅲ）而出现的氧化峰，当电位大于+0.7V 时将出现硫的氧化。而在阴极扫描时，+0.3～+0.4V 的还原峰应该是 Fe（Ⅲ）氧化为亚铁的峰，而–0.4～–0.2V 的小的阴极峰为 $FeS_2(s)$ 还原为 $FeS(s)$ 和 H_2S 的还原峰，也有可能是 S 的还原峰。–0.6V 的位置出现的强还原峰为典型的析氢反应峰。

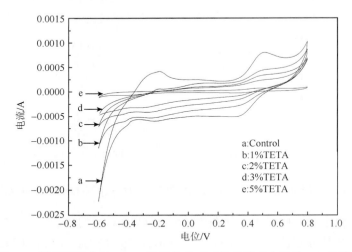

图 4-6　被不同浓度的 TETA 液钝化处理后的黄铁矿电极的 CV 曲线图

　　用 TETA 钝化处理后的黄铁矿电极所测的 CV 曲线在形状上与原矿电极的 CV 曲线相同。在整个测量范围内，钝化电极 CV 曲线并没有出现新的氧化还原峰，这说明 TETA 的加入并没有改变黄铁矿的氧化机理。

　　而 TETA 对黄铁矿的钝化效果可以通过比较各电极的电化学活性来得到。由图 4-6 可以明显地发现，经 TETA 处理后的黄铁矿电极各阳极和阴极峰的电流密度都比原矿要小，这说明 TETA 能减弱矿物表面的氧化还原反应强度，从而能抑制黄铁矿的快速氧化。而且从图 4-6 还可以发现 TETA 的钝化效率是随钝化剂浓度的增加而提高的，当黄铁矿经 5%的 TETA 钝化处理后，其 CV 曲线上的阳极峰和阴极峰得到了很大程度的减弱，曲线几乎变为一条直线。这些都说明 TETA 是一种可以有效抑制黄铁矿氧化的钝化剂。

　　TETA 之所以能在不改变黄铁矿氧化机理的前提下减小黄铁矿的氧化速率，这应该与 TETA 的加入能减少黄铁矿表面的裸露面积有关。黄铁矿通过对 TETA 分子的吸附，使一部分表面被 TETA 分子所覆盖，因而能发生氧化还原反应的活性部位减少，这种解释可以用 XPS 测量得到证实。

　　图 4-7 所示为黄铁矿原矿及被不同浓度的 TETA 液钝化处理后的黄铁矿的 XPS 全谱图。由图可知，随着黄铁矿表面钝化剂的浓度的增加，结合能在 400 eV 左右的 N_{1s} 峰和结合能在 285 eV 左右的 C_{1s} 峰会随之增大。而当黄铁矿表面被 TETA 包膜处理后，黄铁矿表面的 Fe_{2p} 和 S_{2p} 信号峰会明显减弱，当 TETA 浓度达为 5%时，黄铁矿表面的 Fe_{2p} 峰几乎很难辨别。这些都表明了当钝化剂浓度增加时，黄铁矿表面会被更多的 TETA 分子所覆盖而使其暴露在外的活性部位面积减少，从而发生氧化时速率也就随之降低。在这里需要指出的是图中 O_{1s} 峰的出现应该是空气中的氧气信号，而与黄铁矿表面性质的

联系不大，因为在所有样品中，O_{1s} 峰的峰强变化并不明显。

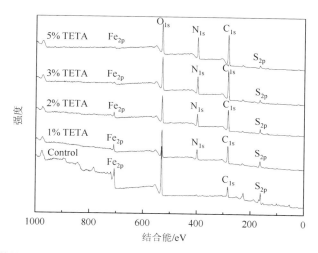

图 4-7　黄铁矿原矿及被不同浓度的 TETA 液钝化处理后的黄铁矿的 XPS 谱图

c. 不同浓度 TETA 处理后的黄铁矿电极的极化曲线测量

为了能定量地测量出 TETA 对黄铁矿的钝化效果，对不同浓度的 TETA 处理后的黄铁矿电极在 0.5mol/L 的硫酸溶液中 Tafel 极化曲线进行了测量（图 4-8）。由图可以很明显地发现随着 TETA 浓度的增加，黄铁矿电极的腐蚀电位（E_{corr}）不断负移。这种变化趋势和在图 4-5 中所测的 OCP 变化趋势是一样的。正如前面分析的 TETA 具有一定的还原性能，能降低电极表面的开路电位值。

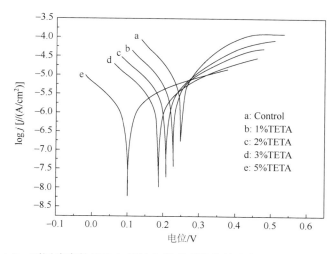

图 4-8　不同浓度的 TETA 液钝化处理后的黄铁矿电极 Tafel 极化曲线

从 Tafel 极化曲线，得到了不同电极在 0.5M H_2SO_4 溶液中的各种电化学参数，除刚才讲到的腐蚀电位外，还包括阴极极化曲线和阳极极化曲线的斜率（b_c，b_a）以及腐蚀电流密度。各参数见表 4-4。

表 4-4　不同浓度 TETA 钝化处理后的黄铁矿电极的极化动力学参数及相应的钝化效率

TETA 浓度/%	E_{corr}/mV	b_c/（dec/V）	b_a/（dec/V）	j_{corr}/（mA/cm^2）	η/%
0	249	9.59	9.67	0.0426	—
1	226	8.82	6.73	0.0247	42.08
2	206	7.91	5.96	0.0183	57.04
3	187	7.72	5.23	0.0131	69.24
5	100	7.70	4.53	0.0081	80.98

从各电极的阴极和阳极 Tafel 斜率的变化可以发现黄铁矿在硫酸溶液中的阴极还原及阳极氧化过程都受到了 TETA 的抑制。当钝化剂浓度为 0%变化到 5%时，相应的阴极 Tafel 斜率由 9.59dec/V 变为 7.70dec/V，其值略有降低，这说明黄铁矿的阴极过程（主要是 FeS$_2$ 的还原过程）的反应速率由于 TETA 的存在而略有降低。但 TETA 对黄铁矿的钝化效应主要还是表现在阳极过程，当黄铁矿的表面受到 TETA 包裹后，阳极 Tafel 斜率降低幅度相当明显。因此可以把 TETA 看成是一种复合型钝化剂，即其可以同时对矿物的阴极还原及阳极氧化起到钝化作用。

TETA 对黄铁矿的钝化效率（η %）可以通过下式来计算：

$$\eta(\%) = \frac{I_{corr} - I_{corr(inh)}}{I_{corr}}$$

式中，I_{corr} 和 $I_{corr(inh)}$ 分别代表黄铁矿原矿及钝化黄铁矿的腐蚀电流，由上式计算得到的不同浓度 TETA 的钝化效率也已在表 4-4 中列出。由计算结果可知当钝化剂的浓度增大时，其对黄铁矿的钝化效率随之增加，而相应的矿物电极腐蚀电流则减小。当 TETA 浓度由 1%增加到 5%时，钝化剂的钝化效率由 42.08%迅速增加到了 80.98%。这种钝化效率的增加主要是因为随 TETA 浓度的增加，越来越多的黄铁矿表面会被 TETA 覆盖而减小其矿物活性表面的面积。

d. 不同浓度 TETA 处理后的黄铁矿电极的 EIS 测量

对不同的黄铁矿电极进行 EIS 测量，能反映出黄铁矿在自然腐蚀过程中反应动力学步骤。本实验对不同浓度的 TETA 包膜处理后的黄铁矿（包括了未被钝化的黄铁矿）电极在 0.5mol/L 硫酸溶液中的交流阻抗谱图进行了测量，图 4-9 即为这些谱图的 Nyquist 曲线。

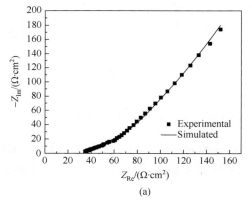

(a)

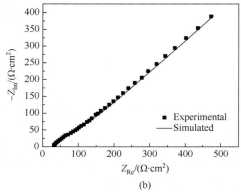

(b)

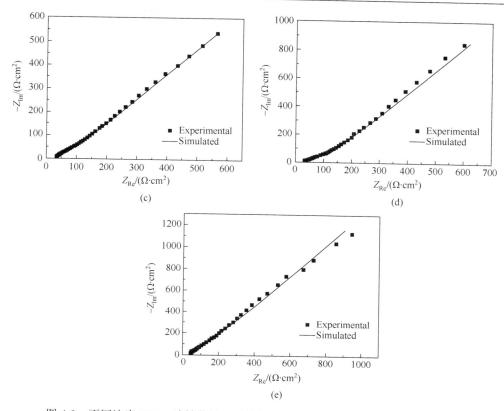

图 4-9　不同浓度 TETA 液钝化处理后的黄铁矿电极的实测和拟合 Nyquist 谱图

注：（a）黄铁矿原矿；（b）1% TETA 处理后的黄铁矿；（c）2% TETA 处理后的黄铁矿；（d）3% TETA 处理后的黄铁矿；（e）5% TETA 处理后的黄铁矿

　　由图4-9可以发现各种黄铁矿电极的Nyquist谱图都是由高频区的不完整半圆和低频区的一条直线所构成，这类谱图一般表示黄铁矿的腐蚀速率同时受到黄铁矿的铁浸取反应速率及反应物和产物在电极/溶液界面的扩散速率的影响。同时谱图形状的一致性也再一次证明了 TETA 的加入并没有改变黄铁矿的腐蚀机理。

　　表 4-5 所列为等效电路对各电极实测 EIS 数据的拟合参数值。由表可知，各电极所测得的溶液阻抗 R_s 值相差不大，这是因为实验都是在同一电解液中进行的（0.5mol/L H$_2$SO$_4$ 溶液），因为溶液的性质在实验测量阶段不会发生太大的改变，所以其溶液阻抗也相差不大。

　　表中的各数值意义比较大的是 R_1 值，它代表的是黄铁矿铁浸出过程中的电子传递阻抗，其值的大小实际就反映了黄铁矿晶格中的铁元素氧化速率的大小。结果显示，随着 TETA 浓度的增加，R_1 值也不断增大。当黄铁矿未受钝化时，R_1 值为 43.7 Ω·cm^2。而当黄铁矿受到5%的 TETA 溶液钝化处理后，R_1 值增加到了 283.6 Ω·cm^2。这就说明了 TETA 对黄铁矿的钝化效果非常明显。

　　同样根据 EIS 的测量可以计算出 TETA 对黄铁矿的钝化效率（IE），其计算公式如下：

$$IE = \frac{R_1^{-1} - R_{1(inh)}^{-1}}{R_1^{-1}}$$

式中，R_1 和 $R_{1(inh)}$ 分别为黄铁矿原矿电极及经钝化处理后的黄铁矿电极的电子传递阻抗值。结果再一次表明了 TETA 对黄铁矿的钝化效率随黄铁矿浓度的增加而迅速增大。而且用 EIS 法所测得的钝化效率和用极化曲线法所测得的 TETA 对黄铁矿钝化效率相差不远。

表 4-5　等效电路 $R_s(Q_1(R_1))$ 对不同浓度的 TETA 钝化电极的 EIS 谱图进行拟合的拟合参数及相应的钝化效率计算值

TETA 深度/%	$R_s/\Omega cm^2$	$Y_{o,1}/10^{-3}$ S s^{n}cm^{-2}	n	$R_1/\Omega cm^2$	$Y_{o,2}/10^{-3}$ S s^{n}cm^{-2}	n	$x^2/10^{-4}$	IE/%
0	33.6	4.21	0.8	43.8	9.15	0.5	5.36	—
1	31.0	1.24	0.8	76.9	5.70	0.5	2.14	43.1
2	30.0	1.21	0.8	96.2	4.69	0.5	1.65	54.5
3	30.6	1.41	0.8	154	3.89	0.6	4.02	71.6
5	32.6	1.34	0.8	251	1.97	0.6	2.60	82.6

2）聚硅氧烷钝化剂

硅氧烷与石材具有某些结构上的相似性，硅氧烷上的活性基团与石材表面的硅醇基团发生反应，在石材表面形成硅氧烷憎水膜，从而对石材起到了防护作用。由于尾矿和原矿中总是夹杂有二氧化硅，因此推测硅氧烷会对尾矿或原矿起到类似的防护作用。而在接触到尾矿表面的重金属元素时，硅氧烷中的羟基可与其发生反应，呈现化学吸附，且致密、耐蚀。

通过用不同 pH 的 3% 双氧水分别浸泡原始尾矿和聚硅氧烷包膜处理尾矿，研究了包膜剂浓度，浸泡时间，浸泡介质 pH 对尾矿中重金属溶出的影响，并利用红外光谱法对改性前后的尾矿进行表征。结果表明选择包膜剂浓度为 10%～15% 时效果最佳，在 3% 的双氧水中浸泡 1 周的时间内，包膜剂对尾矿中 Cr、Mn、Cu 的溶出有抑制作用，但加速了 Fe 的溶出。采用电位时间、线性电位扫描及交流阻抗等电化学方法，研究了钝化处理前后黄铁矿在 pH=4 的 0.2mol/L Na$_2$SO$_4$ 溶液中的电化学氧化行为。结果表明：钝化处理使黄铁矿的稳定电位提高了 0.05 V，阳极氧化电流减小，阳极反应电量减小了一个数量级，低频端的总阻抗值增大，说明钝化处理增强了黄铁矿的耐氧化能力。对钝化处理前后金属硫化物矿表面性质的显著变化——润湿性进行了研究，发现钝化处理后的黄铁矿表面的非极性增强，疏水性随之增强，其毛细管力可以抵抗至少 43.2m 的水柱压力，可以在至少三个月的时间内具有比未处理黄铁矿更好的疏水性。

3）二硫代氨基甲酸盐钝化剂

a. 钝化剂的制备与表征

实验室以 TETA 为基础，改良制备出了二硫代氨基甲酸盐 DTC-TETA 钝化剂，具体制备过程如下：在配有水浴和冷凝装置的反应器中加入三乙烯四胺和 pH≥10 的碱性溶液，搅拌混匀，并控制搅拌速度为 50～200r/min；控制步骤 1 中的水浴温度为 0～5℃，向步骤 1 中的反应器中再缓慢加入二硫化碳，边加入边搅拌，保持搅拌速度为 50～200r/min，二硫化碳加入完全后，升高水浴温度，提高搅拌速度至 100～250r/min，连续搅拌直到反应结束，收集反应产物，该反应产物即为本发明所需钝化剂；所述反应产物为橙红色液体或其结晶物。收集该橙红色液体，冷却至室温装瓶备用。其制备的反应合成路线如图 4-10 所示。

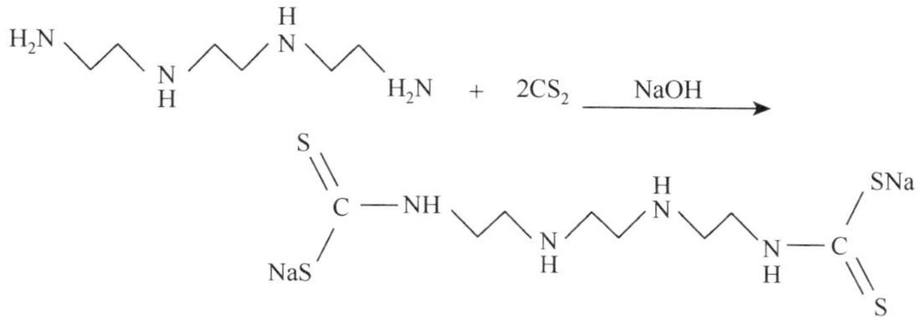

图 4-10　钝化剂反应合成路线图

钝化剂 DTC-TETA 是通过和黄铁矿中的 Fe 直接作用生成有机金属难溶膜，隔绝氧气和水从而抑制黄铁矿中 Fe 离子的生成。钝化剂一方面抑制了 Fe^{3+} 的形成，阻止 Fe^{3+} 进一步氧化尾矿中其他重金属；另一方面，钝化剂可以直接和尾矿表面的其他重金属离子反应形成难溶于水的有机膜，避免其他重金属从尾矿释放出来。以尾矿表面 Cu^{2+} 为例来进行说明。

图 4-11 是钝化剂与 Cu 形成的有机疏水化合物结构，Cu 外层电子排布为 $3d^{10}4s^1$，3d 和 4s 电子能量层相差不大，容易失去 2 个电子变成 Cu^{2+}，而 Cu^{2+} 以一个 3d 轨道、一个 4s 轨道和两个 4p 轨道组成 dsp^2 的杂化方式组成杂化轨道；钝化剂分子上的二硫代羧基 S 原子上有 3 对孤对电子，可以占用 Cu^{2+} 的空轨道，形成配位键；根据配位场理论，Cu^{2+} 与配位离子以 dsp^2 杂化方式形成的配合物是平面正方形的构型，从而钝化剂与配位离子矿物容易形成稳定的交联网状结构。这种稳定的交联网状结构可以隔绝水和氧气对尾矿的氧化和重金属离子的浸出。

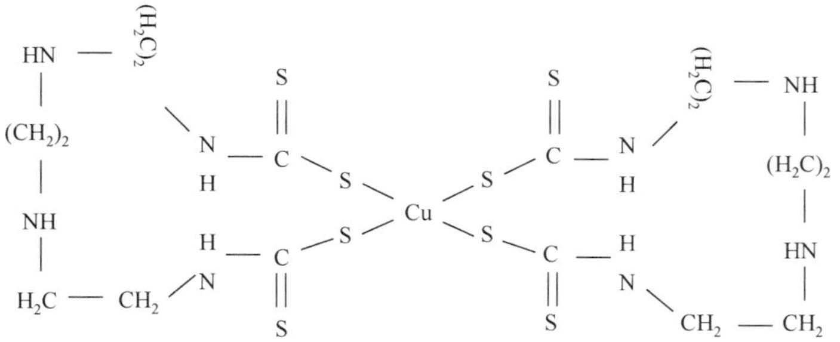

图 4-11　有机疏水化合物结构图

对制备好的钝化剂进行了红外光谱和紫外光谱表征，并通过元素分析进一步确定其化学结构。

图 4-12 是 DTC-TETA 的红外光谱表征图。C=S 基团连接在氮原子上的化合物，其吸收峰出现在通常 C=S 伸缩振动区间内。此外，在 $700\sim1563cm^{-1}$ 的宽范围内有几个其他谱带，这些谱带归属于 C=S 伸缩振动和 C—N 伸缩振动间的相互作用。

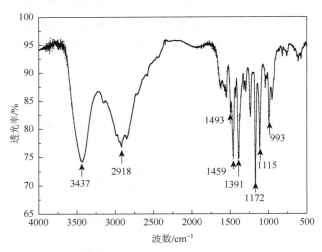

图 4-12　DTC-TETA 红外光谱表征

在 $500\sim4000cm^{-1}$ 范围内对粉末状的钝化剂 DTC-TETA 进行了红外光谱（KBr 压片）测定，测定结果见图 4-12。由图 4-12 可知，在波数 $3437cm^{-1}$ 处有尖峰，是—NH 的伸缩振动吸收，$2918cm^{-1}$ 的中等强度的宽峰为亚甲基伸缩振动吸收。在 $1459cm^{-1}$ 出现的尖峰为 N—C═S 的特征吸收峰，其左右两边的 $1493cm^{-1}$ 及 $1391cm^{-1}$ 各有一尖峰，分别为 C═N 双键及 C—N 单键的伸缩振动峰。在 $1115cm^{-1}$ 左右的中等强度的尖峰为 C═S 双键的伸缩振动吸收峰。在 $993cm^{-1}$ 左右的强尖峰为 C—S 的伸缩振动吸收峰。这表明合成的钝化剂中含有二硫代氨基甲酸基团，且碳氮键具有部分双键的性质。二硫化碳与三乙烯四胺反应生成了二硫代氨基甲酸类物质。

图 4-13 是 DTC-TETA 的紫外光谱表征图谱。在 $200\sim800nm$ 范围内，水为溶剂，蒸馏水做参比，对 DTC-TETA 进行紫外-可见光谱测定，扫描结果见图 4-13，其特征吸收峰及归属列于表 4-6。由图可知，钝化剂在 257nm、286nm、335nm 附近均有最大吸收。257nm 处为 N—C—S 基团的 π—π 共轭效应，335nm 处为 N—C—S 基团的 n—π^* 跃迁，而 286nm 处则为 C═S 的 n—π^* 跃迁。紫外光谱的分析结果进一步验证了红外光谱的结果，碳氮和碳硫之间的确具有部分双键的结构特征，产物的主要官能团（N—C—S，C═S）的确存在。

为了进一步确定 DTC-TETA 的结构组成，对其进行了元素分析，测试结果见表 4-7。对元素分析结果取平均值，经计算碳、氢、氮、硫的摩尔比为 2:4:1:1，可以推出在碱性介质条件下三乙烯四胺与二硫化碳形成的化合物的结构组成，见图 4-14。

表 4-6　DTC-TETA 的紫外特征吸收峰

吸收峰波长	描述
257nm	N—C—S 基团的 π—π 共轭效应
286nm	N—C—S 基团的 n—π^* 跃迁
335nm	C═S 的 n—π^* 跃迁

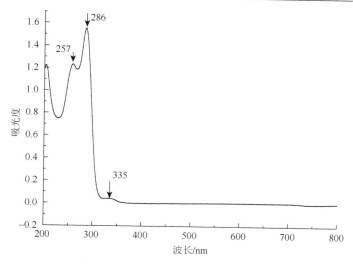

图 4-13　DTC-TETA 的紫外光谱表征

表 4-7　DTC-TETA 的元素分析结果

C/%	H/%	N/%	S/%
33.2	5.11	19.2	40.8
32.9	4.97	18.7	41.5
33.1	5.09	19.0	41.2

图 4-14　DTC-TETA 的结构组成

b. 钝化性能测试

尾矿中的黄铁矿快速氧化是产生酸性矿山废水的一个重要原因，当黄铁矿 Fe^{2+} 被氧化成为 Fe^{3+} 后，Fe^{3+} 又会继续氧化尾矿中其他硫化矿产生更多的酸性矿山废水，因而，控制好黄铁矿的氧化是抑制酸性矿山废水生成的一个重要步骤。因此优化钝化工艺首先从黄铁矿开始。图 4-15 反映的是对照和包膜黄铁矿样品在 pH=3 和 pH=6 条件下释放 Fe^{3+} 的浓度随着时间的变化。从图中可以看出，两种 pH 条件下对照样品 Fe^{3+} 的释放有着相同的规律，Fe^{3+} 浓度随着时间增加。而添加了钝化剂的黄铁矿释放铁的浓度很小。黄铁矿在 pH=3 条件下释放 Fe^{3+} 的浓度的抑制率可达 98.5%；在 pH=6 条件下释放 Fe^{3+} 的浓度的抑制率可达 99.1%。

通过上面的实验，表明钝化剂 DTC-TETA 对黄铁矿在酸性条件下铁的释放有很好的抑制作用。因此初步确定钝化剂对抑制尾矿重金属释放能够起到比较好的作用。为了进一步确定钝化剂是否对尾矿有效果，通过淋滤实验把钝化剂直接作用于尾矿来检验钝化剂的效果。

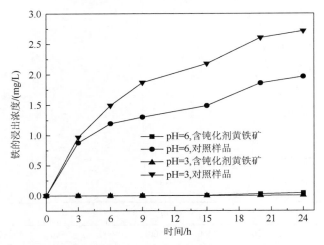

图 4-15　对照和包膜黄铁矿样品在 pH=3 和 pH=6 条件下释放 Fe^{3+} 的浓度随着时间的变化

　　把使用钝化剂的和没有使用钝化剂的尾矿同时置于 pH=3 和 pH=6 的环境中进行淋滤实验。对照样品和包膜尾矿样品在 pH=3 和 pH=6 柱状淋溶下重金属 Cu 和 Cd 的累计释放量随时间的变化分别见图 4-16 和图 4-17。从图中可以看出，两种 pH 条件下对照样品中 Cu 和 Cd 的累计释放量随时间变化的规律大致相同，其释放过程均可分为两个阶段。第一个阶段为快速释放过程，两种重金属在淋溶 24h 内的累计释放量均随时间的延长而迅速增加。造成这一现象的主要原因是在淋溶的起始阶段，尾矿颗粒表面吸附的重金属离子会快速解吸进入淋滤液；同时，淋滤液中的 H^+ 会置换重金属使其溶出。这两个过程均会使尾矿中的重金属快速释放。第二阶段为慢速释放过程，表现为两种重金属在 24h 后的累计释放量随时间的延长而增加变得相对缓慢，然后慢慢变得平稳。当尾矿中可交换态的重金属被耗尽后，在低 pH 溶液作用下，尾矿中的金属氧化物等表面会进一步被破坏，损失部分吸附位点，重金属进一步被释放。同时，尾矿中的矿物也会被部分氧化，将使更难交换的层间重金属及有机结合态的重金属释放出来。在这两个过程中重金属的释放相对较慢。

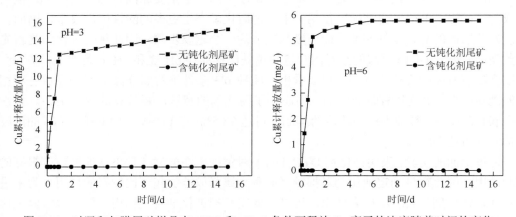

图 4-16　对照和包膜尾矿样品在 pH=3 和 pH=6 条件下释放 Cu 离子的浓度随着时间的变化

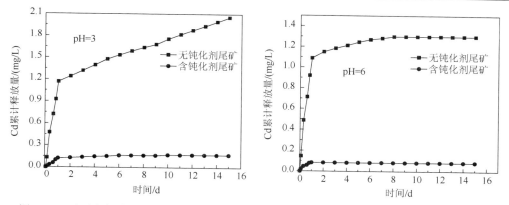

图 4-17　对照和包膜尾矿样品在 pH=3 和 pH=6 条件下释放 Cd 离子的浓度随着时间的变化

　　对于包膜样品，钝化剂对尾矿中的铜和镉离子释放均有着较好的抑制效果。包膜样品释放的重金属浓度一直保持着很低的浓度。钝化处理后重金属的释放率下降了 85%以上，推测是 DTC-TETA 和尾矿结合生成了钝化膜，包覆了尾矿而抵制了酸和雨水对矿物的氧化。更重要的是在连续半个月的时间内，铜的析出量几乎一直为零，钝化剂的效果非常持久，这意味着 DTC-TETA 是性能优良的金属尾矿钝化剂。

3. 钝化剂环境风险评估

　　钝化剂在尾矿上的吸附能力不仅影响钝化效果，而且将直接决定钝化剂在实际环境中使用后的环境行为。为此，可以根据极化曲线法及 EIS 法所求得的 TETA 对黄铁矿的钝化效率与 TETA 浓度的关系得到黄铁矿吸附 TETA 的吸附等温线，进而了解黄铁矿吸附 TETA 的吸附过程。

　　应用多种吸附等温线模型对相关数据进行拟合后发现，$\log\theta/(1-\theta)$（θ 用钝化效率来代替）与 $\log c$（c 为 TETA 浓度）成直线关系（图 4-18）。这说明黄铁矿吸附 TETA 的过程遵循 Langmuir 吸附等温线模型，也就说明 TETA 在黄铁矿表面的吸附是属于单分子层化学吸附。由 TETA 的分子结构可知，TETA 分子中含有胺基，而胺基中的氮原子具有孤对电子，因此 TETA 可以通过氮原子上的孤对电子与黄铁矿表面的铁原子配合，以这种配位键的形式吸附在黄铁矿的表面。由此可见，TETA 是以化学吸附的形式吸附在黄铁矿表面，难以从矿物表面脱附下来，进而释放进入环境。

4. 尾矿钝化中试研究

　　在实验室条件下筛选出最合适的钝化剂后，进一步研究了钝化剂在实际环境中对尾矿的钝化效果。受条件限制，做了 3 个 1.5m×1.5m×1.2m（长×宽×高）的尾矿库，分别加入 2t 尾矿，分别设添加钝化剂和不添加钝化剂对照。含钝化剂尾矿占据两个尾矿库，进行平行试验。

　　图 4-19 反映的是添加钝化剂后尾矿样品中重金属的溶出抑制率随时间的变化。可以从图中看出，钝化剂对重金属的溶出抑制一直保持比较好的效果。施用 30d 后，尾矿中

重金属 Cu、Zn 和 Cd 的溶出抑制率均可达到 80% 以上，其中 Cu 甚至达 95% 以上。80d
后，钝化剂依然保持着比较好的钝化效果，Cu、Cd、Zn 和 As 的抑制率仍可达 45% 以上。
从中试效果看，DTC-TETA 是一种很好的尾矿钝化剂，可在野外用于尾矿的重金属释放
的原位控制。

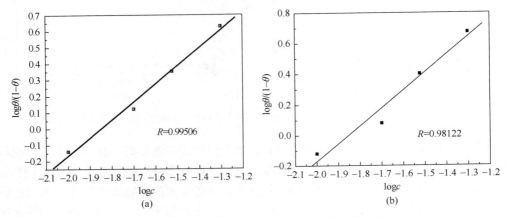

图 4-18　　黄铁矿对 TETA 的 Langmuir 吸附等温线

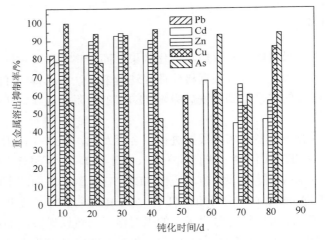

图 4-19　　含钝化剂尾矿随着不同时间的重金属溶出抑制率的变化

4.3　重金属吸附去除技术

东江源头区农林作物丰富，因而存在大量富含纤维素的农林废弃物。这些农业废弃
物价格低廉，具有可再生循环、再生周期短、可生物降解、环境友好和绿色能源等众多
优点。它们结构中孔隙度高、比表面积大，容易与重金属离子发生物理吸附；与此同时，
自身内含的活性物质可以与重金属离子间发生相应的化学吸附，例如，以单宁和黄酮醇
为代表的多羟基酚类物质含有邻位酚羟基结构，可通过多基配体发生络合反应，生成稳
定的多配络合沉淀物；以果胶质为代表的富含羧基组分，因含有大量的羧基，也具备了

很强与重金属离子结合的能力。除此，其他基本成分如半纤维素、蛋白质、单糖、碳水化合物、脂质、淀粉以及各类提取物等，因具有巯基、氨基、酰胺基、邻醌和羟基等各种官能团，也对重金属的络合起到重要的作用。

目前，越来越多的农业废弃物被制备成吸附剂，用于处理废水中的重金属污染物，这已经成为农业废弃物资源化利用的重要手段，也是重金属污染处理的一个研究热点。许多研究人员利用不同种类的农业废弃物，通过不同预处理或改性手段，成功地研制出各种类型的吸附材料，在吸附水体重金属研究中取得了理想的效果。因此，为了立足于东江源的实际情况，充分利用当地农林资源，实现减少当地水体中的重金属污染，达到以废治废的目标，本书选定当地的农林废弃物材料作为研究对象。

4.3.1　农林废弃物吸附剂改性研究

农林废弃物的主要成分是纤维素，在纤维素大分子间，纤维素和水分子间，以及纤维素大分子内部受到氢键的影响，氢键的作用使得纤维素上具有吸附功能的羟基（—OH）被束缚起来。除了氢键作用外，纤维素结晶区里晶格间的作用力——范德华力也起着重要的抑制作用，所以未改性的农林废弃物吸附能力不尽如人意。然而，适当的化学改性可以提升它们的吸附能力，原因在于化学作用可以打破纤维素氢键和晶区范德华力的束缚；同时，纤维素的羟基会被其他更为有效的功能基团所取代，如羧基、酚羟基、氰乙基等活性基团。

现有对农林废弃物化学改性一般集中在对其纤维素组分上，这样将纤维素转化成可吸附水体重金属离子的吸附剂方法有很多。概括地说，主要有两种方法：一种方法是在纤维素主链上的官能基团引入或替代成其他新的官能基团，即纤维素衍生化改性；另一种方法是以具有其他官能基团的单体，以支链的形式接入到纤维素主链上，即纤维素的接枝共聚合成改性。

利用我国华南地区丰富的玉米秸秆资源，通过相关的醚化和接枝化技术，制备出相应的玉米秸秆吸附剂，并将它们用来处理以镉离子为例的重金属离子，通过对比表征分析和吸附效果研究，指出这两种改性方法的改性机理以及改性后吸附过程的吸附机理，为后续的实际应用积累经验。

1. 玉米秸秆吸附剂的改性方法

通过一般预处理如粉碎处理，并进行筛分。获得两种不同颗粒的玉米秸秆，一种是过 2～4 目筛的玉米秸秆小颗粒，命名为 RCS-A；另一种是过 20～100 目筛的玉米秸秆粉，命名为 RCS-B。

玉米秸秆吸附剂的改性方法主要是醚化和接枝化改性。其中醚化改性步骤是：先对玉米秸秆进行碱化，目的是使得玉米秸秆的纤维素发生润胀，破坏内部的氢键结构，让受束缚的羟基更多地暴露出来；然后在碱处理的基础上，将丙烯腈的氰基取代羟基，赋予玉米秸秆更好吸附重金属离子的功能。醚化改性制备得到的玉米秸秆吸附剂命名为AMCS。

而接枝共聚改性方法采用化学引发体系，以超纯水为分散剂，以高锰酸钾/浓硫酸引发体系，丙烯腈为单体的条件下对玉米秸秆纤维素进行二元接枝共聚改性。在接枝反应体系中，加入一定量的 N, N-亚甲基双丙烯酰胺作为交联剂，使得纤维素主链之间形成空间网状结构。接枝化改性制备得到的玉米秸秆吸附剂命名为 AGCS。

2. 玉米秸秆吸附剂的改性机理

1）玉米秸秆的醚化机理

主要采用丙烯腈作为醚化剂。在醚化过程中，首先用氢氧化钠处理 RCS-A，即碱液对纤维素起到润胀作用，使得秸秆纤维素物理形态发生变化，结晶区被破坏，无定形区增大，有利于反应试剂接触到纤维素羟基，使醚化反应在更大程度得到实现。Na^+ 对纤维素葡萄糖基 C6 位置的伯羟基上的 H 产生吸引力作用，形成"水合离子"，并以 H_2O的形式脱除出来。此时纤维素葡萄糖基带负电荷，如图 4-20（a）所示，纤维素成为碱纤维素，也是有利于进一步醚化得到纤维素的醚化产物。加入丙烯腈后，丙烯腈分子（RCN，R 为 C＝C）与伯羟基上的 O 发生反应而联接起来，从而氰基（—CN）也被接到纤维素葡萄糖基上，成为纤维素新的官能团，如图 4-20（b）。整个醚化过程也可以看成是羟基上的 H 被—RCN 取代，形成 Cell-CORCN（Cell 为纤维素）的形式，即为制备得到的 AMCS。由于醚化过程中发现有电荷变化，因此对 RCS-A 和 AMCS 进行了表面电位分析，结果发现 RCS-A 的表面电位为 -7.5mV，而 AMCS 为 -10.6mV。这是因为改性前，RCS-A 中的纤维素上的羟基（—OH）以及木质素所带的—COOH 等基团，使得秸秆带负电荷。醚化改性后，引入的氰基（—CN）基团，使得秸秆依然为负电荷。这些变化对于吸附带正电荷的 Cd^{2+} 是非常有利的。

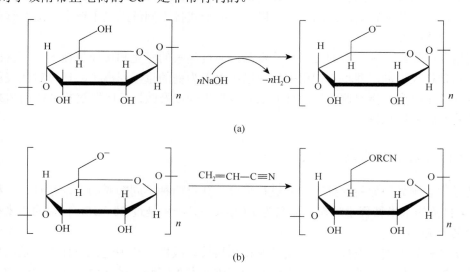

(a)

(b)

图 4-20　玉米秸秆醚化机理示意图

2）玉米秸秆的接枝化机理

接枝化改性初期的引发阶段，RCS-B 在高锰酸钾的作用下，在纤维素分子链上葡萄糖基 C-2 和 C-3 之间断开（图 4-21），此时这两个位置上的仲羟基首先被氧化为醛基，醛基很容易进行重排，变成烯醇结构。烯醇可以进一步与四价锰离子和三价锰离子，在纤维素大分子上产生自由基（图 4-22 中引发阶段）。自由基所产生的位置主要在葡萄糖基上的 C-2 或者 C-3 位置上（图 4-23），从而进一步诱发单体进行接枝共聚反应。玉米秸秆其他组分如半纤维素、木质素和果胶也有类似的现象，在其分子结构上形成相应的自由基（图 4-23）。高锰酸钾与玉米秸秆纤维素及其他组分的接枝共聚反应过程中，锰离子的价态发生了一系列的变化，七价的锰离子会被还原为四价锰离子，进而被还原为三价锰和二价锰离子。

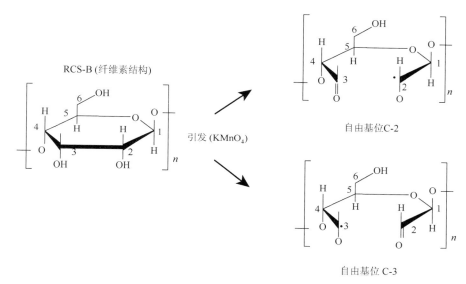

图 4-21　高锰酸钾引发 RCS-B 纤维素组分机理示意图

引发阶段(KMnO$_4$)

$$Cell-OH+Mn^{7+} \longrightarrow Cell=O + Mn^{4+} + 3H^+$$

$$Cell-OH + \begin{cases} Mn^{4+} \\ \\ Mn^{3+} \end{cases} \longrightarrow Cell-O\cdot + \begin{cases} Mn^{3+} + H^+ \\ \\ Mn^{2+} + H^+ \end{cases}$$

链增长阶段

$$Cell-O\cdot + H_2C=CH-CN \longrightarrow Cell\left[\begin{matrix} C-C \\ | \\ CN \end{matrix}\quad\begin{matrix} C-C\cdot \\ | \\ CN \end{matrix}\right.$$

单体 (AN)

终止阶段

$$Cell\left[\begin{matrix} C-C-C-C\cdot \\ | \quad\quad | \\ CN \quad\quad CN \end{matrix}\right]_n + Cell\left[\begin{matrix} C-C-C-C\cdot \\ | \quad\quad | \\ CN \quad\quad CN \end{matrix}\right]_m$$

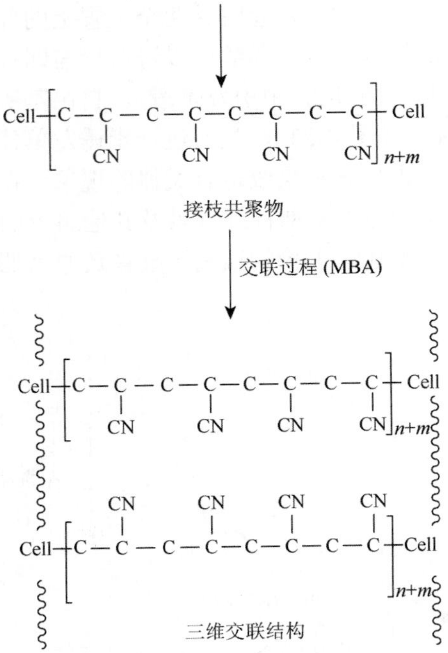

图 4-22　RCS-B 纤维素接枝共聚改性反应

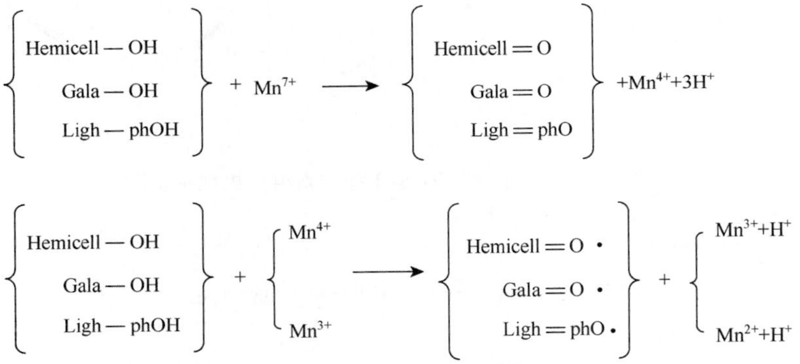

图 4-23　高锰酸钾引发 RCS-B 其他组分机理示意图

注：Hemicell 是半纤维素；Gala 是果胶；Ligh 是木质素

　　在接下来的链增长反应中，纤维素大分子自由基进一步攻击单体丙烯腈分子，使得丙烯腈分子形成自由基。接着，丙烯腈自由基继续攻击另外的丙烯腈分子，再而形成新的自由基。连续不断地进行下去，产生链式反应。在反应的末期，加入适量的阻聚剂后，两个相互的自由基之间反应生成分子结构，自由基不再存在，这是反应的终止阶段。此时，丙烯腈的官能团氰基（—CN）就以支链的形式，成功地接入到纤维素的大分子链上。由于在接枝化过程中，加入了适量的交联剂 N, N-亚甲基双丙烯酰胺，从而在秸秆纤维素大分子链与大分子链之间形成空间三维的交联结构，使得链的联系更为紧密和更加牢固，形成空间网状结构。这时候成功地制备出 AGCS。

3. 玉米秸秆吸附剂的性能测试

1）玉米秸秆醚化吸附剂吸附性能

a. pH 影响

溶液 pH 在吸附过程中是一个非常重要的参数。在设定溶液 pH1.0～7.0 的条件下，RCS-A 和 AMCS 在常温下吸附 Cd^{2+} 的能力如图 4-24 所示。当在 pH 较低的时候（pH 为 1.0～4.0），RCS-A 和 AMCS 吸附容量迅速地增加；当在 pH 较高的时候（pH 为 4.0～7.0），它们的吸附容量增长变得非常缓慢；在 pH 为 7.0 的时候，两者的吸附容量达到最高，分别为 3.2mg/g 和 7.1mg/g。在任何 pH 条件下，AMCS 的吸附容量均优于 RCS-A。

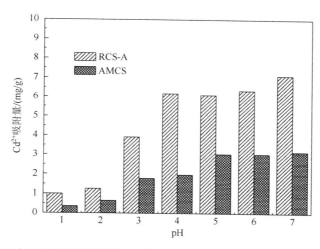

图 4-24　在 293K 下不同溶液 pH 对 RCS-A 和 AMCS 吸附 Cd（Ⅱ）的影响

这种现象可以解释为：当在较低 pH 的时候，酸性很高，溶液中存在着大量的 H^+，这些 H^+ 会与溶液中 Cd^{2+} 竞争 RCS-A 和 AMCS 的吸附位置，并很容易地占据到许多的吸附位，此时 Cd^{2+} 只能留存在溶液中。当在较高 pH 的时候，酸性降低，H^+ 变得很少，这时候有较多的吸附位置倒腾出来提供给 Cd^{2+}，从而使得 AMCS 的吸附容量增加。一般地，离子的吸附高度依赖该离子在溶液中的浓度，浓度越高，被吸附就越好，反之亦然。AMCS 的吸附容量均高于 RCS-A，说明了醚化改性后 AMCS 的比表面积、电荷量和—CN 基团性质均要好于未改性前的性质。基于 pH 为 7.0 的时候，RCS-A 和 AMCS 的吸附效果最好，后续实验的吸附溶液均以此条件为准。

b. 投加量影响

在处理溶液体积和初始浓度不变的情况下，吸附材料的投加量也是影响吸附去除率的重要因素之一。RCS-A 和 AMCS 不同的投加量对其吸附 Cd^{2+} 的影响结果如表 4-8 所示。实验数据表明：随着 RCS-A 和 AMCS 投加量的增加，它们对 Cd^{2+} 的去除率是逐渐增加的，分别从 42.9% 增加到 94.3% 和 4.14% 增加到 30.4%。但是总体来看，它们的吸附容量是降低的，RCS-A 在投加量为 0.5g 时的吸附容量最大，为 3.18mg/g，而 AGCS 在投加量为 0.25g 时的吸附能力最高，为 8.84mg/g。去除率增加的现象是因为吸附剂量的增加，吸附表面积增加，导致提供给 Cd^{2+} 的吸附位置增加（Oliveira et al.，2008）。投加量增加到一定程度后，会额外多出更多的吸附位置，吸附位置就会出现"剩余"的现象，从而单位质量吸附剂的吸附容量变小（Aydin et al.，2008）。

表 4-8　在 293K 下不同投加量对 RCS-A 和 AMCS 吸附 Cd（Ⅱ）的影响

吸附剂	投加量/g	吸附率/%	吸附量/（mg/g）
AMCS	0.25	42.9	8.84
	0.5	68.9	7.11
	0.75	82.7	5.69
	1.0	90.0	4.64
	1.5	94.3	3.24
RCS-A	0.25	4.14	1.19
	0.5	22.6	3.18
	0.75	23.8	2.25
	1.0	27.4	1.95
	1.5	30.4	1.45

c. 吸附等温线

RCS-A 和 AMCS 的吸附等温线分别运用 Langmuir、Freundlich、Tempkin、Dubini-Radushkevich 和 Generalized 吸附等温方程来描述。表 4-9 中的结果是 RCS-A 和 AMCS 的 Langmuir 和 Freundlich 吸附等温式的相关参数。可以看出，两者对水体镉离子的吸附符合 Langmuir 吸附等温式，其相关性分别为 0.945 和 0.991，远大于 Freundlich 等温方程的相关性。而 AMCS 的吸附比 RCS-A 更加符合 Langmuir 吸附等温式。所以清楚地表明了吸附剂表面是比较均匀的，以及各处的吸附能力相同，AMCS 要比 RCS-A 均匀得多，这个结果和从它们的 SEM 图所观察到的结果是一致的；它们的吸附是单分子层的，吸附时间短，而且是单组分吸附。

表 4-9　在 293K 下 Langmuir 和 Freundlich 等温方程的各项参数

	Langmuir			Freundlich		
	q_{max}/（mg/g）	b/（L/mg）	R^2	K_F/（$mg^{1-n}\cdot L^n$/g）	n	R^2
RCS-A	3.39	0.030	0.945	0.379	2.48	0.837
AMCS	12.73	0.020	0.991	1.25	0.401	0.940

从 Langmuir 吸附等温式中可以得到 RCS-A 和 AMCS 的理论最大吸附量，分别是 3.39mg/g 和 12.73mg/g。AMCS 的吸附容量是 RCS-A 的 3.78 倍，这个结果和两者的表征结果得到的性质是相符的，AMCS 的吸附性能优于 RCS-A。在研究的浓度范围内，运用相关公式计算还可得到特征分离常数 R_L，结果发现 $0 < R_L < 1$，这表示 AMCS 和 RCS-A 对水体

镉离子的吸附是优惠吸附。

表 4-10 中的结果是 RCS-A 和 AMCS 的 Tempkin、Dubini-Radushkevich 和 Generalized 吸附等温式的相关参数。从相关性（R^2）大小可以看出，RCS-A 对水体镉离子的吸附不是很符合这三种吸附等温式，而 AMCS 比较符合 Tempkin 和 Dubini-Radushkevich 等温吸附式，但不是很符合 Generalized 吸附等温式。从 Tempkin 等温式中得到的拟合参数，说明了在 AMCS 对水体镉离子的吸附过程中，吸附热随着温度的变化是线性的，是一种化学吸附。然而，在本研究中，AMCS 的吸附是比较适合该等温式的，这是因为在本研究设定的理想条件下，吸附体系是较为简单的，可以满足该等温式所要求达到的条件；从 D-R 等温吸附式中得到的拟合参数，可以看出理论最大吸附容量为 9.59mg/g，这个数值与 Langmuir 吸附等温式得到的存在差值，鉴于 AMCS 更符合 Langmuir 吸附等温式，所以从 Dubini-Radushkevich 等温式得到的理论吸附容量被认为不够好。E 值大于 8.0kJ/mol，表明 AMCS 的吸附属于化学吸附。

表 4-10　在 293K 下 Tempkin、Dubini-Radushkevich 和 Generalized 等温方程的各项参数

	Tempkin				Dubini-Radushkevich				Generalized		
	A_T	B_T	b_T	R^2	$K\times10^{-6}$	Q_m	E	R^2	k_G	N_b	R^2
RCS-A	0.116	1.12	2165	0.876	−0.02	3.27	5.0	0.919	67.0	0.624	0.864
AMCS	0.200	2.85	856	0.935	−0.70	9.59	8.5	0.940	51.5	1.03	0.887

d. 吸附动力学及吸附反应活化能

在 283K、293K、303K 和 313K 四个温度下，考察 AMCS 对水体 Cd^{2+} 的吸附动力学，对其进行了准一级、准二级、颗粒内扩散、Elovich 和双常数动力学方程相关的拟合计算。结果如图 4-25，表 4-11～表 4-13 所示。结果表明：在化学动力模型中，四个不同温度下，AMCS 的吸附动力学最符合准二级动力学方程学，其相关性（R^2）均高于 0.99，而准一级动力学方程的相关性只有 0.5～0.86，从而看出，AMCS 进行吸附中的吸附速率不是与驱动力成正比；而是与驱动力的平方成正比。而且拟合得出的吸附能力与实验得到的结果相比，准二级动力学方程拟合得到的吸附容量接近于实验数据，而准一级动力学方程得到的结果与实测值相差很多，这也说明了准二级动力学方程拟合的准确性要高于准一级动力学方程。k_2 随着温度的升高，增加不明显，幅度很小，而且在 283K 和 293K 之间还有波动，说明温度的提高对 AMCS 吸附能力提升作用不大，由吸附容量的实测值和理论值，都看出 AMCS 吸附容量的波动，但是总体来看（283～313K），升温还是有利于 AMCS 的吸附的。因为较高的温度下，可以使得 AMCS 更多的吸附位置被活化，产生更多新的吸附位置，而且吸附属于吸热反应，通过温度的升高有利于吸附平衡往吸热方向移动，从而增加吸附量。其拟合曲线的趋势如图 4-25 所示和拟合得到的参数由表 4-11 所列。

吸附过程一般可以分为三个阶段。第一阶段表示吸附质扩散到吸附剂表面，也就是膜扩散的过程；第二和第三阶段是吸附质在吸附剂空隙内的扩散过程，即颗粒内扩散过程。对颗粒内扩散动力学模型进行拟合，以 293K 温度下的 "q_t-$t^{0.5}$" 图为例（图 4-26），三个阶段的界定点是数据点发生转折拐点的地方。同样，也可拟合出其他三个温度下的三个阶段，数据如表4-12所列。数据的分析说明了这三个阶段的截距 C 都不为零，这意味着拟合后三个阶段的曲线都是不过原点的直线，颗粒内扩散速率不是控制 AMCS 吸附水体镉离子的唯一速率，而是由膜扩散和颗粒内扩散的速率共同决定的。从相关性（R^2）来看，第一阶段，即膜扩散的拟合很好。第二阶段，也就是颗粒内扩散过程的前半段，拟合也比较好，但是到了第三阶段，颗粒内扩散的后半段，线性就不太好了。整体来看，随着吸附时间的增加，AMCS 的吸附过程越来越不符合颗粒内扩散的要求。

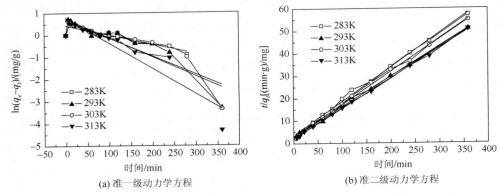

(a) 准一级动力学方程　　　　　　　　　　(b) 准二级动力学方程

图 4-25　在不同温度下，准一级动力学方程和准二级动力学方程的拟合曲线

表 4-11　不同温度下准一级和准二级动力学方程的相关参数

T/K	实验值/（mg/g）	准一级动力学方程			准二级动力学方程		
		q_{eq}/（mg/g）	k_1/min	R^2	q_{eq}/（mg/g）	k_2/[g/（mg·min）]	R^2
283	6.28	2.31	0.0029	0.557	6.60	0.0060	0.997
293	7.07	7.93	0.0094	0.866	7.48	0.0059	0.998
303	6.55	6.13	0.0078	0.727	6.84	0.0079	0.998
313	7.07	6.37	0.0095	0.665	7.46	0.0083	0.999

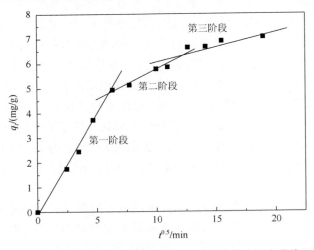

图 4-26　在 293K 下颗粒内扩散动力学模型的拟合曲线

表 4-12　不同温度下颗粒内扩散动力学方程的相关参数

T/K	第一阶段			第二阶段			第三阶段		
	K_{p1}	C	R^2	K_{p2}	C	R^2	K_{p3}	C	R^2
283	0.809	0.036	0.997	0.411	1.57	0.984	0.135	3.86	0.863
293	0.708	0.003	1.00	0.837	−0.336	0.998	0.118	4.93	0.733
303	0.878	0.063	0.982	0.526	1.11	0.987	0.124	4.38	0.915
313	1.02	−0.080	0.982	0.575	1.28	0.941	0.102	5.35	0.907

在表 4-13 中，在其他经验方程中，较为符合 Elovich 经验方程，相关性也在 0.96～0.98 之间；而双常数方程拟合得到的相关性相对要稍低。随着温度的升高，这些方程的拟合常数都有波动，变化不是很规律。

表 4-13　不同温度下 Elovich 和双常数动力学方程的相关参数

T/K	Elovich 动力学方程			双常数方程	
	α	β	R^2	k_0	R^2
283	3.40	1.84	0.980	0.225	0.957
293	125.000	2.02	0.947	0.673	0.897
303	46.400	2.12	0.980	0.515	0.952
313	11.900	2.03	0.961	0.265	0.891

AMCS 的吸附动力学符合准二级动力学方程，所以控制吸附过程中的速率常数 k 就是准二级动力学速率常数 k_2。因此，由 $\ln k_2$ 和 $1/T$ 的关系可以做出图 4-27，并计算得到 AMCS 吸附反应的活化能大小为 9.43kJ/mol。一般认为，物理吸附的活化能是比较低的，小于 4.2kJ/mol。化学吸附的活化能则要比物理吸附大很多，大概在 8.4～83.7kJ/mol（Aksu and Karabbayir，2008）。因此，AMCS 对水体镉离子的吸附属于化学吸附。在 Dubini-Radushkevich 等温式计算得到的吸附自由能（E）值为 8.5kJ/mol，尽管其相关性一般，但也印证了 AMCS 的吸附属性。

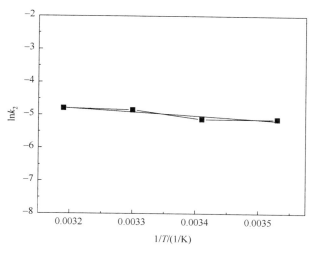

图 4-27　$\ln k_2$ 和 $1/T$ 的关系图

e. 吸附热力学

AMCS 吸附过程中的热力学参数吉布斯自由能（ΔG）、吸附焓（ΔH）和吸附熵（ΔS）可以由相关公式计算。其中，吸附焓（ΔH）和吸附熵（ΔS）中的 $\ln K_D$ 和 $1/T$ 的线性关系中（图 4-28）求出；吉布斯自由能（ΔG）在 283、293、303 和 313K 四个不同的温度下的大小如表 4-14 所示。吉布斯自由能（ΔG）为负值，说明 AMCS 对 Cd（Ⅱ）的吸附是自发的，而且随着温度的升高，自发程度增大；吸附焓（ΔH）为正值说明 AMCS 对 Cd（Ⅱ）的吸附是一个吸热过程。吸附熵（ΔS）是整个吸附体系过程中熵变的代数和关系，它指出了整个体系内部存在状态的混乱程度。如果熵值较小，说明体系是一个比较有序的状态，反之，体系是一个比较无序的状态。AMCS 较小的吸附熵值（ΔS）说明了 AMCS 吸附体系是一个有序的状态，而且吸附熵（ΔS）为正值，说明 AMCS 对水体镉离子有较好的吸附亲和力。

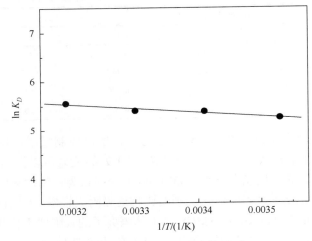

图 4-28　$\ln K_D$ 和 $1/T$ 的线性关系

表 4-14　AMCS 吸附 Cd（Ⅱ）的热力学参数值

T/K	$E_a/$（kJ/mol）	$\Delta G/$（kJ/mol）	$\Delta H/$（kJ/mol）	$\Delta S/$[kJ/（mol·K）]
283		−12.4		
293		−13.1	6.85	0.068
303	9.43	−13.6		
313		−14.5		

2）玉米秸秆接枝化吸附剂吸附性能

a. 吸附剂尺寸影响

RCS-B 是过 20～100 目筛的玉米秸秆粉，如果将 RCS-B 分别过 40 目和 60 目进行进一步的筛分，可以得到三种不同尺寸的 RCS-B，它们的尺寸分别是：0.45～0.90mm、0.30～0.45mm 和 0.15～0.30mm 三种粉末。将它们接枝化改性后，就得到这三种不同尺寸的 AGCS。研究不同尺寸下 AGCS 对水体镉离子的吸附能力，结果如图 4-29 所示，结果表明,经过进一步的筛分,AGCS 的吸附能力无任何明显的变化。这说明了 AGCS 具有吸附能力,依靠化学吸附产生作用。尺寸的改变所导致的比表面积的变化,只能使得 AGCS 的物理吸附能力会有相应提高,但是物理吸附对 AGCS 吸附的贡献远远小于化学吸附的贡献。在筛分的过程中发现,获得 0.30~0.45mm 尺寸 AGCS 的质量较多,所以后续实验都是以 0.30~0.45mm 尺寸大小的 AGCS 为主。

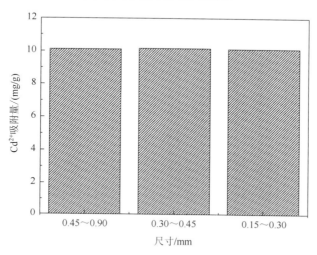

图 4-29　不同尺寸大小的 AGCS 对 Cd（Ⅱ）的吸附影响

b. pH 影响

溶液的 pH 在吸附过程中是一个很关键的参数（Aydın et al., 2008；Taty-Costodes et al., 2003）,而且对初始溶液 pH 影响的研究远比研究吸附后 pH 的影响要有意义得多（Wara-misantigul et al., 2003）。设定溶液 pH 在 1.0~7.0 的条件下,测试 RCS-B 和 AGCS 吸附 Cd^{2+} 的大小能力如图 4-30 所示。当在 pH 为 1.0 时,RCS-B 和 AGCS 对 Cd^{2+} 的去除率分别只有 1.0%和 13.6%。当在 pH 从 1.0 升高到 3.0 时后,RCS-B 和 AGCS 对 Cd^{2+} 的去除率迅速地升高,分别从 1.0%升高到 19.3%和 13.6%升高至 95.6%；当在 pH 较高的时候（pH 为 4.0~7.0）,它们去除镉离子效率增长变得非常缓慢；两者对 Cd^{2+} 的最高去除率分别为 29.4 和 98.0%。RCS-B 和 AGCS 对 Cd^{2+} 的吸附容量规律相同,也是先迅速增加后基本不再明显的增加。在任何 pH 的条件下,AGCS 的吸附容量均优于 RCS-B。

这种变化与 RCS-A 和 AMCS 的吸附变化基本相似。所不同的是 AGCS 在 pH 为 3.0 的时候,吸附容量增加开始变得缓慢,而且吸附容量值与在 pH 为 7.0 的最高值很接近；而 AMCS 在 pH 为 4.0 时吸附容量增加才开始变得缓慢,而吸附容量值还远未达到最高值,可以看出在处理水体 Cd^{2+} 的时候,AGCS 所适应的溶液 pH 浓度范围要比 AMCS 广,而且处理效果要优于 AMCS 的。在实际应用中,许多废水的 pH 普遍较低,如酸性矿山废水（AMD）。此时 AGCS 的应用能力要比 AMCS 好得多。

与 RCS-A 和 AMCS 吸附解释相同,RCS-B 和 AGCS 吸附现象同样可以解释为：在较低 pH 的时候,溶液中存在着大量的 H^+,会与溶液中 Cd^{2+} 竞争吸附剂的吸附位置。在较高 pH 时,H^+ 浓度低于 Cd^{2+} 的浓度,此时 Cd^{2+} 可以占据吸附剂更多的吸附位,从而导致它们的去除率升高和吸附容量增加。正如相关的研究表明，离子的吸附高度依赖该离子在溶液中的浓度，浓度越高，被吸附就越好，反之亦然（Aydın et al.，2008）。AGCS 的吸附容量均高于 RCS-B，这说明了接枝化改性后 AGCS 的比表面积、电荷量、空间结构和—CN 基团等性质均要好于未改性前的性质。AGCS 的吸附容量和 pH 的适应范围均好于 AMCS，说明了接枝化改性后 AGCS 的性质优于醚化改性后 AMCS 的性质，这与表征分析结果是一致的。

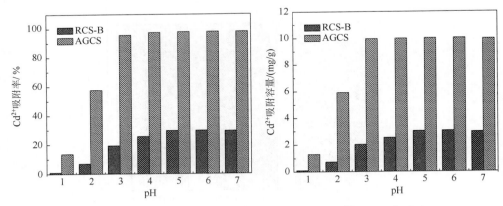

图 4-30　不同溶液 pH 对 RCS-B 和 AGCS 吸附 Cd^{2+}（Ⅱ）的影响

c. 投加量影响

吸附剂的投加量也是一个很重要的参数，它可在一个给定的吸附质浓度下考核吸附剂的吸附能力（Aydın et al.，2008）。不同的 RCS-B 和 AGCS 投加量对其吸附 Cd^{2+} 的影响结果如表 4-15 所示。实验数据表明：随着 RCS-B 和 AGCS 的投加量的增加，它们对 Cd^{2+} 的去除率是逐渐增加的，分别从 1.5% 增加到 74.8% 和 16.0% 增加到 99.2%。但是，它们的吸附容量是先增加后降低的，RCS-B 在投加量为 0.5g 时的吸附容量最大，为 3.75mg/g，而 AGCS 在投加量为 0.2g 时的吸附能力最高，为 10.72mg/g。吸附容量先增加的现象是因为吸附剂量的增加，吸附表面积增加，导致提供给 Cd^{2+} 的吸附位置增加（Oliveira et al.，2008）。投加量增加到一定程度后，会额外多出更多的吸附位，吸附位置就会出现"剩余"，从而单位质量吸附剂的吸附容量变小（Aydın et al.，2008）。RCS-B 与 RCS-A 的吸附容量高，是因为 RCS-B 的颗粒尺寸小于 RCS-A，吸附表面积大于 RCS-A；AGCS 也要优于 AMCS，这是因为除了 AGCS 尺寸小表面积大外，关键是接枝化改性后 AGCS 的性质优于醚化改性后 AMCS 的性质。

表 4-15　不同的 RCS-B 和 AGCS 投加量下它们对 Cd^{2+} 吸附容量的影响

吸附剂	投加量/g	吸附率/%	吸附量/（mg/g）
	0.1	16.0	8.00
	0.2	42.9	10.7
AGCS	0.5	96.8	9.68
	1.0	98.5	4.93
	2.0	99.2	2.48

续表

吸附剂	投加量/g	吸附率/%	吸附量/（mg/g）
RCS-B	0.1	1.5	0.75
	0.2	7.3	1.82
	0.5	37.5	3.75
	1.0	53.2	2.66
	2.0	74.8	1.87

d. 吸附等温线

RCS-B 和 AGCS 的吸附等温线也分别地运用 Langmuir、Freundlich、Tempkin、Dubini-Radushkevich 和 Generalized 吸附等温方程来描述，各项参数同样通过计算得出，结果如表 4-16 和表 4-17 所示。在表 4-16 中的结果是 RCS-B 和 AGCS 的 Langmuir 和 Freundlich 吸附等温式的相关参数。可以看出，两者对水体镉离子的吸附符合 Langmuir 吸附等温式，其相关性分别为 0.9221 和 0.9725，远大于 Freundlich 等温方程的相关性。而 AGCS 的吸附也比 RCS-A 更加符合 Langmuir 吸附等温式。这也表明了 AGCS 与 AMCS 一样，其吸附剂表面是比较均匀的，以及各处的吸附能力相同，AGCS 也要比 RCS-B 要均匀得多，这个结果同样与从 AGCS 的 SEM 图所观察到的结果一致。从 Langmuir 吸附等温式中可以得到 RCS-B 和 AGCS 的理论最大吸附量，分别是 3.81mg/g 和 22.17mg/g。AGCS 的吸附容量是 RCS-B 的 5.82 倍，这个结果和两者的表征结果得到的性质是符合的。与 AMCS 相比，AGCS 的吸附容量是 AMCS 的 1.74 倍。AGCS 的吸附性能优于 AMCS，更优于 RCS-B。与 RCS-A 相比，RCS-B 的吸附容量稍大，这是因为 RCS-B 的尺寸比 RCS-A 要小，比表面积大。在研究的浓度范围内，计算特征分离常数 R_L，结果发现 $0 < R_L < 1$，这表示 AGCS 和 RCS-B 对水体镉离子的吸附是优惠吸附。

表 4-16　Langmuir 和 Freundlich 等温方程的各项参数

吸附剂	Langmuir 吸附等温线			Freundlich 吸附等温线	
	方程式	q_{max}/（mg/g）	R^2	方程式	R^2
AGCS	$\dfrac{c_{eq}}{q_{eq}} = 0.0451 c_{ep} + 0.2721$	22.17	0.9725	$\ln q_{eq} = 0.0993 \ln c_{eq} + 2.5517$	0.4081
RCS-B	$\dfrac{c_{eq}}{q_{eq}} = 0.2628 c_{ep} + 6.6283$	3.81	0.9221	$\ln q_{eq} = 0.599 \ln c_{eq} - 1.841$	0.8243

表 4-17　Tempkin，Dubini-Radushkevich 和 generalized 等温方程的各项参数

吸附剂	Tempkin 吸附等温线		Dubini-Radushkevich 吸附等温线		Generalized 吸附等温线	
	方程式	R^2	方程式	R^2	方程式	R^2
AGCS	$q_{ep} = 2.0461 \ln c_{ep} + 11.123$	0.38	$q_{ep} = 20.478 \exp(-7 \times 10^{-6} \varepsilon^2)$	0.17	$\log\left(\dfrac{22.17}{q_{ep}} - 1\right) = -0.4729 \log c_{eq} + 0.1115$	0.64
RCS-B	$q_{ep} = 0.2432 \ln c_{ep} + 1.9686$	0.05	$q_{ep} = 2.9986 \exp(-1 - 10^{-5} \varepsilon^2)$	0.002	$\log\left(\dfrac{22.17}{q_{ep}} - 1\right) = 0.9945 \log c_{eq} - 2.8709$	0.10

表 4-17 中的结果是 RCS-B 和 AGCS 的 Tempkin、Dubini-Radushkevich 和 Generalized 吸附等温式的相关参数。从相关性（R^2）大小可以看出，RCS-B 和 AGCS 对水体镉离子的吸附都不符合这三种吸附等温式。

e. 吸附动力学

在水体镉离子初始浓度为 314mol/L、413mol/L 和 471mol/L 三个浓度度下，考察 AGCS 对水体 Cd^{2+} 的吸附动力学，对其进行了准一级、准二级、颗粒内扩散、Elovich 和双常数动力学方程相关的拟合计算。结果如表 4-18～表 4-20 所示。结果表明：在化学动力模型中，三个不同浓度下，AGCS 的吸附动力学最符合准二级动力学方程，其相关性（R^2）均高于 0.99，而准一级动力学方程的相关性只有 0.45～0.60，从而看出，AGCS 吸附中吸附速率不是与驱动力成正比的关系，而是与驱动力的平方成正比的化学吸附，AGCS 的吸附性质与 AMCS 一样。而且拟合得出的吸附能力与实验得到的结果相比，准二级动力学方程拟合得到的吸附容量接近于实验数据，而准一级动力学方程得到的结果与实测值相差很多，这也说明了准二级动力学方程拟合的准确性要高于准一级动力学方程。

与 AMCS 一样，AGCS 的吸附过程也分为三个阶段：第一阶段的膜扩散的过程，以及第二和第三阶段的颗粒内扩散过程。对颗粒内扩散动力学模型进行拟合，以初始浓度为 314mg/L 下的 "q_t-$t^{0.5}$" 图为例（图 4-31），三个阶段的界定点同样是在数据点发生转折拐点的地方。同样，可拟合出另两个不同初始浓度下的三个阶段，拟合数据如表 4-19 所示。在对颗粒内扩散动力学模型进行拟合中发现，在三个不同初始浓度的三个阶段的截距 C 也都不为零，这意味着拟合后三个阶段的曲线都是不过原点的直线，颗粒内扩散速率也不是控制 AGCS 吸附水体镉离子的唯一速率，而是由膜扩散和颗粒内扩散的速率共同决定的。从相关性（R^2）来看，第一阶段，即膜扩散的拟合很好。第二阶段，也就是颗粒内扩散过程的前半段，拟合也比较好，但是到了第三阶段，颗粒内扩散的后半段，线性较差。整体来看，随着吸附时间的增加，AMCS 的吸附过程越来越不符合颗粒内扩散的要求。这个特征里，AGCS 和 AMCS 也是相似的。

表 4-18　不同温度下准一级动力学方程和准二级动力学方程的拟合曲线

C/（mg/L）	实验值/（mg/g）	准一级动力学方程			准二级动力学方程		
		q_{eq}/（mg/g）	k_1/min	R^2	q_{eq}/（mg/g）	k_2/[g/（mg·min）]	R^2
314	30.1	17.0	0.024	0.601	29.9	0.008	1.000
413	28.4	12.8	0.034	0.451	28.6	0.012	1.000
471	30.0	61.1	0.040	0.590	31.3	0.003	0.996

表 4-19　不同温度下颗粒内扩散动力学方程的相关参数

C/（mg/L）	第一阶段			第二阶段			第三阶段		
	K_{p1}	C	R^2	K_{p2}	C	R^2	K_{p3}	C	R^2
314	12.7	0.265	0.989	2.88	19.5	0.994	1.40	23.7	0.960
413	13.0	0.016	1.000	4.59	14.2	0.895	0.632	25.7	0.369
471	6.84	0.543	0.962	2.57	8.95	0.886	3.58	10.4	0.616

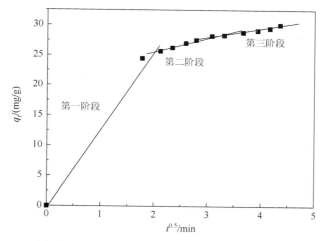

图 4-31　在初始浓度为 314mg/L 下颗粒内扩散动力学模型的拟合曲线

表 4-20 中，在其他经验方程中，低浓度的情况下，符合 Elovich 经验方程和双常数方程，相关性约为 0.989；而在浓度升高的情况下，拟合得到的相关性降低。Elovich 经验方程中的 α 随着浓度的增加而变大，说明浓度越大，AGCS 吸附 Cd（Ⅱ）离子的起始速率越大。双常数方程中的常数 k_0 也是随着浓度的增大而变大的。

表 4-20　不同温度下 Elovich 和双常数动力学方程的相关参数

C/（mg/L）	Elovich 动力学方程			双常数方程	
	α	β	R^2	k_0	R^2
314	2.8E06	0.679	0.989	1.47	0.989
413	4.4E04	0.544	0.892	1.84	0.892
471	11.5	0.212	0.885	4.73	0.885

4. 玉米秸秆吸附剂的吸附机理

1）AMCS 吸附 Cd（Ⅱ）机理

如图 4-32 所示，AMCS 吸附水体 Cd^{2+} 主要有以下的机理：①AMCS 的物理吸附，依靠醚化改性后获得的较大比表面积和孔隙层状结构，给 Cd^{2+} 提供较多的吸附位；②AMCS 的化学吸附，AMCS 结构中的新官能团氰基（—CN）的作用，由于—CN 中的 N 有孤对电子，而 Cd^{2+} 提供空轨道，所以—CN 对其具有配位络合作用，这个作用在吸附过程中起到最重要的作用。图 4-32（b）显示了 AMCS 中纤维素大分子链上的吸附 Cd^{2+} 效果图，既有单根分子链中葡萄糖基 C-6 位上的配位络合作用，也有相邻 C-6 位上的配位络合作用，还有不同分子链之间的 C-6 位上配位络合作用；③AMCS 的表面电位是带负电荷，而 Cd^{2+} 是金属阳离子，带正电荷，它们之间产生静电吸附作用。

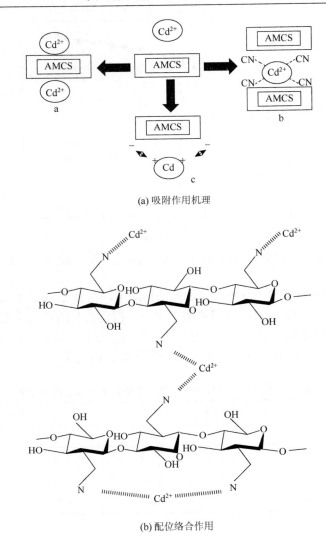

(a) 吸附作用机理

(b) 配位络合作用

图 4-32　AMCS 吸附 Cd^{2+}的机理示意图

2）AGCS 吸附 Cd（Ⅱ）机理

如图 4-33 中所示，AGCS 吸附水体 Cd^{2+}主要归纳为以下的机理：①AGCS 的物理吸附，这是依靠接枝化改性后获得较大的比表面积和孔隙层状结构，给 Cd^{2+}提供较多的吸附位。②AGCS 的化学吸附，AGCS 结构中的新官能团氰基（—CN）的作用，由于—CN 中的 N 有孤对电子，而 Cd^{2+}提供空轨道，所以—CN 对其具有配位络合作用，这个作用在吸附过程中起到最重要的作用。相比图 4-32（b），可以推测到接枝化改性中—CN 以支链形式接入 AGCS 结构中的数目，要比醚化过程—CN 以类似取代的方式引入 AMCS 结构上的数目要多得多，而且也要牢固得多。图 4-33（b）中详细地表达了 AGCS 中纤维素大分子链上的吸附 Cd^{2+}效果图，有单根大分子链中同一支链上—CN 对其配位络合作用，也有单根大分子链中相邻支链的—CN 配位络合作用，还有不同分子链之间（包括前后左右等不同方位）支链上—CN 的配位络合作用。③经过表面电位分析，AGCS

的表面电位为-12.7mV，带负电荷，而 Cd^{2+} 是金属阳离子，带正电荷，它们之间产生静电吸附作用。④由于交联剂的交联作用，在纤维素大分子链之间形成的空间三维网状结构，对 Cd^{2+} 起到空间网捕的效果。

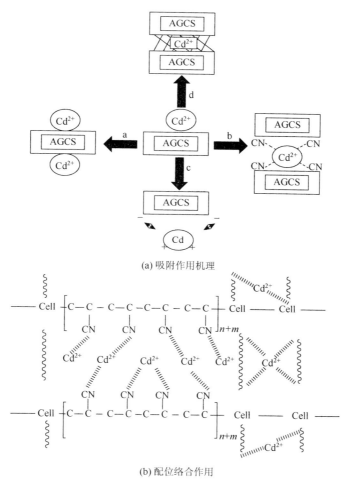

(a) 吸附作用机理

(b) 配位络合作用

图 4-33 AGCS 吸附 Cd^{2+} 的机理示意图

4.3.2 吸附剂的制备

在初期针对江西省定南县多种农林秸秆材料，如板栗壳、花生壳、玉米秸秆和杉树枝叶等的调查发现，当地的花生壳产量更为丰富，容易收集处理，而且还具备一定的吸附性能。但是，在进一步吸附性能的测试分析中，结果同样表明花生壳的直接吸附能力非常有限。因此，借助前面对玉米秸秆的研究工作，继续采用化学改性增强花生壳吸附能力。

利用廉价的化学试剂（如 $KMnO_4$、H_2O_2 和 C_2H_5OH 等）对花生壳进行改性，以便在兼顾总体成本的基础上，最大限度地提高花生壳的吸附性能，制备出性能优良的重金属吸附剂。

　　在实验研究过程中，将采集的花生壳用自来水浸泡 5h，冲洗干净后置于 60℃烘箱中烘干。进一步将烘干的材料剪切为 1cm^2 的小块，密封保存备用。分别以浓度为 1g/L、5g/L、10g/L、15g/L 和 20g/L 的 KMnO$_4$ 溶液，10mL/L、50mL/L、100mL/L、150mL/L、200mL/L 的 H$_2$O$_2$ 和 C$_2$H$_5$OH 溶液对花生壳进行改性。花生壳与改性溶液的质量比为 1：500，改性反应 24h。将制备好的吸附剂分别置于 100mg/L 的 Cd^{2+} 和 Pb^{2+} 溶液中，充分振荡达到吸附后，用 ICP 测定容易材料重金属浓度，以此计算不同改性条件下，花生壳的吸附性能。实验结果如图 4-34 所示。

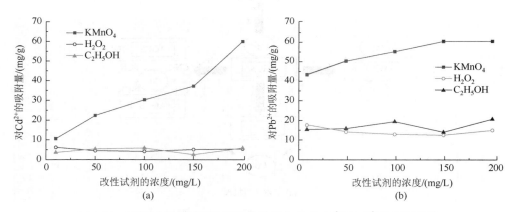

图 4-34　不同试剂在不同浓度下改性花生壳对 Cd^{2+} 和 Pb^{2+} 的吸附曲线

　　从图 4-34 中可见，KMnO$_4$ 改性花生壳的吸附效果显著优于其他两种改性方法，且吸附能力随着改性浓度的增加逐步上升至稳定值。为此，选取 KMnO$_4$ 为改性试剂，最佳的改性浓度是 15g/L，即 0.1mol/L。

1. 改性花生壳的表征

1）改性花生壳扫描电镜（SEM）的分析

　　从图 4-35 中所示的花生壳改性前后的 SEM 图像可以看出，改性前花生壳的表面有着紧密的纤维素结构，改性后花生壳的表面增加了很多的孔隙和通道，原来的纤维素连接被打断，这使得花生壳的比表面积增大，并且有利于花生壳上的有效吸附位点与溶液中重金属离子的接触和新官能团的接入。

改性前花生壳内表面　　　　　　改性后花生壳内表面

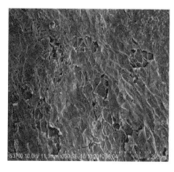
改性前花生壳外表面

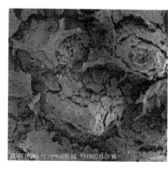
改性后花生壳外表面

图 4-35 花生壳改性前后 SEM 图

2）改性花生壳 IR-ATR 的分析

从图 4-36 发现，改性后的花生壳在 699cm^{-1} 和 1266cm^{-1} 处的 C—OH 振动峰增大，表明羟基增多。823cm^{-1} 和 1186cm^{-1} 处的 β-1，4-糖苷键的特征峰，峰值减小，说明改性后花生壳纤维素中葡萄糖分子间的化学键被打断。1026cm^{-1} 处为纤维素和半纤维素中的 C—O 键的伸缩振动峰，其峰值的减小是由纤维素中的葡萄糖的分子环被破坏所造成。1718cm^{-1} 处羧基的伸缩振动峰的降低说明羧基被转化为其他的形态。2916cm^{-1} 处 C-H 伸缩振动峰的减小，表明改性后花生壳中纤维素上的质子被取代，连接上了更多的其他官能团；3422cm^{-1} 处的酚羟基也减小，表明改性后花生壳中的部分酚羟基转化为其他物质。虽然改性后官能团有所变化，但是依然保持纤维素主体结构。

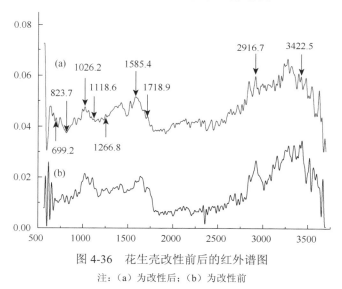

图 4-36 花生壳改性前后的红外谱图

注：（a）为改性后；（b）为改性前

3）改性花生壳 XRD 的分析

从 XRD 谱图（图 4-37）可以看出，$2\theta=16°$ 是结晶度较低的聚多糖结构的弱峰，$2\theta=22°$ 是纤维素高度结晶度化的尖峰，在改性后两处的特征峰消失，即纤维素的结晶结构遭到破坏，纤维素分子之间的链接被打断，使更多化学基团暴露出来，有利于与金属离子结合。

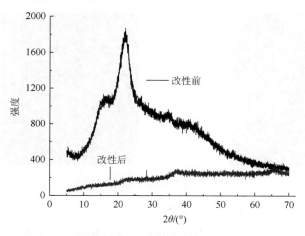

图 4-37 花生壳改性前后的 XRD 图

2. 改性花生壳的吸附性能研究

在获得最佳改性条件的基础上，以 Cd^{2+} 和 Pb^{2+} 为研究对象，对花生壳改性吸附剂的吸附性能进行了研究。

1) 吸附时间对吸附的影响

以 100mg/L 为吸附溶液，2g/L 的吸附剂投加量，温度 25℃ 为初始条件，分别在不同时间测得溶液中重金属离子的浓度，绘制如图 4-38 吸附量随吸附时间的变化曲线。从图中可以看出，无论是 Cd^{2+} 还是 Pb^{2+} 在 24h 时均达到吸附平衡。

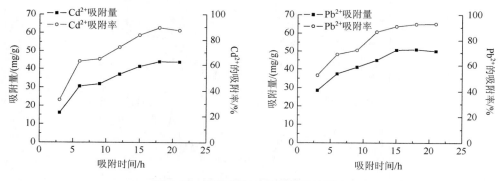

图 4-38 吸附时间对吸附效果的影响

2) 吸附剂投加量的影响

在 100mg/L 的吸附溶液，25℃，反应 24h 的前提下，分别以 1g/L、2g/L、4g/L、6g/L、8g/L 为吸附剂投加量，探讨投加量对吸附量的影响，其结果如图 4-39 所示。从中可以看出，最佳的投加量在 2～4g/L。在考虑吸附效果和吸附剂利用率的基础上，选用投加量为 2g/L。

3) 溶液初始 pH 对吸附的影响

在 100mg/L 的吸附溶液，吸附剂投加量为 2g/L，25℃ 的前提下，调节溶液的 pH 至 2.6、3.6、4.4、5.3 和 6.3，反应 24h 测得溶液中金属离子浓度，结果如图 4-40 所示。从中可以看出，溶液初始 pH 对 Pb^{2+} 的吸附影响很小，最佳 pH 为 4.5；初始 pH 对 Cd^{2+} 的吸附影响较大，随着 pH 从 2.5 到 6.5 渐渐增加，Cd^{2+} 的吸附量也逐渐增大，最佳 pH 为 6.5。其原因是 pH 升高时会增加生物吸附材料表面的负电荷，促进 Cd^{2+} 的吸附。

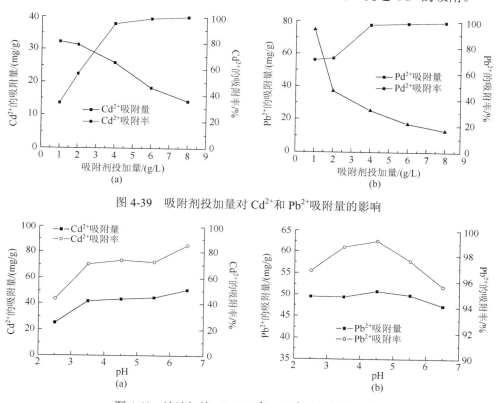

图 4-39　吸附剂投加量对 Cd^{2+} 和 Pb^{2+} 吸附量的影响

图 4-40　溶液初始 pH 对 Pb^{2+} 和 Cd^{2+} 吸附量的影响

4）初始离子浓度对吸附的影响

初始离子浓度分别为 10mg/L、20mg/L、50mg/L、100mg/L、150mg/L、200mg/L 的吸附结果如图 4-41 所示。随着 Cd^{2+} 初始浓度的增大，吸附剂对 Cd^{2+} 的吸附量先增加后减小，增加的幅度先快后慢；而吸附剂对 Pb^{2+} 的吸附量随着 Pb^{2+} 初始浓度的增大基本呈正比增长，浓度高于 200mg/L 时不再增长。

5）吸附动力学的研究

通过实验，得到吸附量 q_t 对吸附时间 t 的相对关系曲线，如图 4-42 所示。从图 4-42A 中可以看出，改性花生壳对 Cd^{2+} 的吸附动力学的吸附过程分为三个阶段：快速吸附、慢速吸附和吸附平衡阶段。第一阶段为快速吸附阶段，时间为 0～3h，此阶段吸附剂表面的活性位点多，Cd^{2+} 浓度高，吸附传质动力较大，因而吸附速度快。第二阶段为慢速吸附阶段，时间为 3～18h，吸附量的增长速率有所减缓，但增长趋势仍然较大且近乎匀速增长，这是因为此时吸附剂表面的吸附位点还没有达到完全饱和，吸附量仍然在缓慢地增加。第三阶段为吸附平衡阶段，吸附时间为 18h 以后，吸附剂对 Cd^{2+} 的吸附基本达到饱和。同理可以看出 Pb^{2+} 的吸附动力学过程基本可以分为两个阶段：快速增长阶段和吸附平衡阶段。快速吸附阶段为 0～10h，改性花生壳对 Pb^{2+} 的吸附量增长趋势近乎为对数性增长，原因同 Cd^{2+} 的快速吸附阶段。第二阶段为吸附平衡阶段，吸附时间为 10h 以后，此时吸附已经达到几乎饱和，吸附量的增长不明显，并渐趋平稳，吸附剂对 Pb^{2+} 的吸附基本达到饱和。与改性花生壳对 Cd^{2+} 的吸附动力学过程呈现出较强的线性增长趋势不同，改性花生壳对 Pb^{2+} 的吸附动力学过程更加快速，在开始吸附的阶段一直保持快速增长，也说明该吸附剂对 Pb^{2+} 的吸附性更强。

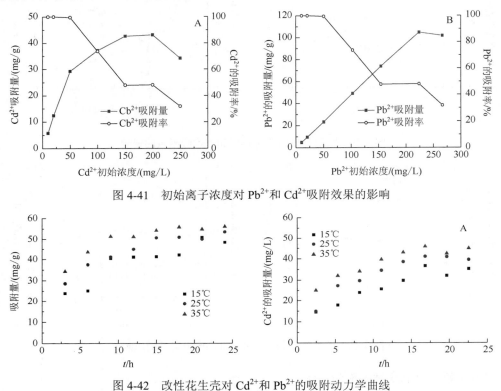

图 4-41　初始离子浓度对 Pb^{2+} 和 Cd^{2+} 吸附效果的影响

图 4-42　改性花生壳对 Cd^{2+} 和 Pb^{2+} 的吸附动力学曲线

　　分别用粒内扩散模型、准一级动力学模型和准二级动力学模型对改性花生壳吸附 Cd^{2+} 和 Pb^{2+} 的吸附动力学曲线数据进行拟合，得到拟合示意图如图 4-43 和图 4-44 所示，拟合参数见表 4-21。

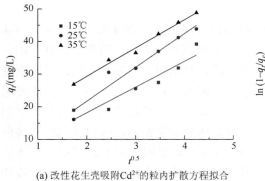

(a) 改性花生壳吸附 Cd^{2+} 的粒内扩散方程拟合

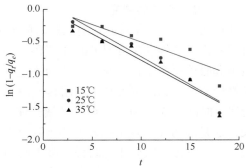

(b) 改性花生壳吸附 Cd^{2+} 的准一级动力学方程拟合

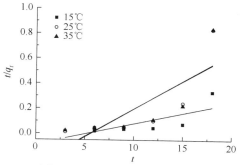

(c) 改性花生壳吸附Cd²⁺的准二级动力学方程拟合

图 4-43　改性花生壳吸附 Cd²⁺ 的动力学方程拟合

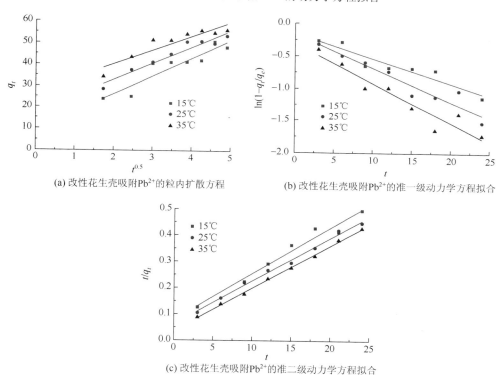

(a) 改性花生壳吸附Pb²⁺的粒内扩散方程　　　(b) 改性花生壳吸附Pb²⁺的准一级动力学方程拟合

(c) 改性花生壳吸附Pb²⁺的准二级动力学方程拟合

图 4-44　改性花生壳吸附 Pb²⁺ 的动力学方程拟合

表 4-21　改性花生壳吸附 Cd²⁺ 和 Pb²⁺ 的动力学模型拟合参数

	T/K	粒内扩散模型		准一级动力学模型		准二级动力学模型		
		k_{id}	R^2	k_1	R^2	q_e	k_2	R^2
Cd²⁺	288	7.86	0.865	0.054	0.733	60.6	−0.0032	0.481
	298	10.3	0.933	0.085	0.910	22.1	−0.0079	0.564
	308	8.69	0.986	0.080	0.885	22.5	−0.0078	0.540
Pb²⁺	288	8.34	0.848	0.038	0.864	56.6	39.8	0.964
	298	7.53	0.931	0.052	0.901	60.7	43.8	0.993
	308	6.43	0.829	0.061	0.896	61.4	72.8	0.998

k_{id}：mg/（g·min⁰·⁵），k_1：h⁻¹，k_2：g/（mg·h）

由拟合结果可以看出，改性花生壳吸附剂对 Cd^{2+} 的吸附动力学数据的拟合结果中，用内扩散模型拟合得到的相关系数高于准一级动力学模型和准二级动力学模型的拟合相关系数，因此该改性花生壳吸附剂对 Cd^{2+} 的吸附数据使用粒内扩散模型拟合更为适宜。对 Pb^{2+} 的吸附动力学数据的拟合结果显示，用准二级动力学模型拟合得到的相关系数高于准一级动力学模型和粒内扩散模型的拟合相关系数，且均接近于 1，因此高锰酸钾改性花生壳吸附剂对 Pb^{2+} 的吸附动力学过程更符合准二级动力学模型。

6）改性花生壳的吸附热力学特性

不同温度下改性花生壳对重金属的吸附曲线如图 4-45 所示。吸附剂对 Cd^{2+} 的吸附仍然存在初始离子浓度达到某一值后，随初始离子浓度的增加出现下降趋势。吸附剂对 Cd^{2+} 的吸附量随着温度的升高吸附量呈升高趋势。从图可以看出，吸附剂对于 Pb^{2+} 的吸附在温度达到 25℃ 和 35℃ 时呈现的吸附量梯度差异并不明显，但是络合吸附为化学反应且为吸热反应，因此推测吸附剂对 Pb^{2+} 的吸附包括一部分的非络合吸附。

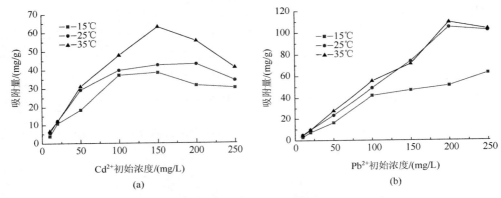

图 4-45　改性花生壳对 Cd^{2+} 和 Pb^{2+} 的吸附等温曲线

分别用 Langmuir 等温方程式、Freundlich 等温方程式对改性花生壳吸附 Cd^{2+} 和 Pb^{2+} 的吸附等温数据进行拟合，得到拟合示意图如图 4-46 和图 4-47 所示，各模型拟合得到的参数如表 4-22 所示。

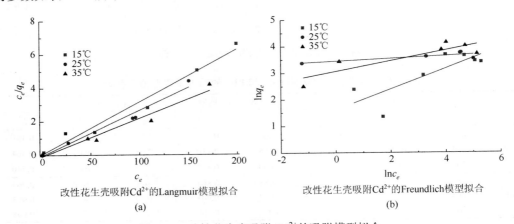

图 4-46　改性花生壳吸附 Cd^{2+} 的吸附模型拟合

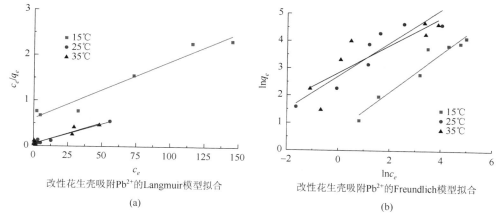

改性花生壳吸附Pb²⁺的Langmuir模型拟合
(a)

改性花生壳吸附Pb²⁺的Freundlich模型拟合
(b)

图 4-47　改性花生壳吸附 Pb²⁺的吸附模型拟合

表 4-22　改性花生壳吸附 Cd²⁺ 和 Pb²⁺ 的吸附等温方程拟合参数

	T/K	Langmuir 模型			Freundlich 模型		
		$q_m/$（mg/g）	b/（L/mg）	R^2	$k_F/$（mg/g）	$1/n$	R^2
Cd²⁺	288	31.9	0.948	0.963	5.01	2.57	0.577
	298	36.7	−0.451	0.975	31.4	20.4	0.470
	308	43.8	−0.222	0.961	21.4	5.08	0.688
Pb²⁺	288	79.3	0.020	0.945	2.05	1.39	0.934
	298	114	0.163	0.952	15.1	1.62	0.826
	308	119	0.187	0.946	17.0	1.96	0.710

由吸附等温方程的拟合效果图及各拟合方程的相关系数可以看出，改性花生壳对 Cd²⁺的吸附过程更符合 Langmuir 模型，且相关系数均接近于 1，说明吸附反应以单分子层吸附为主。吸附 Pb²⁺有同样的规律。吸附剂对 Cd²⁺的吸附是均匀的表面吸附过程，即每个吸附位点仅与一个金属离子反应。改性花生壳对 Cd²⁺的吸附量在初始浓度大于 200mg/L 时开始出现下降，这是因为高锰酸钾改性花生壳对 Cd²⁺的吸附类型主要是静电吸附，在 Cd²⁺的浓度较大时会增大体系中的空间阻力或静电斥力，导致在 Cd²⁺的初始浓度增大时吸附量反而下降。从图 4-47 中可以看出，高锰酸钾改性花生壳吸附剂对 Pb²⁺的饱和吸附量 q_m 随着温度的升高而增大，说明吸附剂对 Pb²⁺的吸附过程是吸热的；温度的升高有利于该吸附剂的吸附性能的增强，温度升高对该吸附剂对 Pb²⁺的吸附起到促进作用。可见，高锰酸钾改性花生壳对 Cd²⁺和 Pb²⁺都具有较好的吸附能力。

7）Cd²⁺和 Pb²⁺的竞争吸附研究

由于实际水体往往共存多种重金属离子，为此，考察了 Cd²⁺和 Pb²⁺这两种典型重金属离子在改性花生壳上的竞争吸附行为。

以吸附剂投加量 2g/L 为前提，分别将 10mg/L、20mg/L、50mg/L、100mg/L、150mg/L、200mg/L 浓度的 Pb²⁺和同浓度的 Cd²⁺一一组合的混合溶液进行吸附实验，所得结果如图 4-48 所示。

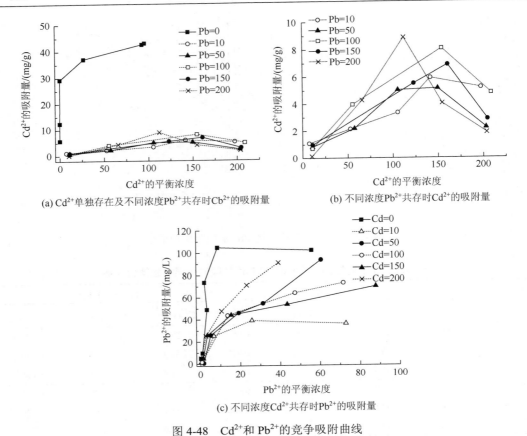

(a) Cd^{2+}单独存在及不同浓度Pb^{2+}共存时Cb^{2+}的吸附量

(b) 不同浓度Pb^{2+}共存时Cd^{2+}的吸附量

(c) 不同浓度Cd^{2+}共存时Pb^{2+}的吸附量

图 4-48　　Cd^{2+}和Pb^{2+}的竞争吸附曲线

　　可以看出，单独吸附时吸附剂对Pb^{2+}的吸附量远大于Cd^{2+}的吸附量，这说明吸附剂对于Pb^{2+}的吸附亲和性比Cd^{2+}更强。而将双组分溶液中的吸附效果与单独吸附效果相比较，可看出Cd^{2+}和Pb^{2+}的吸附量均有所下降，竞争吸附存在时Pb^{2+}的吸附量约为Cd^{2+}的 5 倍～6 倍。这说明了竞争吸附对两种离子的吸附都存在干扰作用，且Pb^{2+}与吸附剂的吸附反应能力比Cd^{2+}更强，这说明了吸附剂对Pb^{2+}的吸附选择性优于Cd^{2+}，吸附剂对金属离子的吸附选择顺序为$Pb^{2+}>Cd^{2+}$。

　　8）吸附机理

　　结合各部分的实验结果，对高锰酸钾改性花生壳吸附Cd^{2+}和Pb^{2+}的机理探讨如下：①改性后，花生壳表面变得粗糙，内部出现大量的孔隙和疏松的纤维结构，增大了花生壳的比表面积和孔隙率，使得改性花生壳对金属离子的吸附能力有所增强。②吸附动力学和吸附等温线的实验结果显示吸附符合 Langmuir 等温方程式，属单分子层吸附。③吸附剂在Cd^{2+}的初始浓度增大到一定的值时开始出现下降趋势，静电产生空间阻力效应，说明该吸附剂对Cd^{2+}的吸附存在静电吸附。且该吸附剂对Cd^{2+}的吸附过程主要受颗粒内扩散控制，可以推断得到改性花生壳吸附剂对Cd^{2+}的吸附亲和力较差，该吸附过程主要为物理吸附。因此，可以认为吸附过程主要是静电吸附。④高锰酸钾改性后的花生壳吸附剂出现了一些原有活性基团的暴露及新加上的羟基等官能团，高锰酸钾改性花生壳中含有的羟基、羧基和酚羟基等均能与 Pb^{2+} 发生螯合反应。动力学研究说明吸附过程较好地符合准二级动力学方程，说明该吸附过程为化学反应，推断高锰酸钾改性花生壳吸附剂对 Pb^{2+} 的吸附主要为络合吸附。

3. 双组分下改性花生壳吸附剂固定床吸附

在实际的水处理过程中，往往涉及多组分体系，竞争吸附是多组分体系特有的现象，因为吸附剂表面的吸附空位是有限的，故各吸附物种的吸附都会受到限制，与溶剂作用弱而与吸附剂作用强的为强吸附物种，与溶剂作用强而与吸附剂表面作用弱的为弱吸附物种，强吸附物种比弱吸附物种有更大的占领吸附空位的趋势，因而具有大的吸附容量，其吸附容量减少的程度远低于弱吸附物种。本实验研究镉、铅双组分体系在改性花生壳吸附剂上的吸附，并考察不同进料流速和初始浓度等条件对固定床吸附穿透曲线的影响。

1）固定床压降试验

在固定床中，压降是非常重要的参数，影响的因素很多，如流体特性、固液两相流动情况、吸附剂特征和大小、床层高度等对床层压降均有一定影响，其中最主要的因素是流体的表观流速。本实验主要考察固定床表观流速和床层高度对吸附柱压降的影响。压降可采用两种方法测量，一种是压力传感器，它利用测量压力的脉动情况，直接用记录仪记录，也可根据脉动值求时均值；一种是用 U 型管压力计直接测定，本实验采用倒 U 型管压差法，实验装置如图 4-49 所示。

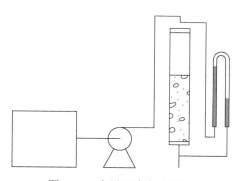

图 4-49　床层压降实验装置

2）双组分吸附体系的穿透曲线

分别改变进料流速和进料浓度以考察进料流速和初始浓度对双组分吸附体系穿透曲线的影响。在铅离子存在条件下，镉离子的穿透曲线如图 4-50 和图 4-51 所示。

a. 进料流速对穿透曲线的影响

实验结果显示，随着进料流速的增加，镉离子的顶出峰变小，这是因为流速的变大，使得镉离子和铅离子的吸附传质区域增加，因而镉离子和铅离子的传质区重叠加重，镉离子顶出峰因而变小。流速变小时，情况相反，由于流速慢时，吸附质和吸附剂具有更多的接触时间，吸附剂的吸附量增加，同时使得吸附传质区域变短，镉离子与铅离子的传质区重叠减小，故顶出峰变大。

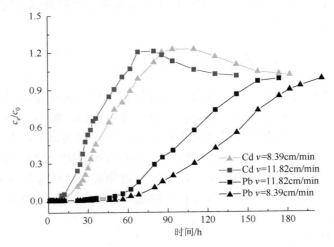

图 4-50　进料流速对 Pb-Cd 双组分体系穿透曲线的影响

b. 初始浓度对穿透的影响

图 4-51 为镉离子和铅离子浓度比分别为 1∶1 和 1∶2 时镉离子和铅离子的穿透曲线。图中显示，镉离子的穿透曲线出现明显的顶出峰，其顶出峰的高低受铅离子进料浓度的影响，随着铅离子进料浓度的减小，镉离子的穿透曲线都变缓，其顶出峰变小，这是因为铅离子浓度减小，一方面，镉离子的吸附量相对增加了，先被吸附的镉离子只能被后至的低浓度铅离子所替换，另一方面，铅离子浓度的减小使得其对镉离子的竞争吸附作用变弱，因而顶出峰变小。

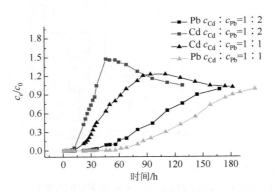

图 4-51　初始浓度对 Pb-Cd 双组分体系穿透曲线的影响

3）数学理论模型的建立及求解

对于恒温、单波带的单痕量组分体系，为了简化固定床的吸附分离过程，可假设如下理想状态：①恒温下流动相和固定相相互密切接触，并在流动方向连续。每单位容积床层内吸附剂颗粒外的表面积为 A，流动相在床层内占有恒定的容积分率。固定相和流动相的密度维持恒定不变。②流动相的线速度在床层的任一截面上均为一定，溶质的溶度分布曲线不因床层装填吸附颗粒而影响其连续性。

依照固定床吸附器的物料衡算关系，对床层的某一截面，取吸附质输入的速率减去其输出的速率等于吸附值在床层微元区段间歇中流体和固体颗粒内积累的速率，则吸附质输入床层某截面的速率为

$$\varepsilon A\left[vc - D\left(\frac{\partial c}{\partial z}\right)\right]_{z,t}$$

吸附质输出床层某截面的速率为

$$\varepsilon A\left[vc - D\left(\frac{\partial c}{\partial z}\right)\right]_{z+\Delta z,t}$$

床层微元体积 $A\Delta z$ 内，吸附质的积累速率为

$$A\Delta z\left[\varepsilon\frac{\partial c}{\partial t} + (1-\varepsilon)\frac{\partial q}{\partial t}\right]_{z_{\Delta v},t}$$

由物料衡算关系得

$$\frac{D}{\Delta z}\left[\frac{\partial c}{\partial z}\bigg|_{z+\Delta z,t} - \frac{\partial c}{\partial z}\bigg|_{z,t}\right] = \frac{v}{\Delta z}\left[c|_{z+\Delta z,t} - c|_{z,t}\right] + \left[\frac{\partial c}{\partial t} + \frac{1-\varepsilon}{\varepsilon}\cdot\frac{\partial q}{\partial t}\right]_{z_{\Delta v},t}$$

则吸附质的物料衡算式为

$$D\frac{\partial^2 c}{\partial z^2} = V\frac{\partial c}{\partial z} + \frac{\partial c}{\partial t} + \frac{1-\varepsilon}{\varepsilon}\cdot\frac{\partial q}{\partial t}$$

式中，ε 为床层间隙率；D 为吸附质在流动相流动方向的轴向扩散系数；z 为床层高度；c 为流动相吸附质浓度；v 为流动相流速。

$$\varepsilon_B A\left[vc - D\left(\frac{\partial c}{\partial z}\right)\right]_{z,t}$$

$$\varepsilon_B A\left[vc - D\left(\frac{\partial c}{\partial z}\right)\right]_{z+\Delta z,t}$$

根据单组分物料衡算式，混合组分体系中吸附质的物料衡算式可表示为

$$D\frac{\partial^2 c}{\partial z^2} = V\frac{\partial c}{\partial z} + \frac{\partial c}{\partial t} + \frac{1-\varepsilon}{\varepsilon}\cdot\frac{\partial q_i}{\partial t}$$

$$\frac{\partial q_i}{\partial t} = \frac{3k_f}{R_p}(c_i - c_{pi,R_p})$$

$$D\frac{\partial^2 c}{\partial z^2} = V\frac{\partial c}{\partial z} + \frac{\partial c}{\partial t} + \frac{3k_f(1-\varepsilon)}{\varepsilon R_p}(c_i - c_{pi,R_p})$$

$$(1-\varepsilon)\frac{\partial c_{pi}^*}{\partial t} + \varepsilon\frac{\partial c_{pi}}{\partial t} + \varepsilon D_{pi}\left[\frac{1}{R^2}\frac{\partial}{\partial R}\left(R^2\frac{\partial c_{pi}}{\partial R}\right)\right] = 0$$

边界和初始条件

$$c_i = c_i(0,z) = 0$$
$$c_{pi} = c_{pi}(0,R,z) = 0$$

$z=0$：

$$\frac{\partial c_{bi}}{\partial z} = \frac{v}{D_i}(c_i - c_{oi})$$

z=L：

$$\frac{\partial c_{bi}}{\partial z} = 0$$

R=0：

$$\frac{\partial c_{pi}}{\partial R} = 0$$

R=R_p：

$$\frac{\partial c_{pi}}{\partial R} = \frac{k_f}{\varepsilon D_{pi}}(c_i - c_{pi,R_p})$$

取如下无因次化变量：

$$C_i = c_i/c_{oi}, \quad C_{pi} = c_{pi}/c_{oi} \qquad P_e = vL/D_i \qquad \eta_i = \frac{\varepsilon D_{pi}L}{R_p^2 v}$$

$$C_{pi}^* = C_{pi}^* / c_{oi} \qquad\qquad Z = z/L \qquad\qquad B_i = k_f R_p / \varepsilon D_{pi}$$

$$\tau = vt/L \qquad\qquad r = R/R_p \qquad\qquad \xi_i = 3B_i\eta_i(1-\varepsilon)/\varepsilon$$

上述方程可化为如下无因次化方程：

$$\frac{1}{P_e}\frac{\partial^2 c_i}{\partial z^2} = v\frac{\partial c_i}{\partial z} + \frac{\partial c_i}{\partial \tau} + \eta_i(c_i - c_{pi,1})$$

$$\frac{\partial}{\partial \tau}[(1-\varepsilon)C_{pi}^* + \varepsilon C_{pi}] - \eta_i\left[\frac{1}{r^2}\frac{\partial}{\partial r}\left(r^2\frac{\partial c_{pi}}{\partial r}\right)\right] = 0$$

边界和初始条件：

$$C_i = C_i(0,Z) = 0$$
$$C_{pi} = C_{pi}(0,r,Z) = 0$$

z=0：

$$\frac{\partial C_i}{\partial Z} = P_e(C_i - 1)$$

z=L：

$$\frac{\partial C_i}{\partial Z} = 0$$

R=0：

$$\frac{\partial C_{pi}}{\partial r} = 0$$

R=1：

$$\frac{\partial C_{pi}}{\partial r} = B_i(C_i - C_{pi,1})$$

根据前期试验研究发现改性花生壳吸附镉和铅离子的吸附等温线都符合朗格缪尔模型，在低浓度范围内可将吸附等温线简化成线性，则

$$c_{pi}^* = a_i c_{pi} + b_i$$

双组分等温体系的吸附等温线可用静态法或色谱法测出，也可通过视平衡常数等有关方程求解。本研究用单组分的吸附等温方程式通过视平衡常数等有关方程求得混合组分中各组分的各自吸附等温方程为

$$C_{pCd}^* = a_{Cd} y C_{pCd}$$

$$C_{pPb}^* = a_{Pb}(1-y)C_{pPb}$$

式中，a_{Cd}=0.59，a_{Pb}=0.46。孔隙扩散系数由静态试验数据求得。流体相侧的传质系数可以由 Wilson 和 Geankoplis 得到下述关联式估算求得

$$Sh_i = \frac{1.09}{\varepsilon} Sc_i^{\frac{1}{3}} Re^{\frac{1}{3}}$$

式中，$Sh_i = \dfrac{k_f d_p}{D_{mi}}$，$Sc_i = \mu_w / \rho_w D_{mi}$，$Re = \dfrac{\rho_w v d_p}{\mu_w}$，其中水溶液中的分子扩散系数可以查文献（刘恩峰等，2010；Yang and Volesky，1999）得到。轴向扩散系数 D 由 Chung and Wen 公式计算

$$\frac{D\rho_w}{\mu_w} = \frac{Re}{0.2 + 0.011 Re^{0.48}}$$

将上述无因次化方程用 Matlab 求解，所用参数如表 4-23 所示。图 4-52 为镉离子和铅离子在改性花生壳吸附柱中竞争吸附时的穿透曲线实验数据及数值模拟结果。图中显示，实验所得数据点大部分都落在数值分析解所得的穿透曲线上，说明利用 Matlab 差分法可成功求解铅、镉双组分体系吸附过程模型。

表 4-23　模型求解所用参数

	Cd	Pb
ε	0.75	
D/（cm²/s）	10.97×10⁻⁶	
D_i/（cm²/s）	7.19×10⁻⁶	9.45×10⁻⁶
k_f/（cm²/s）	2.26×10⁻²	2.77×10⁻²
D_p/（cm²/s）	4.93×10⁻⁵	1.74×10⁻⁵

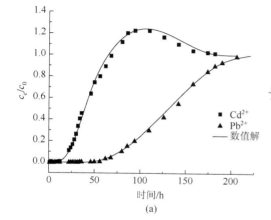
(a)

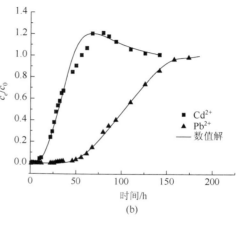
(b)

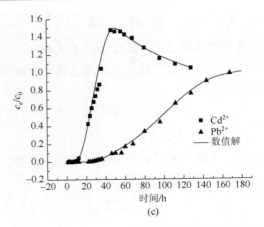

图 4-52　改性花生壳对 Pb-Cd 双组分体系穿透曲线的数值分析结果

4. 吸附柱中试研究

在前面工作的基础上，进行了吸附柱中试研究，为该技术的实际应用积累基础数据。

固定床吸附中试装置如图 4-53 所示，底部有一层 60 目塑料网布防止运行过程中吸附剂的流失。在装置运行前，注水浸润，使吸附剂填充更均匀，再将特定浓度的镉溶液泵入吸附柱中，定时检测流出液浓度。

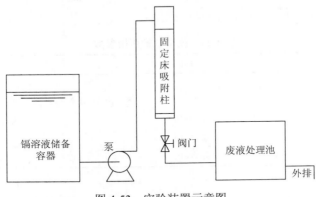

图 4-53　实验装置示意图

1）穿透曲线

通常吸附柱的穿透曲线是以出口浓度与入口浓度的比值 c_e/c_0 为纵坐标，以时间 t 为横坐标作图得到的曲线。在吸附柱操作初期，吸附剂具有足够多的吸附位点，因此出水浓度较低，随着时间的推移，吸附剂吸附位点逐渐减少，出水镉离子浓度不断增加。在实际操作中，为了操作安全，在传质前沿尚未达到床层出口端的一定距离内就要停止操作，即到达穿透点时停止操作。本实验中取 c_e/c_0 为 0.5%（即出水镉离子浓度为 0.001mg/L，参照国家地表水质标准中镉的 I 类水标准）时为穿透点 t_b，此时的时间称为穿透时间 t_b，取 c_e/c_0 为 95%时为穿透终点 t_e。为了了解改性花生壳的适应性，分别考察了不同条件下改性花生壳吸附剂对重金属的动态吸附特性。

a. pH 对穿透曲线的影响

不同 pH 条件下的穿透曲线如图 4-54 所示。在吸附操作初期，pH 为 3.2 和 4.7 两种条件下的穿透曲线基本重合，即在穿透点之前。pH 为 3.2 和 4.7 时吸附柱的出水浓度基本相等，且在一段时间内其出水浓度基本为一定值，在此阶段，吸附剂的吸附位点较多。在穿透时间点之后，pH 为 3.2 条件下的吸附柱出水镉离子浓度高于 pH 为 4.7 时出水镉离子浓度，这是由于在低 pH 条件下，溶液中氢离子浓度较高，这些氢离子可与被吸附的镉离子竞争吸附位使得一部分已吸附的镉离子被氢离子置换重新回到溶液中，因此在低 pH 操作条件下出现了出水浓度高于进料初始浓度的情况，即表现为穿透曲线出现顶出峰。

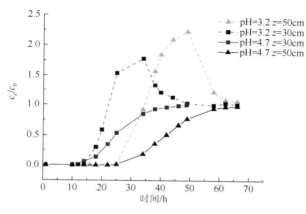

图 4-54　pH 对穿透曲线的影响

b. 吸附柱高度对穿透曲线的影响

初始浓度为 2mg/L，进料流速为 8.39cm/min，在不同填料高度下测定高锰酸钾改性花生壳吸附柱对 Cd^{2+} 的吸附性能，绘制的穿透曲线如图 4-55 所示。吸附柱高度分别为 30cm、40cm 和 50cm 时，吸附柱穿透时间分别为 2.17h、12.40h 和 16.86h，相关参数的计算结果如表 4-24 所示。随着吸附柱高度的增加，吸附质与吸附材料的接触时间增加，提高了吸附材料对镉离子的吸附量，穿透时间推迟，但传质区长度和穿透曲线形状几乎无变化，这是因为吸附平衡和传质扩散速率不随吸附柱高度的变化而变化。

表 4-24　不同床层高度下吸附柱的参数计算结果

$c_0/$(mg/L)	$v/$(cm/min)	$d/$目	$z/$cm	EBRT/min	$t_b/$h	$t_e/$h	$R/\%$	$f/\%$	$H_{MTZ}/$cm
			30	3.57	2.17	40.6	62.6	39.4	28.2
2.00	8.39	10～20	40	4.77	12.4	52.0	72.3	36.3	27.4
			50	5.96	16.8	60.0	70.0	40.5	29.9

注：表中 t_b、t_e 由线性插值法求得

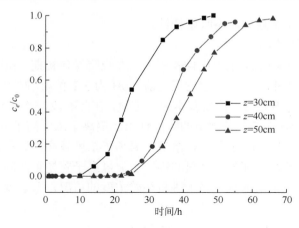

图 4-55 床层高度对穿透曲线的影响

c. 进料流速对穿透曲线的影响

进料流速是吸附柱操作中的重要参数，它直接影响吸附剂与吸附质接触时间，从而影响吸附的传质速率。实验选取 4.81cm/min、8.39cm/min、11.82cm/min 三个流速，相关参数的计算结果如表 4-25 所示，穿透曲线如图 4-56 所示。当进料流速由 4.81cm/min 增加到 8.39cm/min 和 11.82cm/min 时，吸附柱的穿透时间分别由 62.00h 减少至 12.40h 和 2.06h，这是由于随着进料流速的增加，吸附剂与吸附质之间的接触时间减少，传质区长度增加，穿透时间缩短。进料流速降低，吸附剂与吸附质之间的接触时间增加，固定床层的利用率增加，因而固定床的剩余吸附容量分率呈下降的趋势。

表 4-25   不同进料流速下吸附柱的参数计算结果

v/（cm/min）	EBRT/min	t_b/h	t_e/h	R/%	f/%	H_{MTZ}/cm
4.81	8.31	62.0	124	83.2	34.1	13.5
8.39	4.77	12.4	52.0	72.3	36.3	27.4
11.82	3.39	2.06	40.0	63.9	38.0	38.3

注：表中 t_b、t_e 由线性插值法求得

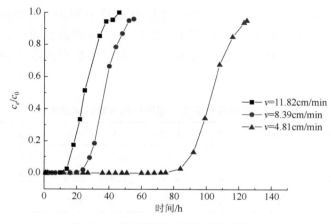

图 4-56   进料流速对穿透曲线的影响

d. 初始浓度对穿透曲线的影响

不同初始浓度时吸附柱的穿透曲线如图 4-57 所示。当初始浓度为 0.55mg/L、2.00mg/L、11.00mg/L 时吸附柱穿透时间分别为 49.09h、12.40h、5.38h，参数计算结果如表 4-26 所示。初始浓度增加，吸附剂单位时间吸附的镉离子量增加，因而吸附柱达到穿透点的速度更快。随着初始浓度的增加，传质区长度增加，穿透曲线形状变陡，床层利用率降低，固定床剩余吸附容量分率增加。

表 4-26　不同初始浓度下吸附柱的参数计算结果

c_0/（mg/L）	EBRT /min	t_b /h	t_e /h	R /%	f /%	H_{MTZ} /cm
0.55	4.77	49.0	180	79.6	30.7	22.7
2.00	4.77	12.4	52.0	72.3	36.3	27.4
11.00	4.77	5.38	43.0	54.2	57.4	39.4

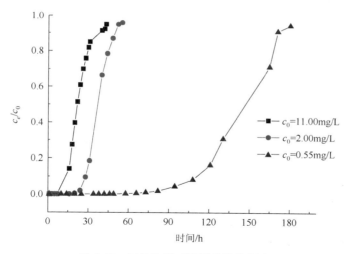

图 4-57　初始浓度对穿透曲线的影响

e. 粒度对穿透曲线的影响

改性花生壳吸附剂粒径为 6～10 目和 10～20 目条件下绘制的穿透曲线如图 4-58 所示，粒径较大条件下吸附传质区的长度增加，表现为穿透曲线出现变缓的趋势。吸附柱各操作参数见表 4-27，与粒径为 10～20 目吸附柱相比，粒径为 6～10 目条件下吸附穿透时间点大大缩短，由 12.4h 缩短至 1.00h，穿透终点时间由 52.00h 延长至 99.33h。分析原因主要是：镉离子在改性花生壳上的吸附不仅仅是单纯的物理吸附，可能与吸附剂的表面功能团进行反应形成沉淀或进行离子交换。镉离子的液固吸附过程主要分三个步骤，首先是液膜扩散，即镉离子扩散至吸附剂表面；其次是孔扩散，镉离子由吸附剂孔内液相扩散至吸附剂中心；最后再进行表面吸附反应。随着改性花生壳颗粒粒径的增加，增加了镉离子在吸附剂颗粒内的传质路径，同时增加了液膜外传质阻力，液膜扩散系数增大，使得总的传质速率降低，故吸附传质区域长度增加，吸附穿透曲线变缓，此时吸附控制步骤为内扩散控制。

表 4-27　不同吸附剂粒径下吸附柱的参数计算结果

d/目	EBRT/min	t_b/h	t_e/h	R/%	f/%	H_{MTZ}/cm
10～20	4.77	12.4	52.0	72.3	36.3	27.4
6～10	4.77	1.00	99.3	56.6	56.2	40.7

注：表中 t_b、t_e 由线性插值法求得

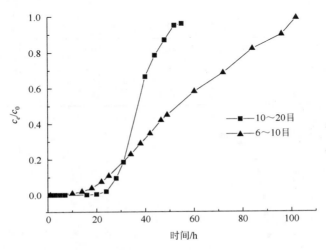

图 4-58　吸附剂粒径对穿透曲线的影响

2）穿透曲线的模型拟合

为了实现生物吸附过程的工业化，有必要建立一个过程模型来模拟固定床连续操作，以更好地完成由实验室到工业化的放大过程。好的过程模型不仅有助于分析和解释实验数据，而且能正确估计系统条件变化所带来的结果，有助于获得最佳的吸附条件，使化学工程师们进行正确的工业过程设计。固定床吸附分离过程数学模型较为复杂，对其求解具有较大的难度。为此，许多研究者对固定床吸附数学模型做了各种各样的近似处理，如对固定床吸附连续性方程忽略轴向弥散、拟稳态近似，对吸附剂粒内传质速率方程则作线性推动力或平方推动力假设等。目前，在一些研究中已建立了计算结果与实验结果吻合良好的数学模型，主要有以下几种（Rao et al.，2011；Gupta and BV，2009；Kaewsarn and Q，2001）。

a. BDST 模型

BDST 模型是最普遍的应用于固定床吸附的简化模型之一。应用该模型可以预测在不同的床层高度、进料流速等操作条件下的吸附操作时间。

$$\ln\left(\frac{c_0}{c}-1\right) = \ln(e^{KN_0(z/v)}-1) - Kc_0t$$

假设 $e^{KN_0(z/v)} > 1$，则上式可变形为

$$t = \frac{N_0}{c_0 v} z - \frac{1}{K c_0} \ln\left(\frac{c_0}{c} - 1\right)$$

式中，c_0 为进水初始浓度；c 为出水浓度；K 为吸附速率常数；N_0 为最大吸附容量；z 为吸附柱高度；v 为进水线速度；t 为吸附时间。

在不同操作条件下 BDST 模型的穿透曲线拟合参数见表 4-28，拟合的穿透曲线见图 4-59。从中可知，除了在吸附剂粒径为 6～10 目条件下，在实验进行的其他操作条件下 BDST 模型得出的穿透曲线与实验数据所得穿透曲线相关性较好，实验所得穿透时间与模型计算出的理论穿透时间相差不大，这说明 BDST 模型能够较好地预测镉离子在高锰酸钾改性花生壳吸附剂上的穿透特性。溶液初始浓度为 0.55mg/L 时，模型拟合得出的可决系数 R^2 更高，理论穿透时间与实际穿透时间的误差更小，即 BDST 模型更适用于低浓度镉离子的固定床吸附过程模拟，这是由于 BDST 模型是基于表面吸附而建立的，未考虑吸附剂的内扩散作用，而在低浓度情况下，吸附剂的内扩散作用可忽略不计。图 4-59 中粒径为 6～10 目条件下的模拟的穿透曲线与实验数据点相差甚远，这是由于在此条件下吸附的控制步骤为内扩散，而 BDST 模型不适用于内扩散情况下的吸附过程的描述。此外，图中显示拟合穿透曲线与实际穿透曲线相比，吸附中间段实际出水浓度比理论出水浓度偏高，这说明吸附过程内扩散缓慢。

表 4-28　不同操作条件下 BDST 模型拟合参数

c_0 /（mg/L）	v /（cm/min）	z/cm	d/目	R^2	N_0 /（mg/L）	K /[L/（mg·h）]	理论 t_b/h	实际 t_b/h
2.00	8.39	30	10～20	0.949	933	0.14	1.19	2.17
2.00	8.39	40	10～20	0.965	1000	0.13	11.5	12.4
2.00	8.39	50	10～20	0.963	905	0.12	14.0	16.8
0.55	8.39	40	10～20	0.994	898	0.13	49.8	49.0
11.00	8.39	40	10～20	0.886	3262	0.04	2.81	5.38
2.00	4.81	40	10～20	0.995	1500	0.09	63.1	62.0
2.00	11.8	40	10～20	0.953	965	0.15	1.82	2.06
2.00	8.39	40	6～10	0.891	128	5.59	4.42	1.00

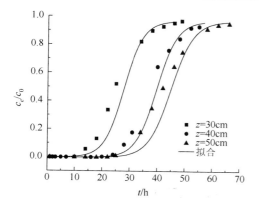
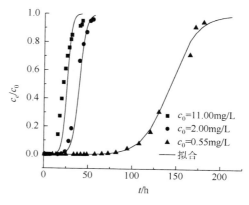

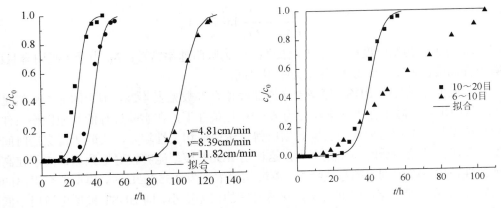

图 4-59　BDST 模型拟合穿透曲线

b. Yoon and Nelson 模型

Yoon and Nelson 模型是一个半经验模型，该模型拟合时不需要考虑吸附流速和床层高度等固定床特性，所需已知参数较少，形式简单，得到的 $t_{0.5}$ 值可以用于比较吸附速率。模型方程为

$$\ln\left(\frac{c}{c_0 - c}\right) = K_{\mathrm{YN}}t - t_{0.5}K_{\mathrm{YN}}$$

式中，c_0 为进水初始浓度；c 为出水浓度；K_{YN} 为吸附速率常数；$t_{0.5}$ 为出水镉离子浓度为进水浓度的 50% 时所需要的时间；t 为吸附时间。

Yoon and Nelson 模型对不同操作条件下的穿透曲线拟合结果见图 4-60 和表 4-29。实验结果显示，Yoon and Nelson 模型对各操作条件下的穿透曲线拟合具有较好的效果。相对 BDST 模型，在粒径为 6~10 目实验条件下，Yoon and Nelson 模型得出的穿透曲线与实验所得数据的相差较小，与 BDST 拟合结果相似的是 Yoon and Nelson 模型也更适用于低浓度条件下穿透曲线的模拟，只是由 BDST 模型计算出的理论穿透时间与实际穿透时间相差更小。综上所述，与半经验 Yoon and Nelson 模型相比，BDST 模型更适合描述镉离子在改性花生壳吸附剂上的吸附过程，由 Yoon and Nelson 模型预测的理论穿透时间可作为吸附操作时间的参考。

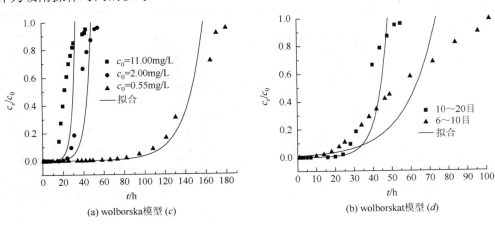

(a) wolborska模型 (c)　　　　　　　(b) wolborskat模型 (d)

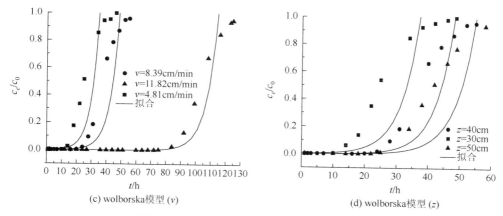

图 4-60　Yoon and Nelson 模型拟合穿透曲线

表 4-29　不同操作条件下 Yoon and Nelson 模型拟合参数

c_0 /（mg/L）	v /（cm/min）	z/cm	d/目	R^2	K_{YN} /（mg/L）	$t_{0.5}$ /[L/（mg·h）]	理论 t_b/h	实际 t_b/h
2	8.39	30	10～20	0.950	0.27	27.9	−0.21	2.17
2	8.39	40	10～20	0.965	0.26	39.8	10.6	12.4
2	8.39	50	10～20	0.963	0.22	45.0	11.2	16.8
0.55	8.39	40	10～20	0.994	0.07	143	48.2	49.0
11	8.39	40	10～20	0.886	0.35	26.6	0.37	5.38
2	4.81	40	10～20	0.992	0.18	105	62.7	62
2	11.8	40	10～20	0.953	0.28	27.6	0.74	2.06
2	8.39	40	6～10	0.891	0.09	57.0	−27.9	1.00

c. Wolborska 模型

　　Wolborska 模型是以液相扩散机制为传质动力或速率控制步骤的模型，适用于低浓度范围吸附柱流出曲线的动力学行为，其方程为

$$\ln\frac{c}{c_0}=\frac{\beta c_0}{N_0}t-\frac{\beta z}{v}$$

式中，c_0 为进水初始浓度；c 为出水浓度；N_0 为最大吸附容量；β 为扩散传质动力学系数；z 为吸附柱高度；v 为进水线速度；t 为吸附时间。

　　在不同操作条件下 Wolborska 模型拟合的穿透曲线如图 4-61 所示，拟合的参数见表 4-30。从图中可以看出模型拟合穿透曲线与实验所得数据相差较大，拟合得出的可决系数 R^2 均较低，这说明 Wolborska 模型不适用于描述镉离子在高锰酸钾改性花生壳吸附剂上的穿透特性，原因是 Wolborska 模型是以液相扩散机制为传质动力或速率控制步骤的模型，适用于低浓度范围吸附柱流出曲线的动力学行为，这也再次说明镉离子在改性花生壳吸附剂上的吸附过程属于内扩散控制步骤。

　　基于上述研究，本书研发了一种水体重金属吸附去除技术，利用自主研发的改性生物质吸附材料，在水体中 Cd 浓度在 2mg/L 以下时，经过 12h 的处理，可使处理后的 Cd 浓度满足地表水Ⅲ类水质要求，实现水体重金属的高效去除，可用于矿区尾矿库出水水体的重金属污染控制。

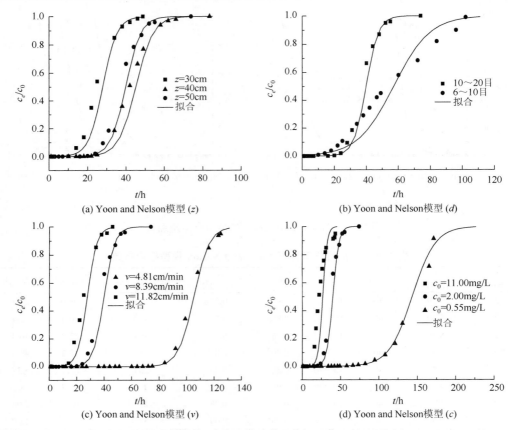

图 4-61　Wolborska 模型拟合穿透曲线

表 4-30　不同操作条件下 Wolborska 模型拟合参数

c_0/（mg/L）	v/（cm/min）	z/cm	d/目	R^2	β/（mg/L）	N_0/[L/（mg·h）]	理论 t_b/h	实际 t_b/h
2	8.39	30	10～20	0.762	1.81	1250	−6.38	2.17
2	8.39	40	10～20	0.837	1.75	1217	4.42	12.4
2	8.39	50	10～20	0.815	1.50	1109	7.97	16.8
0.55	8.39	40	10～20	0.980	1.92	1590	49.2	49.0
11	8.39	40	10～20	0.774	1.83	4563	−2.23	5.38
2	4.81	40	10～20	0.935	1.82	1589	59.0	62.0
2	11.8	40	10～20	0.817	2.04	1237	−3.51	2.06
2	8.39	40	10～20	0.694	0.97	1858	−47.8	1.00

4.4　示　范　工　程

4.4.1　示范工程概况

选择实施示范工程的地点位于定南县岿美山镇岿美山钨矿尾矿库，尾矿库渗出水的水量波动大，受降雨情况影响明显。每年的丰水期，矿区降雨逐渐增多，受此影响，渗出水量增加，而到 10 月之后，雨量减小，进入枯水期。示范工程处尾矿渗出水处的水文情况为：水量 0.49～3.9m³/s，河宽 2～5m，水深 0.3～2m。尾矿渗出水处水质受尾矿库运行影响较大，两个代表性水文期的重金属含量如表 4-31 所示。从表中数据可以看出，出水中特征污染物为 Cd，浓度均超出地表水III类标准。因此，示范工程以镉为典型目标污染物。

表 4-31　河水的重金属含量　　　　　　　　　（单位：mg/L）

采样时间	Zn	Cd	Pb	Cu	Cr	As
枯水期	0.046±0.022	0.009±0.004	0.0094±0.006	0.012±0.009	0.009±0.005	0.010±0.002
丰水期	0.052±0.075	0.259±0.093	0.047±0.025	0.285±0.150	0.029±0.006	0.034±0.012

4.4.2　示范工程设计

结合定南县嶅美山钨矿尾矿库的运行现状及渗出水水质现状，在该示范工程点，重点在尾矿库渗出水处建设了吸附拦截装置，采用了水体重金属吸附去除技术。

考虑到尾矿库渗出水水量波动大，污染物浓度差异明显，丰水期河水浑浊度高，悬浮物含量高。为此，选择"过滤—吸附"的工艺流程来进行设计。

各部分设计的具体情况如表 4-32 所示。

表 4-32　示范工程吸附拦截装置的设计说明

设计流程	对应组成部分	作用
粗格栅	树枝等阻隔物	阻挡出水中漂浮的生活垃圾等
细筛网	60 目筛网	阻挡出水中悬浮颗粒物
预处理	已用过的花生壳	增加尾矿出水在装置中的水力停留时间
细筛网	60 目筛网	阻挡经过预处理的和出水中的颗粒物
吸附主体	装花生壳的拦截装置	吸附出水中的重金属

参考吸附柱中试实验结果，示范工程的具体尺寸如图 4-62 所示。

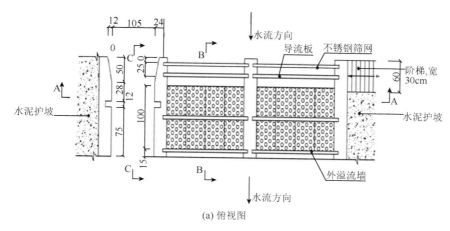

(a) 俯视图

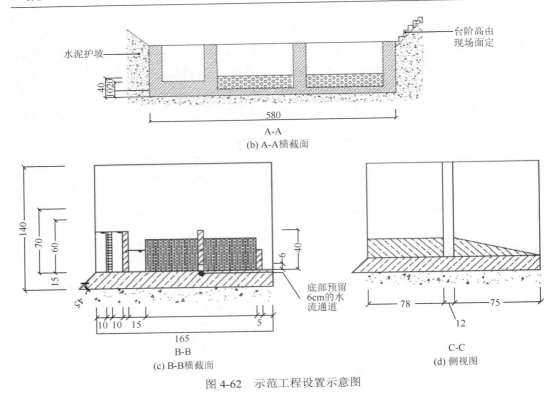

示范工程所用填充料和重金属拦截坝如图 4-63 和图 4-64 所示（彩图附后）。

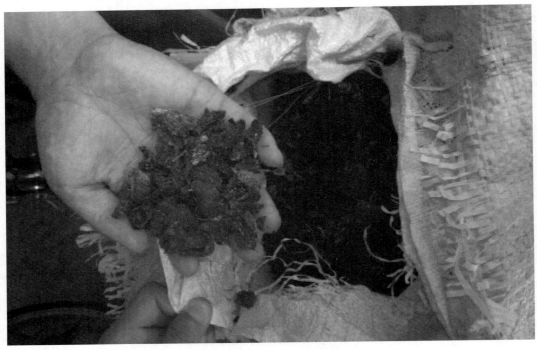

图 4-63　选用矿化花生壳作为重金属拦截的填充料

图 4-64 重金属拦截坝

吸附拦截装置的具体技术参数见表 4-33。

表 4-33 技术参数

项目	材料充填密度/（g/cm³）	主体长度/cm	主体宽度/cm	导流墙高度/cm	尾端阻流墙高度/cm
尺寸	0.1	100	400	40	15

4.4.3 示范工程运行及效果

吸附拦截工程于 2011 年 3 月开始施工，经过 2 个月的试运行，对其进行改进后，于同年 8 月再次开始运行。运行期间，在吸附拦截装置的前、后分别采集水样，分析出水中重金属的浓度，了解工程的运行效果。所采集水样中重金属总量浓度如表 4-34 所示。

表 4-34 2011 年 8 月水样检测结果 （单位：mg/L）

采样日期	Cr 坝前	Cr 坝后	Se 坝前	Se 坝后	Cu 坝前	Cu 坝后	Zn 坝前	Zn 坝后	Pb 坝前	Pb 坝后	Cd 坝前	Cd 坝后	As 坝前	As 坝后
8.1	0.006	0.004	nd	nd	nd	nd	0.004	0.002	0.002	0.001	0.0004	0.0002	0.0079	0.0051
8.2	0.007	0.002	nd	nd	nd	nd	0.003	0.002	0.004	0.003	0.0011	0.0003	0.0085	0.0051
8.3	0.007	0.002	nd	nd	0.002	0.0006	0.003	0.002	0.003	0.002	0.0045	0.0017	0.0098	0.0058
8.6	0.009	0.004	0.0012	0.00054	0.003	0.0013	0.008	0.004	0.003	0.002	0.0050	0.0014	0.0095	0.0044
8.9	0.013	0.005	0.0023	0.00062	0.014	0.0073	0.043	0.029	0.009	0.005	0.0079	0.0025	0.0210	0.0103

续表

采样日期	Cr		Se		Cu		Zn		Pb		Cd		As	
	坝前	坝后	坝前	坝后	坝前	坝后	坝前	坝后	坝前	坝后	坝前	坝后	坝前	坝后
8.13	0.011	0.005	0.0019	0.00101	0.012	0.0049	0.039	0.029	0.007	0.004	0.0046	0.0021	0.0110	0.0072
8.17	0.005	0.003	nd	nd	0.002	nd	0.004	0.002	0.005	0.002	0.0046	0.0021	0.0099	0.0064
8.20	0.007	0.004	0.0016	0.00072	0.001	0.0004	0.004	0.002	0.004	0.001	0.0057	0.0030	0.0087	0.0054
8.23	0.006	0.004	0.0015	0.00053	0.017	0.0048	0.051	0.032	0.006	0.002	0.0068	0.0038	0.0065	0.0039
8.26	0.005	0.001	0.0023	0.00053	0.011	0.0056	0.032	0.021	0.005	0.002	0.0049	0.0009	0.0120	0.0071
8.28	0.006	0.003	nd	nd	0.009	0.0037	0.045	0.020	0.011	0.005	0.0043	0.0019	0.0056	0.0036
8.31	0.003	0.002	0.0018	0.00099	0.009	0.0047	0.009	0.005	0.008	0.004	0.0081	0.0043	0.0045	0.0023

　　连续 6 个月的第三方监测数据如图 4-65 所示：吸附拦截装置对尾矿库渗出水中重金属的去除具有较好的效果，对镉的去除效果较稳定，去除率均在 40% 以上。但因水量波动大，加之尾矿库工程建设等人为因素，处理效果存在一定的波动，为示范工程的后续完善提供了更大的空间。

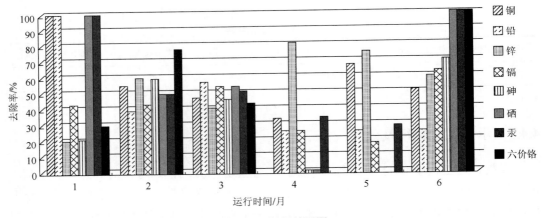

图 4-65　运行效果图

参 考 文 献

刘恩峰，沈吉，王建军，等. 2010. 南四湖表层沉积物重金属的赋存形态及底部界面扩散通量的估算. 环境化学，29（5）：870-873.

Aksu Z，Karabbayır G. 2008. Comparison of biosorption properties of different Kinds of fungi for the removal of Gryfalan Black RLmetal-complex dye. Bioresour. Technol，99：7730-7741.

Aydin H，Bulut Y，Yerlikaya C´. 2008. Removal of copper（Ⅱ）from aqueous solution by adsorption onto Low-cost adsorbents. J. Environ.manage，87：37-45.

Gupta S，B V Babu. 2009. Modeling，simulation，and experimental validation for continuous Cr（Ⅵ）removal from aqueous solutions using sawdust as an adsorbent. Bioresource Technology，100（23）：5633-5640.

Kaewsarn P，Q Yu. 2001. Cadmium（Ⅱ）removal from aqueous solutions by pre-treated biomass ofmarine alga padina sp. Environmental Pollution，112（2）：209-213.

Oliveira W E，Franca A S.，Oliveira L S.，et al. 2008. Untreated coffee husks as biosorbents for the removal of heavy metals from aqueous solutions. J. hazard.mater，152：1073-1081.

Rao K S，S Anand，P Venkateswarlu. 2011. Modeling the Kinetics of Cd（Ⅱ）adsorption on Syzygium cumini L leaf powder in a fixed bed mini column. Journal of Industrial and Engineering Chemistry，17（2）：174-181.

Taty-Costodes V C，Fauduet H，Prote C，et al. 2003. Removal of Cd（Ⅱ）and Pb（Ⅱ）ions from aqueous solutions by adsorption onto sawdust of Pinus Sylvestris. J. Hazard.mater，105（1-3）：121-142.

Waramisantigul P，Pokethitiyook P，Kruatrachue M，et al. 2003. Kinetic of basicdye（methylene blue）biosorption by giant duckweed （Spirodela polyrrhiza）. Environ. Pollut，125：385-392.

Yang J B，Volesky B. 1999. Cadmium biosorption rate in protonated Sargassum biomass. Environmental Science and Technology，33（5）：751-757.

第5章　沿江村镇生活污染控制技术与工程示范

东江源头区河网密布，多数村镇都是沿河、沿江而建，农村生活污水、生活垃圾未经处理直接向水体排放，是源头区重要的污染源之一。针对农村村落污染影响的特点，以典型村落为单元，以分散处理与集中处理相结合的原则，研究农村村落水污染控制和综合治理的关键技术，形成沿江村镇污染控制成套技术和系统方案，削减生活污染源进入东江的污染负荷。主要研究内容包括：①沿江村镇家庭生活污水综合治理技术研究；②沿江村镇雨污径流复合生态处理技术研究；③沿江村镇生活垃圾控制技术。

5.1　东江源沿江村镇生活垃圾污染控制技术

5.1.1　东江源沿江村镇生活垃圾产排特性研究

1. 引言

改革开放前，在传统农业经济条件下，研究区村镇生活垃圾产生后，通过直接还田等途径，几乎可完全就地消纳。近年来，随着村镇经济和人口的增长，生活垃圾产量与日俱增，分布及组成特征也越来越复杂，成为影响村镇生态环境的重要污染源。在垃圾产量急剧增加的同时，研究区村镇垃圾收集系统与处理设施相对匮乏，造成很多垃圾随意丢弃，在降水、地表径流的侵蚀冲刷下进入河道，对水体造成严重的污染，影响了东江源的产水质量。

村镇生活垃圾已经成为东江源头区水环境重要的污染源之一，研究其产出特征及影响因素对于制定切实可行的垃圾收运体系具有十分重要的意义。国内外相关研究表明，在宏观上，村镇生活垃圾特征受村镇类型和季节的影响；微观上，就不同家庭来说，村镇生活垃圾特征与家庭收入有一定的相关性。本书在研究区选取了 3 个典型村，跟踪调查研究了不同家庭生活垃圾的产出特征，并分析了研究区生活垃圾产生特征的影响因素。

2. 研究方法

1）调查对象与方法

（1）调查对象。调查时分别按县、镇、村三级，分别选取文昌村、桐坑村、洪州新村 3 个典型村，每个村随机抽取 8 家农户作为调查对象。

（2）调查方法。调查时采用随机抽样、分层抽样、重复调查方法，具体如下：在每个典型村按经济水平差异分为两类家庭，然后在每类家庭中按人口数量不同随机抽取 8 户居民进行连续取样和跟踪调查。调查前发给调查户 1 个塑料袋，用于收集垃圾，每天收集时间从早上 8h 开始至第二天早上 8h 结束，收集完成后，调查小组到所选居民家先称重总量，然后对垃圾进行分类称重、筛选，并做好记录，调查工作连续进行 5d，共调查三期，每天调查后取适量带回实验室做进一步的理化性质分析。

2）调查内容

调查的主要内容有家庭常住人口、家庭人均收入、生活垃圾主要成分以及生活垃圾产量；在示范点洪州新村开展村民对生活垃圾收集处理的人员访谈；同时，对沿江村镇生活垃圾处理现状进行调查。

3）分析方法

生活垃圾的处理及分析方法参考《生活垃圾采样和物理分析方法 CJ/T313—2009》进行。

a. 物理组分的测定

首先称量生活垃圾样品总重，按生活垃圾分类分拣各组分，将粗分捡后剩余的样品充分过筛（孔径 10mm），筛上物细分各成分，筛下物按主要成分分类，分类确实困难的归为混合类。对于生活垃圾中由多种材料制成的物品，易判定成分种类且可拆解者，应将其分割拆解后，依其材质归入相应类别；对于不易判定及分割、拆解困难的复合物品可依据以下原则处理：

（1）直接将复合物品归入与其主要材质相符的类别中。

（2）按分类表 5-1，根据物品重量，测其各类组成比例，分别计入各自的类别中，最后根据测定目的决定是否将上述组分进行细分，分别称量各成分重量。

表 5-1　物理组分分类表

序号	类别	说明
1	厨余类	各种动植物食品的残余物
2	纸类	各种废弃纸张和纸制品
3	橡塑类	各种废弃橡胶、塑料、皮革制品
4	纺织类	各类废弃布类、化纤、棉花等纺织品
5	木竹类	各类废弃的木竹制品及花木
6	灰土类	炉灰、灰沙、尘土
7	玻璃类	废弃的玻璃、玻璃制品
8	金属类	废弃的金属、金属制品
9	其他	各种废弃电池、油漆、杀虫剂等

生活垃圾样品前处理及要求：将样品摊铺在室内避风阴凉干净的铺有防渗塑胶的水泥地面，厚度不超过 50mm，并防止样品损失和其他物质的混入，保存期不超过 24h。

b. 含水率测定

含水率的测定采用的是烘干法，预处理后的样品放入预先干燥至恒重的托盘中，置于 105℃干燥烘箱中，烘至恒重，然后冷却、称量，按下式计算含水率：

$$X = \frac{m_1 - m_2}{m_1 - m_0} \times 100\%$$

式中，X 为样品含水率；m_1 为托盘和样品的质量；m_2 为托盘和样品干燥后的质量；m_0 为托盘的质量。

c. 热值分析

参照《煤的发热量测定方法》（GB 213—2008），根据垃圾的具体情况及测定要求选择样品形式按照 GB 213—2008 和量热仪操作手册测定样品的热值，根据量热计的测定量程确定样品的重量，样品重量精确至 0.0001g，每个样品重复测定 2～3 次，按下式计算热值：

$$Q_{(h)} = \frac{1}{m} \sum_{i=1}^{m} Q'_{j(h)} \times \frac{100 - C_{(w)}}{100}$$

$$H' = \sum_{i=1}^{m} \left[H'_i \times \frac{C'_i}{100} \right]$$

$$Q_{(l)} = Q_{(h)} - 24.4 \times \left[C_{(w)} + 9H' \times \frac{100 - C_{(w)}}{100} \right]$$

式中，$Q_{j'(h)}$ 为干基高位热值；$Q_{(h)}$ 为湿基高位热值；$Q_{(l)}$ 为湿基低位热值；H' 为干基氢元素含量；$C_{(w)}$ 为样品含水率；C'_i 为某成分干基百分含量；j 为重复测定序数；m 为重复测定次数；I 为各成分序数；24.4 为水的凝缩热常数。

3. 结果与分析

1）生活垃圾物质组成分析

根据调查情况，将研究区 3 个示范村生活垃圾的组成分为以下几类：厨余类、塑料类、纸类、纺织类、灰土类、金属类、玻璃类、木材类、瓦片陶瓷类及其他一些复合类或是不易进行分类的垃圾。示范区 3 个村混合垃圾的组成情况如表 5-2 所示，各村生活垃圾的组成情况如表 5-3 所示。

表 5-2 沿江村镇混合生活垃圾成分分析表 （%）

批次	厨余	塑料	纸	纺织	灰土	金属	玻璃	木材	其他	合计
1	67.93	5.60	4.45	2.87	11.52	0.95	2.09	1.02	3.58	100
2	48.13	7.27	5.79	2.43	20.73	0.00	0.74	1.21	13.70	100
3	69.72	9.85	4.87	0.21	3.12	0.00	0.25	0.00	0.00	100

由表 5-2 可以看出，东江源头区沿江村镇生活垃圾主要成分是厨余类，在混合垃圾中所占的比例可达 50%以上；其次是灰土类垃圾，所占比例也可达到 20%以上；其他成分，如塑料类、纸类、纺织类、金属类、玻璃类及木材类所占的比例较低，一般在 10%以下，有些尚不足 5%。从各个村的情况来看（表 5-3），厨余类垃圾所占的比例最高，最高者可达 87%以上，其次是灰土类，所占比例可达 10%以上，其他组分的垃圾所占的比例较低。

表 5-3　示范区各村生活垃圾不同组分所占比例统计表 （%）

村名	批次	厨余	塑料	纸	纺织	灰土	金属	玻璃	木材	其他	合计
文昌村	1	65.26	4.62	3.82	6.02	8.23	0.40	3.82	0.00	7.83	100
	2	50.56	5.19	4.44	3.33	12.59	0	0.74	0.93	22.22	100
	3	87.61	8.83	3.55	0	0	0	0	0	0	100
桐坑村	1	69.45	5.50	3.17	0.37	16.38	2.43	0.32	2.38	0	100
	2	44.24	10.62	7.94	0.98	33.80	0	0.74	1.67	0	100
	3	57.84	12.26	6.58	0.58	3.38	0	0	0	19.36	100
洪州新村	1	71.03	7.40	7.14	1.04	10.95	0	1.49	1.00	1.06	100
	2	—	—	—	—	—	—	—	—	—	—
	3	37.48	7.01	5.01	—	13.62		1.82	—	35.06	100

注：第二批次样品中，由于洪州新村收集到的生活垃圾样品量很少，故将其与桐坑村收集的合并处理

由此可见，研究区内生活垃圾主要成分有厨余类垃圾、塑料类垃圾、灰土垃圾和其他类垃圾（尿不湿等一类复合材料垃圾），以及少量的纺织类垃圾、纸类垃圾和玻璃类垃圾等，3 个典型村生活垃圾组分大致相同，主要以厨余类垃圾为主，其他占有较大比例的组分有灰土类垃圾、塑料类垃圾、纸类垃圾等。厨余类垃圾中 90%以上都是易腐的有机垃圾；塑料类大部分以 PVC 及 LDPE 材质的废弃塑料袋为主；废纸类所占比例不大；木材类多为木屑、干草等；灰土类垃圾有沙、灰渣、碎石、砖瓦等建筑残料；玻璃类大部分是酒瓶、碎玻璃之类；金属类主要是易拉罐瓶盖等；纺织类垃圾主要是废弃衣服布头等；其他类垃圾中尿不湿等一次性用品所占比例比较大。

总体而言，农村生活垃圾主要以厨余类垃圾为主，其成分主要是易腐的有机垃圾，具有较大的可生化性。

2）人均垃圾产生量分析

示范区人均垃圾产生量分析如表 5-4 所示，由表可见，人均垃圾产生量与经济水平有一定的关系，靠近县城的经济水平较好的县级村文昌村人均垃圾产生量较高，一般在 0.4kg/d 以上；其次是城乡结合部的镇级村桐坑村，其人均垃圾产生量可在 0.3kg/d 以上；距县城较远的经济水平相对较低的洪州新村，人均垃圾产生量相对较少，平均在 0.2kg/d 左右。

表 5-4　示范区人均生活垃圾产生量分析 （单位：kg/d）

村名	批次	采样时间					平均
		第 1d	第 2d	第 3d	第 4d	第 5d	
文昌村	1	0.71	0.42	0.38	0.34	0.24	0.42
	2	0.39	0.37	0.50	0.54	0.54	0.47
	3	0.27	0.31	0.16	0.17	0.11	0.20
桐坑村	1	0.52	0.26	0.29	0.28	0.34	0.34
	2	0.27	0.15	0.14	0.20	0.16	0.18
	3	0.41	0.39	0.31	0.27	0.35	0.35

村名	批次	采样时间					平均
		第 1d	第 2d	第 3d	第 4d	第 5d	
洪州新村	1	0.55	0.50	0.17	0.26	0.15	0.33
	2	0.04	0.04	0.10	0.07	0.08	0.07
	3	0.07	0.09	0.07	0.16	0.14	0.11

3）生活垃圾含水率分析

研究区示范村生活垃圾含水率日变化情况如表 5-5 所示，由表可见，东江源头区沿江村镇生活垃圾含水率较高，一般可在 50% 以上。从垃圾各组分来看，研究区示范村生活垃圾不同组分的含水率如表 5-6 所示，由表可见，在划分的几种组分中，厨余类垃圾的含水率最高，其次为纸类垃圾，其他垃圾组分的含水率相对较低。不同垃圾组分的含水率主要与垃圾的特征有很大关系，厨余类垃圾主要是剩余的饭菜及水果等，其含水率自然很高；纸类垃圾也多为生活用纸，吸收了较多的水分，故其含水率也较高；其余垃圾的含水率较低。

总体而言，东江源头区农村生活垃圾的主要成分是厨余类垃圾，其含水率较高，也从而导致混合垃圾的含水率较高。

表 5-5　各示范村在调查期间混合垃圾含水率情况

村名	批次	日期					平均
		第 1d	第 2d	第 3d	第 4d	第 5d	
文昌村	1	0.50	0.67	0.52	0.63	0.60	0.58
	2	0.57	0.30	0.32	0.36	0.37	0.39
	3	0.57	0.57	0.45	0.46	0.60	0.53
桐坑村	1	0.46	0.52	0.56	0.53	0.55	0.52
	2	0.31	0.27	0.31	0.33	0.35	0.32
	3	0.45	0.56	0.45	0.52	0.66	0.53
洪州新村	1	0.58	0.54	0.51	0.63	0.59	0.57
	2	—	—	—	—	—	—
	3	0.57	0.64	0.53	0.54	0.45	0.54

注：第二批次样品中，由于洪州新村收集到的生活垃圾样品量很少，故将其与桐坑村收集的合并处理

表 5-6　不同垃圾组分的含水率分析

村名	批次	厨余	塑料	纸类	草木	纺织	灰土
文昌村	1	0.82	0.11	0.21	—	—	0.07
	2	0.59	0.11	0.22	—	—	0.21
	3	0.73	0.22	0.31	—	—	
桐坑村	1	0.67	0.06	0.17	—	—	0.21
	2	0.65	0.12	0.11	—	—	0.14
	3	0.70	0.25	0.29	—	—	

续表

村名	批次	厨余	塑料	纸类	草木	纺织	灰土
	1	0.74	0.18	0.10	—	—	0.13
洪州新村	2	—	—	—	—	—	—
	3	0.74	0.11	0.23	—	—	—

注：第二批次样品中，由于洪州新村收集到的生活垃圾样品量很少，故将其与桐坑村收集的合并处理

4）生活垃圾热值分析

研究区示范村生活垃圾的热值情况如表 5-7 所示，由表可见，不同组分垃圾的热值差异较大，其中以木材类垃圾的热值最高，一般在 3000kJ/kg 以上，甚至接近 7000kJ/kg，厨余类垃圾、纸类垃圾及塑料类垃圾的热值变化较大，这与生活垃圾产出成分变化较大有关。从混合垃圾的热值分析来看，示范村生活垃圾的平均热值在 2000kJ/kg 左右，或是更低。一般来讲，生活垃圾进行焚烧处理时，其最低热值要达到 5000kJ/kg 以上，由此可见，示范村生活垃圾不适合直接进行焚烧处理。

表 5-7　研究区示范村生活垃圾热值情况　　　　　　　（单位：kJ/kg）

村名	批次	不同垃圾组分				混合
		厨余	纸类	塑料类	木材	
文昌村	1	2135	1566	2040	6849	—
	2	1555	1681	2066	3159	1496
	3	5236	4006	1691	—	2722
桐坑村	1	992	119	366	5771	—
	2	1801	1517	1621	3330	1017
	3	2724	1098	2012	—	3518
洪州新村	1	1248	900	1511	5393	—
	2					
	3	3376	3516	4139	—	2893

5）生活垃圾灰分分析

研究区 3 个示范村生活垃圾的灰分分析如表 5-8 所示，由表可见，总体来说，厨余类垃圾的灰分值要较其他类型垃圾的灰分值高些，纸类垃圾的灰分要较塑料类垃圾高，这说明厨余类垃圾中有较多的不可燃组分存在。

表 5-8　示范村生活垃圾灰分值　　　　　　　　　　　（%）

村名	批次	不同垃圾组分				混合
		厨余	纸类	塑料类	木材	
文昌村	1	36.06	21.32	6.52	33.50	—
	2	40.56	15.94	10.84	29.60	41.84
	3	29.70	25.60	9.70	—	23.62

续表

村名	批次	不同垃圾组分				混合
		厨余	纸类	塑料类	木材	
桐坑村	1	28.68	20.00	5.06	28.53	—
	2	43.54	13.04	7.22	25.60	40.36
	3	53.06	25.10	11.40	18.50	35.43
洪州新村	1	30.28	18.90	5.32	29.20	—
	2	—	—	—	—	—
	3	41.80	22.48	14.04	—	29.48

6）东江源沿江村镇生活垃圾排放现状与处理现状调查

（1）排放现状。由于缺乏管理，加上环保意识薄弱，大部分居民并未意识到生活垃圾随处丢弃倾倒所带来的环境影响。在东江源头，沟渠河道逐渐变成了人们倾倒垃圾的场所，导致水体污染严重，成为各种病原体繁衍生息的温床，给当地居民的身体健康造成了极大的安全隐患。此外，河道中垃圾堆积如山，占据淤塞河道，致使通道窄缩，河道调蓄功能下降，排水压力陡增，汛期泄洪存在隐患。

（2）处理现状。①家庭：虽然会发购物袋、垃圾袋、垃圾桶等，但村民几乎不用或者挪作他用，垃圾仍然是直接往外倾倒。②村：村里有的建有垃圾池，但垃圾池由于长时间没有人管理和清理，常常成为新的污染源；没有垃圾池的沿河村通常是将垃圾直接倒在河边。③镇：镇街道垃圾有人定期收集，集中运到简易垃圾填埋场进行填埋处理，但填埋场较简陋，未采取相应的防渗、渗滤液收集等措施，并且填埋工艺也未按照相应的规范执行，一般仅是简单的堆存。④县：目前各县只有县城中心垃圾有集中收集处理，东江源头区寻乌县、安远县和定南县各有1座生活垃圾卫生填埋场，如表5-9所示。

表5-9　垃圾处理设施一览表

县	垃圾填埋场数量	垃圾填埋场名称	处理规模	服务范围
寻乌县	1	寻乌县城市生活垃圾卫生填埋场	113t/d	县城
安远县	1	安远县县城生活垃圾卫生填埋场	150t/d	县城
定南县	1	定南县生活垃圾填埋场	100t/d	县城

4. 农村生活垃圾产量预测

1）预测模型

农村生活垃圾的产生量与常住人口数及人均垃圾产生系数有关，常住人口越多，人均垃圾产生系数越高，则单位时间内产生的垃圾量就越多；反之，产生的垃圾量就越少。因此，预测农村生活垃圾的产生量必须从人口预测和垃圾人均产生系数两方面考虑。

人口预测模型：

研究区人口增长预测采取几何级数法，计算公式如下。

$$P_n = P_0(1+\alpha)^n(1+\beta)$$

式中，P_0 为基准年的人口；α 为自然增长率；P_n 为第 n 年的人口；n 为年数；β 为机械增长系数，即机械增长量占自然增长量的比率。

根据 2009 年定南县统计年鉴，截至 2009 年末，定南县总人口为 20.6 万人，其中乡村人口 16.7 万人；综合近几年来的人口增长速度，确定定南县人口自然增长率约为 8‰，机械增长率为 15‰。

人均垃圾产生系数：

根据对研究区选取的 3 个示范村的调查，得出各村的人均垃圾产生系数。人均垃圾产生系数与经济发展状况及交通等也有较大的关系，从 3 个示范村来看，文昌村是县级村，交通较为便利，经济发展水平较高，其人均垃圾产生系数也较高；洪州新村是普通村，位置较为偏僻，交通不便，经济发展水平相对较低，其人均垃圾产生系数也较低；桐坑村介于文昌村和洪州新村之间，其人均垃圾产生系数也居中。为研究方便，综合考虑后，取 3 个示范村人均垃圾产生系数的平均值，即 0.29kg/(人·d)，作为研究区垃圾产生量预测的人均垃圾产生系数。

2）预测结果

根据示范区人口增长情况及人均生活垃圾产生系数计算研究区年生活垃圾产生总量，随人口的增加，垃圾的年产量也在逐年增加，到"十二五"末，定南县生活垃圾年产量将达 40000 吨。由此可见，随人口规模的不断增加，农村生活垃圾的产生量也在逐年上升，如不采取积极措施进行收集和处理，会给周边环境带来较大的危害，直接影响居民的生活质量和生产环境。

5. 结论

综合影响农村生活垃圾产生量的因素以及 3 个典型村社会经济、地理状况，对研究区未来生活垃圾的产生状况进行分析，主要结论有以下几点：

厨余类垃圾、塑料类垃圾以及纸类垃圾将持续增长，农民收入水平的持续提高、消费逐渐增多，农村社会经济发展趋势将决定着厨余类垃圾、塑料类垃圾以及纸类垃圾的产生量会持续增长。

其他类垃圾中，尿不湿等一次性垃圾产生量也呈上升趋势，特别是近城镇的县级村和镇级村更是如此。

垃圾总量将继续增长，厨余类垃圾、灰土类垃圾、塑料类垃圾以及纸类垃圾是研究区垃圾的主要成分，随着近些年外出打工者的减少，经济的发展促进生活消费品的增加，由此带来的生活垃圾量也不断增加；此外，研究区人口的增加也带来了生活垃圾产生量的增加，总之，研究区的生活垃圾产生总量将持续增长。

5.1.2　东江源沿江村镇生活垃圾分类收集的建设方法与运行方案

1. 引言

农村生活垃圾的处理程序一般包括分类收集、运输、最终处置等几个环节，其中分类收集是农村生活垃圾处理程序的起点，对后续的运输和最终处置具有关键作用。生活垃圾分类收集强调源头控制，重视垃圾的资源价值。通过对垃圾产生之后的第一个环节进行控制，将混乱无序的垃圾按照属性分类，实现垃圾处理全过程的资源有序输入，提高了垃圾资源的纯度和价值，减少了垃圾成分过于复杂造成的处置成本高、难度大的问题，有利于垃圾后续的处理处置和资源化利用（崔兆杰等，2006）。

此外，沿江村镇生活垃圾的特征决定了其收运和处理是一项复杂的系统工程，要选择合适的收运模式，不仅仅在技术上需要一套完整的工艺流程，在政策上更需要当地政府的积极配合，制定好相应的政策与措施，同时加大相关环境保护知识的宣传力度，提高研究区居民的环保意识，自觉投入到生活垃圾分类收集、运输和处理的活动中来。

2. 沿江村镇生活垃圾分类收集的必要性与可行性

1）必要性分析

目前城市生活垃圾的处理主要有焚烧、填埋、堆肥三种，农村生活垃圾和城市生活垃圾有共同特点，其处理方向也大致相同。然而对于某一地区的垃圾来讲，不是任意用哪一种都很合适。为了取得最佳的效益，每种方式都对待处理的垃圾有最基本的技术要求（郭广寒等，2001），如表5-10所示。所以为了能对收运的垃圾采取更有效的处理方式，有必要首先对垃圾进行分类收集。

表5-10 不同垃圾处理方式的技术要求

处理方式	基本技术要求
焚烧	进炉垃圾的低位热值高于5000kJ/kg，含水率<55%，渣土含量不能太多
填埋	垃圾水含量在20%～30%，无机成分>60%，堆积密度>0.5 t/m³
堆肥	可生物降解的有机物含量>40%，有机物不能太少

研究区农村地域广大，交通落后，垃圾的集中收运困难，对垃圾进行分类收集后，可就地消纳处理掉一部分垃圾，当地无法处理的部分再集中进行收运处理，这就减少了垃圾的运输量。分类收集使各组分相互分离，增加纯度，方便对垃圾进行资源化、能源化和综合利用。农村各地区社会经济发展不平衡，垃圾总量和成分的影响因子存在，从而导致不同地区农村产生的生活垃圾有不同的特点，进行分类收集后，根据各地区垃圾的总量多少和主要成分等特征，更能选择出合适的资源化利用途径和处理处置方式。

由此可见，对农村生活垃圾进行分类收集尤为重要，分类收集后可为后续处理和处置奠定良好的基础，是任何处理方式的前提，也是实现垃圾处理减量化、资源化、无害化的重要措施。

2）可行性分析

通过垃圾的分类收集，一方面可以提高资源的利用率，减少垃圾的填埋量和占地面积，降低有毒有害垃圾对环境的危害，确保人们的身体健康；另一方面可节省垃圾处理设施的投入和运行费用，同时通过销售部分可用废品还可增加农民收入，缓解农村生活垃圾处理资金缺乏的问题。垃圾分类既不需要大的投资，也没有技术上的难点，只要提高农民的环保意识，加强分类知识的宣传和分类工作的指导，整个垃圾分类在家庭内就可完成，再加上农民自古就有的勤俭节约的好传统，农村生活垃圾的分类收集是完全有可能的。

研究区生活垃圾分类收集访谈调查表明，大部分村民对垃圾分类有基础认识，态度也很积极，因为村周边的环境污染现状对他们的影响比较直接，故广大村民能积极主动配合工作，整个分类收运模式简易、可行、有针对性，且成本投入少。

此外，农村生活垃圾的特点也有利于实施垃圾分类。根据初步调查情况，农村生活垃圾成分简单、主要为厨余类的有机质，分类后有利于进行堆肥处理生产有机肥；塑料类、废纸类、纺织类和复合类垃圾等热值都比较高，可以进行焚烧或回收处理；农村生活垃圾中的有害成分主要是废弃的电池、农药瓶等，应按危险废物收集后集中转运至乡镇垃圾中转站或县城后送至有危险废物经营资质的单位进行统一处理处置。

由此可见，在农村实行生活垃圾分类是可行的，分类后可以为农村生活垃圾的资源化利用和处理处置奠定良好的基础。

3. 基本原则

（1）源头分类、就地利用原则。农村生活垃圾在源头进行收集时就进行分类，根据类别，分别进行处理，如厨余类垃圾可以就地转化为畜禽的饲料，有回收价值的垃圾进行回收处理，尽可能减少后续垃圾转运和处理的量。

（2）减量化、无害化和资源化原则。这是固体废弃物处理处置的一般原则，在农村生活垃圾源头分类收集、中途转运及末端处理的全过程都要遵守减量化、无害化和资源化的原则。

（3）可持续发展原则。一是农村垃圾处理必须坚持可持续发展的原则，不能走过去传统的混合垃圾简易填埋，或者直接焚烧的老路；二是在具体模式上，要能够可持续运行，技术上要科学、实用，推广要简单可行，经济成本要合理。

（4）广泛参与、分步实施原则。农村生活垃圾收集、转运、处理的过程需要广泛的人员参与，特别是在源头，要逐步提高村民的环保意识和调动村民的参与积极性；并且，农村生活垃圾处理处置的过程要分步实施，在每一环节上都要遵循减量化、无害化和资源化的原则进行处理处置，从而实现农村生活垃圾最终的安全处置。

4. 生活垃圾分类收集实施方案

1）分类标准

根据对研究示范区实地情况调查可知，该地区的生活垃圾按物理组分大致分成：厨余、纸张、塑料、金属、玻璃、灰土、木竹、纺织品及其他。根据前面的数据分析可知研究区的生活垃圾可大致分为厨余类垃圾、焚烧类垃圾、建筑类垃圾、可回收垃圾和有害垃圾五类（表 5-11）。

表 5-11　垃圾分类标准表

初次分类	二次分类	范围
厨余类垃圾		剩余饭菜、净菜垃圾、果皮瓜壳、茶渣等
其他类垃圾	焚烧类垃圾	塑料、橡胶以及纺织品类
	建筑类垃圾	少量灰土、陶瓷碎片等无机垃圾等
可回收垃圾		金属、玻璃、废旧书籍、报纸等
有害类垃圾		废旧电池、农药（瓶）、废油漆（桶）、过期药品等

2）技术路线

研究区农村生活垃圾的分类收集采取两级分类模式，初次分类是在垃圾产生源头进行分类，由产生垃圾的农户具体负责，初步分为厨余类垃圾、有害类垃圾和其他类垃圾，然后由村垃圾清洁员负责就近运送至垃圾收集站（图 5-1）；二次分类在垃圾收集站进行，将收集的垃圾进一步分为可回收垃圾、有害类垃圾、厨余类垃圾和其他类垃圾，其中可回收垃圾进行回收处理，有害类垃圾进一步转运至县城后再统一处理，厨余类垃圾进行堆肥处理，其他类垃圾中可焚烧的部分由县里进行无害化焚烧处理，建筑类垃圾运至低洼地进行填埋处理（图 5-2）。

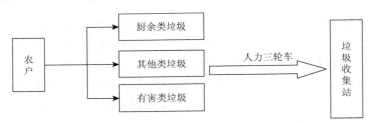

图 5-1　生活垃圾源头初次分类

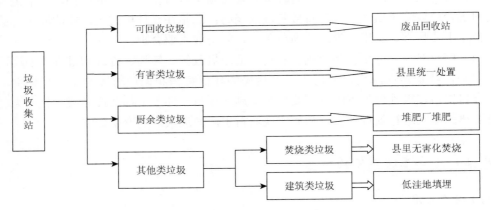

图 5-2　其他类垃圾二次分类

3）生活垃圾转运模式

考虑到基本原则中源头垃圾分类要简易可操作，分类工作分两步完成：首先在垃圾产生源头，由家庭将生活垃圾分为厨余类垃圾、其他类垃圾、可回收垃圾和有害垃圾；其次由村保洁员将初次分类后的厨余类垃圾运输至村垃圾收集站，并将初次分类中的其他类垃圾进行二次分类，大致分为焚烧类垃圾与建筑类垃圾，方便后期的焚烧和填埋处理。可回收垃圾有直接的经济价值，一般村民会自行收集卖给回收人员；有害垃圾在示范村的产生量比较少，可在村口或者活动中心设置有害垃圾回收点。

主要生活垃圾的转运模式如下。

焚烧类垃圾：三轮收集车——▶垃圾收集站——▶转运车——▶镇转运站——▶转运车——▶县垃圾焚烧场；

厨余类垃圾：三轮收集车——▶垃圾收集站——▶堆肥厂；

建筑类垃圾：三轮收集车——▶垃圾收集站——▶填埋场。

具体操作要求如下：①每家农户要放置垃圾分类桶（袋），一般在村中偏僻且离公路较近的地方建一个垃圾收集站，内置若干塑料大桶，用于放置分类垃圾，避免采用敞口收集容器（垃圾箱、垃圾槽）收集垃圾；②垃圾分类收集容器应按照分类情况设立明显标志，并在容器上注明具体垃圾类型及名称；③农户必须按照要求，将垃圾一次性分类分拣到位，并将厨余类垃圾和其他类垃圾放置在户用分类垃圾桶（袋）中，如有少量有害垃圾可以交由保洁员统一收集；④保洁员将从每户收集的垃圾分类清运到辖区内垃圾收集站的分类垃圾桶中，然后将厨余类垃圾运至堆肥厂，建筑类垃圾找适宜的低洼地就地填埋；⑤有害垃圾由村集中收集后，通过回收网络交送县（市、区）环保部门，由环保部门送至省危废中心统一处置；有害垃圾在收集、清运过程中应设置专门容器储存，有害垃圾的处置资金由财政支出；⑥焚烧类垃圾由乡镇统一集中收集后转运至县高温焚烧炉进行无害化焚烧，清运频率根据垃圾排放量情况确定，建立日产日清的清运制度和管理办法，配备必要的三轮车及其他保洁工具设施。

5. 农村生活垃圾分类收运操作规程

（1）农户必须按照分类标准，将垃圾一次性分类分拣到位，分为厨余类垃圾、可回收垃圾、有害垃圾和其他垃圾。该阶段垃圾分类标准为：①可回收物，包括生活垃圾中未污染的适宜回收和资源利用的垃圾，如纸类、塑料、玻璃和金属等。②餐厨垃圾，包括生活垃圾中的蔬菜、瓜果皮核、剩饭剩菜、茶叶等。③有害垃圾，包括生活垃圾中对人体健康或者自然环境造成直接或者潜在危害的物质，如废充电电池、废扣式电池、废灯管、弃置药品、废杀虫剂、废油漆、废日用化学品、废水银产品、废旧电器以及电子产品等。④其他垃圾，包括除可回收物、有害垃圾和餐厨垃圾之外的其他城市生活垃圾，如大件垃圾以及其他混杂、污染、难分类的塑料类、玻璃类、纸类、布类、木类、金属类、渣土类等生活垃圾。大件垃圾，是指体积大、整体性强，或者需要拆分再处理的废弃物品，包括家具和家电等。

（2）可回收垃圾由农户自行送至再生资源回收站回收或者由再生资源回收站人员上门收购。

（3）农户将厨余类垃圾和其他类垃圾分类定时放置在分类垃圾桶（袋）中，或者由保洁人员定时上门收集；如有少量有害垃圾可以交由保洁员统一收集。

（4）村公共垃圾投放点垃圾应分类投放：①有害垃圾收集容器；②餐厨垃圾应当投放至餐厨垃圾收集容器；③其他垃圾应当投放至其他垃圾收集容器。

（5）保洁人员，负责对家庭初步分类后的垃圾运送至村镇生活垃圾集中收集处理点，并做二次分类。该阶段垃圾分类标准为：①可回收物，包括生活垃圾中未污染的适宜回收和资源利用的垃圾，如纸类、塑料、玻璃和金属等。②餐厨垃圾，包括生活垃圾中的蔬菜、瓜果皮核、剩饭剩菜、茶叶等。③有害垃圾，包括生活垃圾中对人体健康或者自然环境造成直接或者潜在危害的物质，如废充电电池、废扣式电池、废灯管、弃置药品、废杀虫剂、废油漆、废日用化学品、废水银产品、废旧电器以及电子产品等。④焚烧类垃圾：塑料、橡胶、废木料以及纺织品类。⑤其他垃圾：包括少量灰土、陶瓷碎片等无机垃圾等。

（6）保洁员将从每户及垃圾收集点收集的垃圾分类清运到辖区内垃圾收集房的分类垃圾桶中，保洁员根据分类情况，可以回收的垃圾由保洁员负责回收处理，可以就地处理的就地处理消纳，剩余无法处理处置的运送至乡（镇）生活垃圾中转站。

（7）厨余类垃圾由堆肥厂负责处理；有害垃圾由村集中收集后，通过回收网络交送县（市、区）环保部门，由环保部门送至省危废中心统一处置；焚烧类垃圾由乡镇统一集中，运至县高温焚烧炉进行无害化焚烧；填埋垃圾运送至乡（镇）垃圾中转站后，经压缩处理后定期运送至县城生活垃圾填埋场，由县一级负责集中处理处置。

6. 生活垃圾分类回收网络体系建设

农村生活垃圾分类收集及处理处置要逐步形成网络体系，首先在条件比较成熟的村镇形成网络体系，做到垃圾分类收集处理处置覆盖面达到100%，然后逐步扩展到较为偏远的村镇，最终在全县范围内形成完善的农村生活垃圾分类收集及处理处置的网络体系。

（1）村级网络体系。农村生活垃圾收集的村级网络主要是设置在各村的垃圾桶（池），以及收集站。垃圾桶（池）的设置数量要合理，一般可在数户人家的中心位置设置1个，避免垃圾投放者步行较远的距离投放。垃圾收集站的设置主要根据地理位置和交通条件，在较大的村子可设置1个，或是在几个村子的中心设置1个，由保洁员将从各垃圾桶（池）收集来的垃圾运至收集站。

（2）乡（镇）级网络体系。乡（镇）级垃圾收集网络主要是设置在各乡（站）生活垃圾压缩中转站（转运站），主要负责对各收集站转运来的垃圾进行压缩后进一步转运。一般一个乡（镇）可设置1个垃圾压缩中转站（转运站），较大的乡（镇）可适当增加，选取几个较大的村，在其中心位置设立1个。各中转站（转运站）的生活垃圾经压缩处理后转运至县城进行统一处置。

5.1.3 东江源沿江村镇生活垃圾处理处置方案

1. 引言

在国外，如西欧各国农村的生活垃圾同城市的生活垃圾一样都要求集中处理，在规划时从垃圾的收集、运输、处理就将城市与农村统筹起来，从而防止了农村生活垃圾的污染。在中国，农村区域占国土面积的 90%，农民占全国人口的 60%～70%，伴随经济的不断发展和农民收入的不断提高，农村消费结构发生了重大变化，相应导致农村生活垃圾总量和成分数量快速增加，不断向城市接近，但由于认识、管理的不足，长期以来农村生活垃圾未得到妥善的处理处置，造成了突出的环境问题（杨荣金和李铁松，2006）。

在东江源头区域，沿江村镇的生活垃圾基本沿河倾倒，简单堆放，雨季或洪水季节，大量的垃圾进入河道，不仅淤塞河道，还大大降低了东江源头的产水质量，水质下降。因此，对东江源头区农村生活垃圾进行分类收集后，必须根据垃圾各组分性质分别采取不同的处理处置方案。

2. 技术筛选原则

农村生活垃圾处理处置技术的选取一般遵循以下原则：

（1）就地消纳原则。农村生活垃圾产生后首先应考虑就地消纳，如其中的厨余类垃圾可作为畜禽的饲料，灰土等建筑类垃圾可就近选择低洼地进行简单填埋，这样可大大减少垃圾的清运量。

（2）经济适用原则。相对城市来讲，农村生活垃圾处理处置的投入较低，主要来源于政府补贴，维持运行的费用不足，因此，在选取处理处置技术时应经济适用，避免过大投入。

（3）资源化原则。这也是固体废物处理处置的基本原则之一，农村生活垃圾中有回收再利用价值的成分较多，如厨余类垃圾可进行堆肥处理生产有机肥，纸箱、废纸等可外卖给废品回收站。因此，在处理农村生活垃圾时应尽最大可能地回收其中有价值的资源，避免资源的浪费，同时也减少了垃圾的转运量。

3. 各类垃圾的处置方案及可行性分析

农村生活垃圾处置，应该根据各农村的经济发展水平和自然社会环境，结合本地区农村垃圾的特性，按照减量化、无害化和资源化的处理原则，选择一种或几种垃圾处理方法，或是优化组合几种垃圾处理方法，最终做到对本地区生活垃圾的安全处置。

目前，农村生活垃圾常用的处理技术主要有：卫生填埋、焚烧、堆肥和厌氧消化等技术。

1）卫生填埋处理

卫生填埋是在传统的垃圾堆放填埋的基础上发展起来的，到 20 世纪 90 年代已发展成为较成熟的技术，其原理是将垃圾在选定的场所填埋到一定高度，加上覆盖材料，让其经过长期的物理、化学和生物作用达到稳定状态。其缺点是填埋场选址标准苛刻，易造成土壤和地下水污染，产生的沼气不易处理，易发生爆炸，必须采用先进的防渗、导气和渗滤液处理技术，这样增加建设和运行成本。此外，旧场填满后，需再建新场，占用大量的土地资源，且填满后还需后期维护管理。随着经济发展，垃圾量的增多，采用卫生填埋技术处理垃圾最终会因投资大、占用大量土地及易污染环境而被边缘化（翟力新等，2006）。

定南县位于江西省最南端，地处中低山丘陵区，境西南的峁美山海拔 1062m 为最高点，河流众多，分属赣江、珠江水系。境东的九曲河为最大河流，属东江源区，是粤港地区重要饮用水源地。全县森林覆盖率达 78.1%，属中亚热带潮湿天气，年均温 18.9℃，1 月均温 8℃，7 月均温 39℃，年降水量 1550mm。

考虑到上面的自然地理和气候因素，如在定南县建设垃圾填埋场必须对基地做人工防渗处理，如果实现生活垃圾源头分类，其中的建筑类垃圾运送至低洼地后采用简易填埋的处理方式即可。

2）生活垃圾无害化焚烧处理

焚烧是将垃圾作为固体燃料送入垃圾焚烧炉中，在高温条件下，垃圾中的可燃成分与空气中的氧气进行剧烈的化学反应，放出热量，转化成高温的燃烧气和少量、性质稳定的固体残渣。其优点是减容化、无害化比较彻底，一般固体废弃物经过焚烧体积可减少 80%～90%，同时可破坏一些有害固体废弃物、杀灭病虫卵，达到解毒、除害的目的；缺点是对垃圾热值有要求，有机固体废弃物的低位热值应＞5000KJ/kg，含水率≤54%，可燃物含量≥22%，此外，燃烧过程中会产生各种大气污染物（如 SO_2、NOx、二噁英、气溶胶和飞灰等），造成二次污染，对人类的身体健康造成威胁（宋志伟等，2007；苏萍等，2002）。

目前，在我国部分城市已经有一些生活垃圾焚烧处理的应用实例，但根据前面的分析结果，本地区垃圾的含水率在 55%左右，混合垃圾的平均热值却低于 5000KJ/kg，不适合直接焚烧，而且乡镇以下的简易焚烧炉也达不到要求，如直接焚烧更容易产生二次污染；此外，生活垃圾焚烧处理规模至少 300t/d，而在定南县研究区内如不将大面积村庄的生活垃圾联合收集起来很难达到这个规模，但交通运输条件使大面积的集中收集很难实现，成本也过高。

因此，村镇垃圾分类后应将热值较高的焚烧类垃圾集中收运至县城，统一进行无害化焚烧，并且焚烧类垃圾容重较低，这也降低了运输成本。

3）厌氧消化处理

生活垃圾厌氧消化是在国外，尤其是欧洲近年来推广较快的一种生活垃圾处理与能量利用技术（代以春等，2005），在定南县很多新农村建设示范点都建有沼气池，但真正实施起来效果不是很好，而且常温沼气池也受季节温度影响。洪州新村经济条件落后，住户分散，新农村建设规划也未开展，加上建设成本也比较高，需要更多技术和经济上的支持。因此，生活垃圾厌氧消化处理在示范村不可行。

4）堆肥处理

生活垃圾堆肥法就是依靠垃圾中各类微生物（如细菌、放线菌或真菌等），通过生物化学反应将可被生物降解的有机物转化为稳定的腐殖物质的过程。堆肥按有氧状态可分为好氧堆肥和厌氧堆肥。好氧堆肥是在有氧的条件下，利用好氧微生物对垃圾中的有机废物进行吸收、氧化和分解的生化降解，使其转化为腐殖质的一种方法；而厌氧堆肥是在无氧气条件下，将有机物料分解为甲烷、CO_2 和许多低分子量的中间产物（如有机酸）的方法。厌氧堆肥与好氧堆肥相比较，单位质量的有机质降解产生的能量较少，而且厌氧堆肥通常容易发出臭味。由于这些原因，几乎所有的堆肥都采用好氧堆肥（李季和彭生平，2005）。

调查发现定南县现有有机肥厂，采用机械化好氧堆肥。因此，示范村生活垃圾经分类收集后，厨余垃圾可以直接运至有机肥厂生产有机肥。

综合以上分析，研究示范区农村生活垃圾经分类收集后，不同类别垃圾的处理处置模式如图 5-3 所示：

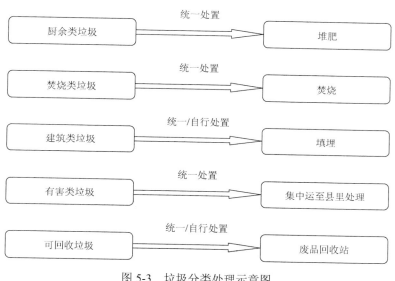

图 5-3　垃圾分类处理示意图

4. 农村生活垃圾分类收运处理的效益分析

通过垃圾的分类收集，一方面可以提高资源的利用率，减少垃圾的填埋量和焚烧量，降低可能造成的对土壤和水体的二次污染；另一方面通过对垃圾产生源头的控制，将混乱无序的垃圾按照当地的实际情况和适宜的处置方式分类，提高了垃圾资源的纯度和价值，降低了处置成本和难度，节省了垃圾处理设施的相关费用。农村生活垃圾中所占比例最大的厨余类垃圾通过堆肥产生的有机肥也可以出售给当地村民，给个人或企业带来盈利，垃圾减量化、无害化的同时也达到了资源化的目的；塑料类垃圾具有较高的热值，通过焚烧发电处理，既充分利用了其能量，又解决了"白色污染"的问题。

5.1.4　东江源沿江村镇入河生活垃圾屏障体系构建

1. 引言

农村生活垃圾分类收集可有效改善东江源头区的生态环境，对于提高源头区的产水质量具有重要意义。要维持东江源头区沿江村镇生活垃圾的分类收运体系的正常运行，必须制定相应的政策措施，形成完善的管理体系，并给以资金支持才行。此外，对于河道、沿岸已经堆弃的生活垃圾应进行清理疏运，同时在河流岸边建立生态屏障，防止生活垃圾再度入河。

2. 生活垃圾管理框架

废物管理架构是生活垃圾管理的行动纲领，自1975年3月面世以来一直是全球管理都市固体废物的主导原则。废物管理策略一般采用的是一套三层架构（图 5-4，彩图附后），三个层次依优先级排列分别如下。

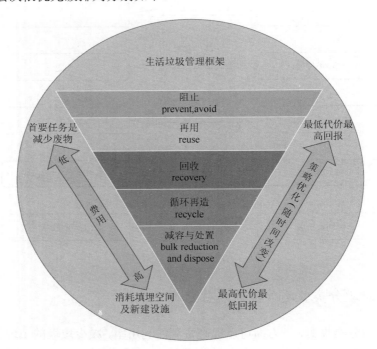

图 5-4   生活垃圾管理一般框架

（1）垃圾减量（reduce）：避免和减少废物产生。

（2）垃圾回收利用（reuse，recovery and recycling）：再用、回收及循环再造。

（3）垃圾末端处理（dispose）：减少废物体积及弃置。

根据国内外固体废物管理的一般思路，结合东江源头生活垃圾的污染特征及产出规律，制定了东江源头沿江村镇生活垃圾管理框架，如图 5-5 所示。目前沿江村镇生活垃圾主要由两部分组成：一是不断产生的生活垃圾；二是历史产出且已进入河道的垃圾。针对这两部分垃圾，依据源头阻断、过程控制和末端处理的思路，制定了不同的管理策略。对于新产生的垃圾，由农户自行在源头进行分类收集，然后由保洁员进行分别收集，并负责运送至垃圾处理站；对于河道中累积的历史垃圾，由政府发起，保洁公司负责清理，同时在河道两侧设置生态护栏，避免生活垃圾再进入河道，清理出的垃圾由保洁公司负责运送至生活垃圾处理中转站；最后根据垃圾的成分进行分别处理，从而实现东江源头生活垃圾的无害化处理处置。各级政府和团体应起组织领导作用，加大农村生活垃圾处理处置的宣传力度，制定相应的政策和措施，将生活垃圾收集处理情况列入政府工作考核指标，并制定相应的奖惩措施，对组织管理较好的村庄、团体和个人进行奖励，对组织管理较差的进行惩罚，并限期制定整改措施，督促其完成生活垃圾的收集和处理处置工作。

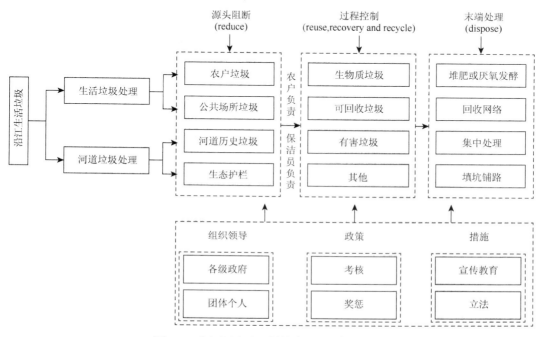

图 5-5　东江源头沿江村镇生活垃圾管理框架

3. 管理体系

为保障东江源头区农村生活垃圾分类收运工作的长期稳定运行，应从县到村制定完善的管理体系。

（1）县政府。县政府应将辖区内农村的生活垃圾纳入城区生活垃圾的处理处置范围，定期将各乡（镇）中转站（转运站）的生活垃圾运回县城统一处理；县政府应按照分区管理的方式，制定各乡（镇）生活垃圾的清运方式和频次，并形成完善的管理制度，同时制定考核指标和奖惩措施。

（2）镇政府。镇政府主要负责将辖区内各收集站的垃圾进行收运、压缩，同时协助县一级转运车辆将垃圾转运；镇政府应建立垃圾中转站（转运站）的管理制度，以维护相关设备的正常运行，同时对各垃圾收集站的垃圾收集情况进行监督，确保生活垃圾的收集转运到位。

（3）村委会。村委会主要负责垃圾分类收集的宣传工作，提高村民的环保意识，同时选聘村保洁员，负责对村中各垃圾桶（池）的垃圾进行二次分类，并运输至各垃圾收集站；村委会应制定保洁员的工作职责，并对其工作进行监督，制定相应的奖惩措施和**激励机制**。

4. 资金筹措方案

（1）地方政府投资。长期以来，示范区内政府单纯追求经济的增长，对于农村的公共环保基础设施建设没有给予足够重视，主观上缺少对其投资的动力，加上政府财政困难，导致农村环境卫生基础设施建设的投资很匮乏，但农村垃圾处理系统作为地方性的环境卫生事业，应在地方政府投资的范围之内。因此，政府部门首先要从思想上重视农村生活垃圾的处理，其次逐步建立环境财政制度，把对农村环境卫生的投资纳入年度财政计划。

（2）引入市场机制。引入农村生活垃圾处理的市场化机制，通过政府公开招标的形式由私人公司负责农村生活垃圾的收运及处理，按谁投资谁收益原则，吸引资金，中标的私人或企业除正当收益外，政府还应给予一定的扶持，包括无偿提供土地、直接的资金补贴、提供贷款、减免税收等形式；同时，还应对这些私人或企业进行监督，定期对垃圾处理情况进行检查。

（3）其他渠道资金投入。建立农村生活垃圾处理系统对整个农村环境卫生的改观具有很大的作用，是一项公益事业，因此，应积极鼓励个人捐助、村民集资，以及当地一些企业家的赞助，大力拓宽农村生活垃圾处理处置的资金投入渠道，使得农村生活垃圾处理处置有稳定的资金来源。

5. 政策与措施

（1）加强组织领导。当地有关部门要把农村垃圾无害化处理工作列入重要议事日程，主要领导要亲自部署、亲自推动、亲自督查、亲自解决重大问题，安排分管领导具体负责。各级农村清洁工程领导小组成员单位要落实好"统分结合，分工负责"的指导体制，按省农村清洁工程领导小组的统一指导开展工作，与省清洁办加强沟通、协调和配合推进工作，要把农村垃圾无害化处理工作作为新农村建设的重要组成部分，纳入工作重点。

（2）建立管理机制。村庄和农村集镇建立农（居）户、保洁员、村（居）理事会 3 方监督机制，组织制定并实施好农（居）户垃圾分类分拣、门前三包、生活区清洁卫生分块分段包干的制度，制定并实施好保洁员制度，包括督促农（居）户分类分拣垃圾和维护公共卫生，制定并实施好针对农（居）户卫生和保洁员工作的组织、指导、监督和评比的制度。

（3）广泛宣传发动。各地要通过文件宣传、媒体宣传等多种方式，广泛宣传农村生活垃圾分类收集处理的环保知识、技术规范，增强村民的环保意识和生活垃圾处理的自觉性，形成农村干部群众共同积极参与的良好氛围。

（4）各部门的考核机制。为确保农村垃圾无害化处理工作取得实效，镇政府要建立严格的责任追究和考核机制，对于工作成绩显著的，给予表彰奖励；对于工作拖拉、进度缓慢的，要进行曝光、批评、整改，把农村垃圾处理工作与小康示范村、生态乡镇、文明村、生态村、卫生村等创建工作有机结合起来，统筹农村生产和生活，全面提高农村生态建设和环境保护整体水平。

5.2 东江源沿江村镇生活污水污染控制技术

5.2.1 东江源沿江村镇生活污水产排特性

1. 引言

目前国内外对生活污水特征的研究主要集中在城市生活污水，而对农村生活污水特征的研究相对较少。国内有些流域如滇池流域、九江流域等地区也做过生活污水特征的研究（洪华生等，2008）。对于一个地区来说，村镇的自然地理、经济以及社会状况都存在差别，其研究具有局限性。东江源是珠江三角洲和香港特别行政区主要的饮用水源地，水环境状况直接影响珠江三角洲和香港人民的健康和发展。东江源沿江村庄较多，村庄类型也比较多，本研究主要选择其中典型的 3 个类别的村落进行研究，准确掌握东江源头区村镇生活污水的特征对其治理技术和模式的研究具有重要的意义。

2. 研究方法

1）调查对象

调查中按县、镇、村三级，分别选取 3 个典型村，每个村按照农民收入高、中、低档随机抽取 8 户农户作为调查对象。

文昌村（县级村）：文昌村位于定南县城西面，距县城 4.5km。共有 14 个村民小组，225 户，人口 835 人，党员 19 人。农民主要收入来源为果业及务工。

桐坑村（镇级村）：桐坑村位于定南县龙塘镇的圩镇。桐坑村总人口 977 人，村民小组 15 个，农户 241 户。村山林面积 13950 亩，水田面积 480 亩，属山多田少的小村。

洪洲村（普通村）：洪洲村位于龙塘镇东北 2km 处，安定公路旁，东邻安远县鹤仔镇。全村总面积 25km²，耕地面积 890 亩，林地面积 6224 亩。全村共有 15 个村民小组，人口 1363 人，362 户。

2）研究方法

a. 现场勘查与走访

排水结构特征调查采用现场勘查和走访调查的方法，对源头区进行排水结构特征调查研究。

b. 入户取样调查

生活污水调查与生活垃圾调查在相同的时间、相同的居民家同步进行。每次调查前发给调查户标有刻度的塑料桶，用于分类收集各生活污水，每天收集时间从 8 时始至第二天 8 时结束。收集完成后，对生活污水进行体积测量，并做好记录。为了研究村镇各个时段生活污水产生规律，委托被调查户在调查期间内对盛装污水桶刻度的观测，标记各时段产生污水量。由于凌晨居民没有作业，污水产量较低，不做纪录，记录从早上 6h 到晚上 23h 各个时段（1h 为一个时段）产量的平均值。

调查的主要内容有家庭常住人口、家庭人均收入、污水来源、污水组分及产量、人均污水系数以及污水各个时段的产量。

c. 采样分析

居民生活污水大都随意排放到自己庭院外的沟道中，因此在取样时，主要是通过每户收集的污水进行采样，在调查期每天从每户收集的废水集中后进行取样。每次取样在24h 内带回实验室进行分析，监测了水样的总氮、总磷、氨氮、硝态氮、亚硝态氮、生化需氧量和砷、铅、铬等重金属指标。

d. 调查工具

卷尺，塑料水桶(下直径 36.5cm，母线 50cm，上直径 43.5cm)，双面胶，油笔等。

e. 调查时间

调查时间按季节划分：其中春季的调查时间为 3 月 4~8 日；夏季的调查时间为 5月 25~29 日；秋季的调查时间为 8 月 24~28 日。

f. 调查数据汇总

将每户每天各类生活污水的调查数据做为一个样本进行汇总，每个典型村共 120 个样本，3 个典型村调查数据共计 360 个样本，用 Excel 软件将样本数据进行统计汇总并进行处理。

由于调查对象中有的农户较忙，有时忘了将废水倒入收集容器，有时忘记做时间标记，为了保证数据的有效性，在数据处理时将不符合要求的无效调查样本剔除。

3. 结果与分析

1) 沿江村镇排水系统特征

东江源村镇生活污水排放特征与当地居民生活习惯及房屋排水系统和地理位置息息相关。很多农村尚无完善的污水排放系统，污水沿道路边沟或路面排放至就近的水体。少部分地区具有相对完善的污水排放系统。村镇集中住宅和新农村改造的村庄建有集中排水设施，其排水为明渠或者暗沟排水渠；而大部分分散居民住宅没有排水系统，自然泼洒并通过天然沟渠排入河流；东江源头沿河居住的居民排水口则直接排入河流。

A. 生活用水来源

东江源沿江村镇的生活用水来源主要有三种：一是山泉水，二是地下水，三是自来水。在东江源沿江村镇，未进行新农村改造的农户大都有压水井，但农民担心地下水水质没有保证，所以东江源头村镇饮用水以山泉水为主或自来水为主，杂用水以地下水为主。

B. 建筑排水结构

村镇农户的用水方式和卫生设施，决定了生活污水的排水方式。东江源头区沿江村镇生活污水排放目前仍是传统的合流制排水，经传统的排水系统将混合污水不经处理就直接就近排于地表或排入水体。

a. 农户家庭排水方式

(1) 老式土房建筑方式。该类型以地下水为生活用水，无洗涤池和其他卫生设施，生活废水一般直接泼洒于地面。

（2）中期建筑排水方式。该类型以地下水或山泉水为主，水龙头入户，有洗涤池，其他卫生设施较少。该类型门前一般建有排水沟，或者由于长期废水冲刷自流形成的小沟，生活废水一般排入门前排水沟。

（3）新农村建设统一规划建筑排水方式。该类型以自来水或地下水为主，室内有给水排水设施，且卫生设施较全。该类型的生活废水一般通过 PVC 管排入公共的明沟或暗沟。

b. 村落排水方式

（1）分散的自然沟渠。村落排水沟渠布设与村落的格局、地形情况等因素相关。调查的未进行新农村建设的村落中几乎没有完善的排水管网，生活污水多数未经任何处理直接通过地表汇集于自然明沟或农田灌溉渠排入地表水体，或经过房前屋后的沟渠排入河道。

（2）集中的明沟暗渠。新农村建设统一规划的集中居住区，生产生活污水通过明沟或暗沟汇集排放。

（3）直排入河。沿河的住户生活废水则通过排水管直接排入河流。

2）东江源沿江村镇生活污水组成特征

经过入户调查与访问，东江源沿江村镇生活污水组成包括以下几类。

冲厕污水：粪便污水，建有卫生设施的农户有冲厕废水产生，无卫生设施的农户则不包含该部分废水；

厨房排水：洗衣废水、洗菜废水、洗米废水。其中，许多沿河农户直接在河边洗衣洗菜，则部分家庭不产生或少产生洗衣洗菜废水；

洗浴废水：洗脸、洗手、淋浴产生的废水；由于农民经常外出务工，所以洗浴频次高，产生洗浴废水多；

杂用排水：其他杂用水。

a. 污水类型及比例

在研究区，厨余及其他废水、洗浴废水、洗衣废水在 3 种类型村中均存在，而且 3 种类型的废水中，洗浴废水量所占的比例最大。而且调查发现，所选 3 个典型村周围都有河流，有部分村民去河边洗衣，因此洗衣废水的产量相对同类型的村落较少。厨余及其他废水、洗浴废水、洗衣废水所占的比例分别为 22.1%、60.4%、17.5%。

b. 季节对污水类型及比例的影响

通过调查研究发现，在研究区，季节对生活污水的类型影响很小，主要包括厨余废水、洗浴废水、洗衣废水；但是对各类污水水量变化的影响较大。在夏季，洗浴废水量明显增加，洗衣废水量有所降低。分析认为，夏季温度高，洗浴频繁，相应的洗浴废水量也有所增加，但是由于研究村镇附近均有河流，外出洗衣的人家较多，所以洗衣废水量有所减少。各类废水在各季节所占的比例见图 5-6。

c. 村类型对生活污水构成与比例的影响

通过调查研究发现，在研究区，村类型对生活污水的类型影响很小，3 个类型村落的生活污水主要包括厨余废水、洗浴废水、洗衣废水这三类。但是各类污水水量有较大的变化。如图 5-7 所示，在所选的 3 个类型的村落中，桐坑村和文昌村的洗浴废水所占的比例远大于洪洲村，对于厨余及其他废水，洪洲村所占的比例最大，文昌村次之，桐坑村最少。分析认为，这也主要与各类型村落的自然环境、经济状况和村民的生活习惯相关。

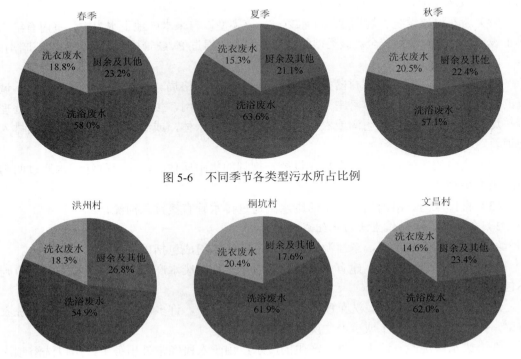

图 5-6　不同季节各类型污水所占比例

图 5-7　不同村类型各类型污水所占比例

3）东江源沿江村镇生活污水水量特征

a. 排放系数

将 3 个村落三个季节的生活污水作为总样本，其污水排放系数为 30.18L/（d·人）（表 5-12）。

表 5-12　沿江村镇污水排放系数

村庄类型	用水量/[L/（d·人）]
县级村（文昌村）	33.53
镇级村（桐坑村）	32.70
普通村（洪州新村）	24.30
平均	30.18

b. 村类型和季节对污水排放系数的影响

由图 5-8 可知，3 种类型村在春、夏、秋三个季节的产量从图中可以看出，普通村洪洲村的产量分别为 24.61L/（d·人）、26.81L/（d·人）、21.49L/（d·人）；镇级村桐坑村分别为 33.29L/（d·人）、33.80L/（d·人）、31.00L/（d·人）；县级村文昌村分别为 35.18

L/（d·人）、39.81L/（d·人）、25.60L/（d·人）。研究区 3 种类型村生活污水产量随季节变化不是很大。文昌村夏季生活污水产量高于春、秋两季，原因是夏季温度较高，洗浴、洗衣比较频繁，用水明显加大。而对于桐坑村和洪洲村，春、夏、秋三个季节变化不大，分析认为桐坑村和洪洲村村民在夏季去河边洗衣频率高于春、秋两个季节，所以污水产量的变化不是很大。3 种类型村在秋季的污水产量均相对较小，分析认为，虽然东江源沿江村镇秋季温度也较高，但是秋天属于收割季节，大多数人家外出作业，留守在家的人很少，因此，污水产量也相对较少。

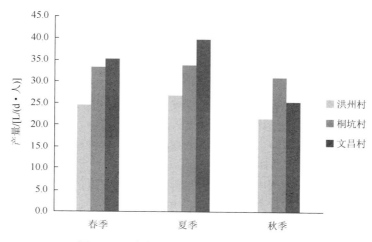

图 5-8　3 种类型村不同季节的人均污水产量

c. 水量特征分析

一般农村的生活污水量都比较小，除小城镇外，农村人口居住分散，水量相对较少，相应地产生的生活污水量也较小；变化系数大，居民生活规律相近，导致农村生活污水排放量早晚比白天大，夜间排水量小，甚至可能断流，水量变化明显，即污水排放呈不连续状态，具有变化幅度大的特点；在上午、中午、下午都有一个高峰时段。

d. 生活污水排放规律

调查发现，东江源头区村镇生活污水产生的时段具有规律性，而且 3 种类型村生活污水产量时段变化规律基本相同。6 时到 8 时生活污水产量较多，这个时间段是居民的洗漱和早餐时段，主要污水类型是厨余废水和洗漱废水。之后污水量变化不大，11 时到 13 时污水产量出现了高峰，由于这个时段是居民做中餐和洗衣服阶段，主要污水类型是厨余废水和洗衣废水。之后污水增加量很少，其根本原因是大部分居民外出作业。17 时到 19 时污水产量明显增加，这个时段是居民晚餐的时段，主要是厨余废水。21 时到 23 时污水产量又出现大幅度增加，主要是因为这个时段是洗浴时间。研究东江源沿江村镇生活污水排放规律对污水处理管道设计具有重要的意义。

4. 结论

调查发现，村镇集中住宅和新农村改造的相关村建有规范的集中下水排水设施，其排水为明渠或者暗沟排水渠；而大部分分散居民住宅没有排水系统，自然泼洒并通过天然沟渠排入河流；东江源头沿河居住的居民排水口则直接排入河流。

通过调查，普通村、镇级村和县级村的人均污水排放系数分别为 24.30L/（d·人）、32.20L/（d·人）和 33.53L/（d·人）。3 个村污水总样本的排放系数为 30.18L/（d·人）。

研究区污水产量夏季高于春、秋两季，一天中污水产生时段具有规律性，出现四次产流高峰。

5.2.2　潮汐流人工湿地处理生活污水技术

1. 试验装置设计原理及设计方案

1）设计原理

潮汐流人工湿地是近几年提出的一种人工湿地类型。在潮汐流人工湿地中，对湿地床体交替进行充满污水和排干操作。在污水流入床体的过程中，床体中的空气逐渐被挤出和消耗，床体基质逐渐被淹没。当污水完全充满床体后就进行排水，通过交替的进水和空气运动，氧的传输速率和消耗量大大提高，极大地提高了反应床的处理效果。另外，潮汐流人工湿地系统在运行过程中能使介质和污水有最大限度的充分接触，提高了湿地系统利用率，同时也克服了垂直流湿地布水不均的问题。但是，现有的人工湿地运行一段时间后床体可能会被大量微生物所堵塞，限制了水和空气在床体内的流动，降低了处理效果。后期进水与基质接触时间短暂，影响出水效果。潮汐流人工湿地系统在运行过程中能使介质和污水有最大限度的充分接触，提高了湿地系统利用率，同时也克服了垂直流湿地布水不均的问题，但是潮汐流湿地运行一段时间后床体可能会被大量的生物堵塞，降低去除效果。因此提高潮汐流湿地的复氧能力和减缓床体堵塞至关重要。

本研究所设计试验装置强复氧潮汐流人工湿地，包括基质、湿地植物、布集水管、湿地呼吸器和自动控制系统。根据小城镇间歇排水的特点，通过模拟潮汐流控制进水、反应、排水、空床方式实现间歇进水，同时对处理量大的情况下，又可通过轮作方式实现不间断连续操作。和传统潮汐流人工湿地不同的是本研究的强复氧潮汐流人工湿地进水、反应、排水、空床整个过程在一池体中完成，同一床体中结合了下行垂直流（复氧能力强、硝化作用强）和上行垂直流（溶解氧低、厌氧环境、反硝化作用）两种系统特点，且减少了占地面积；通过湿地呼吸器增强了人工湿地的复氧能力和复氧深度，大大提高了氨氮的处理效率，集水、布水系统简单，降低人工湿地系统造价；系统全过程全自动控制，操作管理十分简单。

2）装置设计

试验装置为强复氧潮汐流人工湿地，试验装置见图 5-9。

反应器由有机玻璃制成，尺寸为 L×B×H=70cm×70cm×70cm。反应器设计水量70L，反应器内部填充填料，共三层，从下到上分别为鹅卵石层、砾石层和粗砂层，粒径级配从下到上分别为 30～50mm、10～20mm、2～5mm。

反应器植物配置为茭白、美人蕉、芦苇。植物按照一定密度种植。

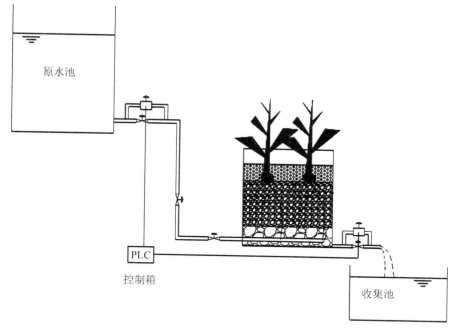

图 5-9　人工湿地模拟装置示意图

反应器按照试验要求设计成可上部进水也可底部进水，出水也设计成可上部出水也可底部出水，采用电磁阀和 PLC 控制运行过程，在反应器外侧按不同高度设计了多个取样口。

2. 试验方案

为了探讨强复氧潮汐流人工湿地处理效果及其影响因素对处理效果的影响，本研究将人工湿地污水处理的影响因素分为结构因素和运行因素两部分进行分析。结构性因素指某特定湿地本身内在的结构性、工艺性等因素，这些因素在湿地设计建造好后就确定下来不可改变；运行因素指湿地运行中可调节因素，如停留时间、空床时间等，这些都是可经过调节优化使湿地处理效果更好、运行效率更高的因素。

3. 湿地启动期

人工湿地的污水处理系统的启动一般要经历两个阶段：系统调试、植物复活、根系发展的不稳定阶段和植物生长成熟、处理效果良好的稳定成熟阶段。在启动阶段，植物栽种后需立即充水。初期将水位控制在表面以下 25cm 左右。按设计流量运行 2 个月后，将水位降低至距床底 20cm 处，以促进植物根系向深部发展。待根系深入到床底后，再将水位调至地表以下 20cm 处正常运行。

第一阶段中生物膜的形成是影响人工湿地处理系统处理能力的重要因素。本实验采用自然挂膜的方式，挂膜期间每 3d 换一次水。

第二阶段植物适应阶段采用挂膜阶段相同的工况。

4. 强复氧潮汐流人工湿地运行影响因素分析

人工湿地系统是一个复杂的生态系统,对人工湿地除污效果的影响因素很多。确定最佳的利于湿地生态系统的因素具有重要的意义。

1) 通气管对污染物去除率的影响

A. 试验方法

根据反应时间与空床时间试验结果,优化湿地系统运行参数,并在系统稳定运行的前提下,分别在通气管关闭和打开的情况下运行。研究通气管关闭与打开对污染物去除效果的影响。反应时间设置为 12h,空床时间设置为 8h。

B. 试验结果

a. 有无通气管对总磷去除效率的影响

有无通气管对总磷去除率的影响见图 5-10。由图 5-10 可知在无通气管的条件下,总磷的去除率较低,仅有 25.0%~28.9%;在有通气管的条件下,总磷的去除率达到 32.79%~35.31%。由图可知在有通气管的条件下总磷的去除率高于无通气管的去除率。由此可知,增加通气管能有效提高人工湿地对总磷的去除效率。

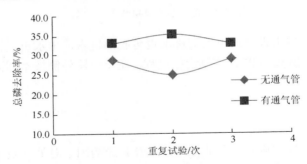

图 5-10　有无通气管对总磷去除率的比较

b. 有无通气管对 COD 去除效率的影响

有无通气管对 COD 去除效率的比较见图 5-11。由图可知,在无通气管的条件下,COD 去除率为 36.02%~38.66%;而在植物有通气管的条件下,COD 的去除效率能达到 39.94%~42.83%。由此可知增加通气管能提高 COD 的去除效率。

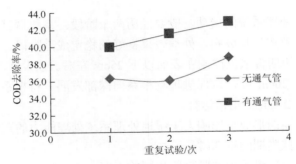

图 5-11　有无通气管对 COD 去除效率的比较

c. 有无通气管对总氮去除效率的影响

有无通气管对总氮去除效率的比较见图 5-12。由图可知在无通气管的条件下，总氮的去除率较低，为 41.00%~43.60%；在有通气管的条件下总氮的去除率较高，达到 44.58%~48.15%。由此可知，增加通气管可增加总氮的去除效果。

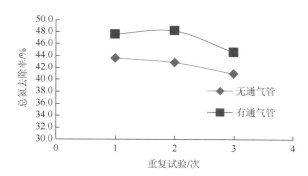

图 5-12 有无通气管对总氮去除效率的比较

d. 有无通气管对氨氮去除效率的影响

有无通气管对氨氮的去除率的比较见图 5-13。由图可知，在无通气管条件下，氨氮去除率比较低，为 43.57%~49.14%；在有通气管的条件下氨氮的去除率较高，达到 48.24%~50.72%。由此可知，增加通气管可提高氨氮的去除效果。

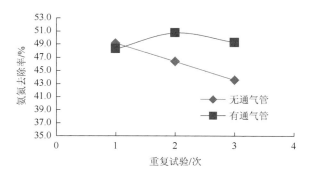

图 5-13 有无通气管对氨氮的去除率的比较

2）不同水位对污染物去除率的影响

a. 试验方法

试验在系统稳定运行的基础上，通过液位计分别将水位线高度调节在基质上 1cm、与基质持平、低于基质 1cm 运行，测定不同水位线高度的出水效果。试验条件在反应时间为 48h，空床时间为 12h，通气管打开的前提下进行。并且保证其他条件一致，多次重复取平均值。

b. 试验结果

不同水位对出水水质的影响见图 5-14。由图可知，水位与基质齐平时，总磷去除率低外，对其他污染的去除率均高于其他水位位置。

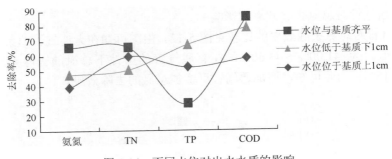

图 5-14　不同水位对出水水质的影响

3）停留时间对污染物去除率的影响

a. 试验方法

试验在湿地系统运行稳定的情况下运行，固定空床时间 8h，分别将反应时间设置为 0h、4h、8h、12h、16h、24h 进行多次重复试验。

b. 试验结果

水力停留时间（HRT）是潮汐流人工湿地的关键运行参数，直接影响到系统的运行负荷、处理能力与处理效果。水力停留时间过短，生化反应不充分，出水水质较差；水力停留时间过长，则会降低运行负荷，增加工程投资和占地面积；因此根据不同的处理目标确定适当的水力停留时间参数是极其重要的。

不同停留时间对废水处理效果随时间变化规律见图 5-15。由图可知在停留时间为 4h，系统对污染物去除率较高，4h 后污染物去除率增长较慢；停留时间为 12h，系统对污染物去除率趋于稳定。分析认为在系统闲置期间，床体得到充分复氧，好氧微生物的活性得到充分的恢复，当污水再次充满床体时，COD 浓度较大，反应动力较大，因此在 4h 反应时段内的好氧生化反应速率较高，随着床体内 DO 的下降好氧生化反应速率趋于稳定。最佳停留时间为 12h。

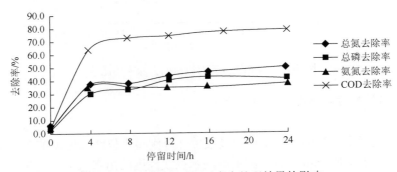

图 5-15　不同停留时间对废水处理效果的影响

4）空床时间对污染物的影响

a. 试验方法

试验在湿地系统运行稳定的情况下运行，固定停留时间 12h，分别将空床时间设置为 0、4h、8h、12h、16h、24h 进行多次重复试验。

b. 试验结果

空床过程也是湿地复氧的过程,对于改善消化效果具有重要的作用,同时也是生物膜进入内源呼吸的过程,能够抑制生物膜过度增殖,使残留在床体内的悬浮态污染物自然分解,改善人工湿地堵塞的问题。但是空床时间太长降低处理规模,过短则无法自然强化复氧,影响出水质量。因此,确定适当的空床时间是十分必要的。

不同空床时间对出水水质的影响见图5-16。由图可知,随着空床时间增加,污染物去除率呈现先提高后缓慢降低的趋势。空床时间为 8h 时,COD、总氮、总磷和氨氮的去除率分别为 72.46%、41.73%、36.04%和49.19%;空床时间为 12h 时,COD、总氮、总磷和氨氮的去除率分别为 81.78%、42.16%、36.19%和48.07%,可见 8h 之后,延长空床时间对污染物去除率的变化不明显。空床时间 12h 之后,污染物的去除率基本趋于稳定。考虑到延长空床时间,会降低系统的负荷,因此选择 8h 为最佳空床。

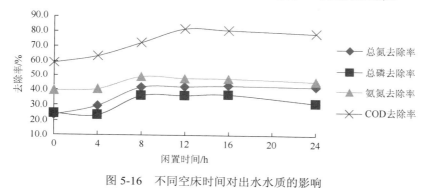

图 5-16 不同空床时间对出水水质的影响

5. 结论

针对间歇排水、人工湿地已堵塞处理率低的问题设计了强复氧潮汐流人工湿地,对强复氧潮汐流人工湿地的启动过程、影响因素优化和氮去除机理进行了试验研究。试验研究结果表明:

增加通气管均能明显增加潮汐流人工湿地的处理效果;湿地水位与基质持平时湿地具有更加良好的处理效果。

试验在湿地系统运行稳定的情况下运行,固定空床时间 8h,不同停留时间实验表明,潮汐流人工湿地在最佳停留时间为 12h,其中氨氮、总氮、总磷和 COD 分别 35.13%、43.81%、40.23%和71.49%。

试验在湿地系统运行稳定的情况下运行,固定停留时间 12h 时,空床 8h 时湿地的处理效果最好,其中氨氮、总氮、总磷和 COD 分别 49.19%、41.73%、36.04%和 72.46%。

5.2.3 东江源沿江村镇生活污水处理模式

1. 主要难题

(1)工艺问题。沿江村镇生活污水不能沿用和照搬城镇生活污水处理工艺与参数,村镇技术和人员力量薄弱，要求处理工艺简单，维护方便。

（2）环保意识问题。环保意识薄弱，对农村污水治理工作的必要性缺乏了解与重视。

（3）污水管网问题。由于缺乏规划、农民生活水平低等诸多因素，现在东江源头村镇大都没有完善的污水管网。

（4）政策法规问题。专门针对源头区农村生活污水的相应的规定和管理制度够不够健全。

2. 主要原则

与城镇污水处理相比，农村生活污水处理有其自身特点。首先，农村地区技术经济基础薄弱，缺少充足资金和专业技术管理人员，污水处理设施的日常运行和维护难以保证。其次，农村生活污水在排放方式、水质和水量方面具有自身特性，主要表现在：①面广分散，收集困难；②水量变化大，排放不均匀；③可生化性好，几乎不含有毒有害有机污染物。

上述特点要求，农村生活污水处理方式不能照搬或套用城镇污水处理模式，必须结合农村的实际情况和生活污水特点科学决策。在具体选择农村生活污水处理方式时，村镇生活污染控制应该遵循"因地制宜、因势利导、源头控制、分散处理、就地解决、生态处理"的生态原则。

（1）因地制宜、因势利导。大部分村镇污水排放源比较分散，所以单位面积的排污管网密度要大于城市。如果采用传统的集中式污水处理系统，村镇排污管网规模将会比城市高一个数量级，然而村镇污水的人均产生量不足城市的 1/3，所以一定时间内管网单位长度的物流通量非常低，高密度的污水收集系统不适合用于大部分农村，不能照搬城镇污水处理模式用于农村生活污水处理。充分考虑东江流域源头的自然条件、污水排放和收集程度、村镇经济实力和农民管理水平的现状，因地制宜，因势利导地选择处理方式。充分利用源头村镇的地形地势、可利用的水塘或洼地，提出生物生态组合处理技术实现污染物的生物降解和氮磷的生态去除，以降低源头村镇污水处理能耗，节约建设和运行成本。治理设施尽可能选用沟渠、绿化地、荒地、洼地和河塘，就近集中或分设，少占良田，缩短排水管道。

（2）源头控制、分散处理。生活污水控制方式应以分散处理为主，分散处理与集中处理相结合的原则。必须因地制宜，讲求实效。

（3）原位消纳，生态处理。村镇生活污水分布比较零散，无集中统一的污水管道收集系统。生活垃圾基础设施不全，环保意识薄弱。充分考虑东江流域源头的自然条件、污染物排放和收集程度、村镇经济实力和农民管理水平的现状；本着投资运行费用少、管理维护简便的原则；控制村镇生活污染的根本出路在于采用综合自然生态系统净化功能的生态工程处理技术。紧密结合当地农业生产，加强生活污水的源头削减和尾水的回收利用，做到减量化和资源化处理，从而降低处理难度、减少处理成本，尽可能地避免生活污染向水体排放。

（4）维护简便，经济适用。我国农村地区技术经济水平相对落后，缺乏专业技术人员，结果出现农村生活污水处理设施建成投产后，无法实现科学维护与管理的现象。因此，农村宜选用维护需求量少、日常管理简单的处理技术。处理工艺的选择应与源头村镇的经济发展水平、村民的经济承受能力相适应，力求处理效果稳定可靠、经济合理。

3. 处理模式

针对源头区农村生活污水问题，在优先开展污染物源头削减、资源化利用的基础上，按照因地制宜、循序渐进和分类指导的原则，推进分散处理与集中处理相结合、城镇与周边农村污染治理相结合、农村生活与农业生产污染防治相结合，尽可能选取依托当地资源优势和已建环境基础设施、操作简便、运行维护费用低、辐射带动范围广的技术模式，并注重技术集成和改进创新。目前国内外在农村污水处理技术上的发展，从技术处理模式上可以划分为分散处理模式和集中处理模式。考虑到东江源头村镇居住的分散型和相对集中性，根据农村生活污水处理技术和设施的适宜性和经济学，将源头区沿江村镇生活污水处理分为三个处理类型：单户处理单元、联户处理单元和连片处理单元。

（1）单户处理单元。是指以一家一户的生活污水为处理对象，在单户范围内将污水进行收集和处理，处理设施由家庭负责运行维护。对于居住极为分散的住户，尤其是丘陵山区，受自然条件的限制和经济条件的影响，污水管网无法覆盖到这部分分散的住户，因此，这类住户以单户为处理单元进行就地处理，这样既能节约管道成本和建设成本，又能降低运行维护费用。

（2）联户处理单元。联户处理单元是以多户的生活污水为处理对象，污水处理设施由多户共同负责运行维护。根据东江源头的地理特点和住户分散特点，通常有几户或者十几户农户聚集生活，这一类可将各户生活污水通过边沟和自然沟渠输送收集至污水处理设施，以联户为处理单元，进行处理。

（3）连片处理单元。连片处理是以村组或者自然村落的生活污水为处理对象，在该范围内有统一规划的污水收集管网或者是传统的自然排水沟，能将污水集中汇集，污水处理设施由村组负责运行维护。

考虑到东江源沿江村镇居民的分散性和村落居住的相对集中性，受到地理条件和经济因素制约，不宜进行生活污水集中处理，有机结合上述三种处理类型，应因地制宜地发展源头区农村生活污水分散和相对集中相结合的即相对集中的分散式处理模式。

5.2.4 东江源沿江村镇生活污水处理技术方案

1. 引言

东江源农村地区经济欠发达，污水收集系统不完善，应根据农村基本特征和要求，研究建设和运行费用低的农村污水收集系统和因地制宜、生物生态、综合利用、系统集成的农村污水综合处理技术模式，消减农村污水入河污染负荷。因此，在对农村生活污水处理技术的分析比较的基础上，结合东江源沿江村镇生活污水的特点，针对农村地区资金短缺的情况，提出适应东江源农村实际的不同污水处理技术方案及其应用情景，作为沿江村镇生活污水处理工程项目策划、工艺设计和监督管理等过程的参考。

2. 沿江村镇生活污水处理技术筛选与技术适宜性分析

1）处理技术筛选
A. 农村污水处理技术的分类

当前我国对生活污水处理技术的研究已经比较成熟，污水处理效果基本达标，但是常规的处理工艺需要购置昂贵的处理设备，运行费用高，设备维护、保养工作繁琐，不适合农村地区（郑展望等，2007）。现有的适用于村镇污水处理的主要技术分类如表 5-13 所示，分为预处理工艺和二级主体处理工艺（齐瑶和常杪，2008）。其中，预处理工艺包括化粪池、格栅、沉淀池等，主要用于部分去除 SS；主体处理工艺包括曝气池、生物滤池、SBR 反应器、稳定塘、人工湿地等，主要用于去除 COD、SS，或氮、磷。根据不同的处理目的和实际情况，可将各种工艺进行组合，例如：初级-主体的组合（化粪池-曝气池等），初级-主体-主体的组合（化粪池-慢速砂滤池-人工湿地等）。

表 5-13　农村污水主要处理技术分类

预处理	二级处理			
	人工系统		自然系统	
	传统工艺	新工艺	水体系统	土壤系统
化粪池	活性污泥法	膜生物反应器	稳定塘	生态沟
格栅	氧化沟法			人工湿地
沉淀池	SBR			土地系统
	生物膜法			
	曝气生物滤池法			

B. 主要技术

目前国内外应用农村生活污水治理的处理技术比较多，名称也多种多样，但从工艺原理上通常可归为两类（刘霞和陈洪斌，2003；全向春等，2005；苏东辉等，2005；杨鲁豫等，2001；张真真等，2006）：

（1）传统的处理系统，即结合生化和物化工艺，由池、泵、鼓风机和其他机械装置组成的系统，其包括 3 种形式：悬浮式生长，固定式生长，或两者混合。这一类也包括对污泥的处理，如消化、脱水和堆肥等。传统的处理系统是从各种污水处理厂处理工艺中简化而来的，有的甚至是污水处理厂的一种微缩版，有厌氧过滤-接触曝气、反硝化型厌氧过滤-接触氧化、厌氧过滤-生物膜等，是以生物处理为主、物理化学为辅的一种处理方式，另外还有以物理化学方法为主的絮凝沉淀（如挪威采用的 Wdllax 工艺）等工艺。国内一般采用小型污水处理装置进行处理，也有采用构筑物式的，其工艺主要为接触氧化法、改进型活性污泥法等，这类技术和装置的应用约占市场的 90% 以上，其次为近年发展起来的间歇式活性污泥法（SBR）和膜生物反应器（MBR）等方法。该类技术由于工艺复杂、运行管理费用高等原因一直很难推广利用，为此人们需要寻找一种简单、低成本的处理技术。

（2）自然系统，也称生态处理，即利用土壤作为处理和处置的媒体，包括土壤快速渗滤、慢速渗滤、地下渗滤、人工湿地等。还有一些污泥处理系统，如干沙床和潟湖。

第二类污水自然处理技术不仅经济可行而且环境友好，目前已发展成为集中污水处理可供选择的重要方法之一，当地理条件适宜时，自然处理系统投资少、运行费用低，而且能耗也比人工系统低。而对于东江源这样的贫困区来说，采用基于生态技术的低成本、低能耗、污水资源化及无害化的自然处理技术是完全必要和符合实际情况的。自然生物处理技术是利用天然水体、土壤和生物的物理、化学与生物的综合作用来净化污水。其净化机理主要包括过滤、截留、沉淀、物理和化学吸附、化学分解、生物氧化以及生物的吸收等。其原理涉及生态系统中物种共生、物质循环再生原理、结构与功能协调原则，分层多级截留、储藏、利用和转化营养物质机制等。当地理条件适宜时，自然处理系统投资少、运行费用低，而且能耗也比人工系统低。此外，所有自然处理系统的出水都有可能达到回用的要求。所以在分散污水控制技术的选择上，自然处理系统优先考虑。

整体上，自然生物处理技术包括土地处理系统和水体生物处理系统两大类。土地处理系统中有快速渗滤、慢速渗滤、地表漫流、地下潜流和人工湿地。水体处理系统中主要是生物塘，按运行方式可分为厌氧生物塘、好氧生物塘、兼氧生物塘和曝气生物塘。另外还有联合系统，即上述各种不同性质的两种或多种处理工艺的组合、生物物种的组合。

a. 地沟处理系统

地沟式污水处理系统是利用土壤毛细管浸润扩散原理的一种浅型土壤处理技术。它利用污水的能量，把其所携带的污染物，通过人工基质生态系统的物质循环和能量流动逐级降解。这种技术在日本使用较为广泛，在国内尚处在初步发展阶段。

b. 稳定塘

稳定塘，又称氧化塘或生物塘，是一种天然净化能力的生物处理构筑物的总称。传统的氧化塘是天然的或加以人工修整的池塘，污水在塘内停留时间较长，有机物通过水中的微生物的代谢活动而降解，溶解氧则由塘内生长的藻类通过光合作用和水面复氧作用而提供，污水的净化过程同天然水的自净过程很相近。稳定塘主要利用菌藻共生的作用处理废水中的有机污染物，即塘中的异氧型细菌将水中的有机污染物降解成 CO_2 和水，同时也消耗水中溶解氧，而塘中藻类则利用太阳光能进行光合作用，将 CO_2 中的碳作为碳源，合成其自身机体并释放氧气。当塘的有机负荷高，塘的底部或整个塘都没有溶解氧时，则主要靠厌氧细菌的厌氧发酵作用降解溶解态或固态有机污染物。

根据塘深和塘中所发生的生物反应将稳定塘分为四种类型：好氧塘、兼性塘、曝气塘和厌氧塘。此外，还有深度处理塘，主要用于处理传统二级处理构筑物出水或进水浓度很低（$BOD_5 \leqslant 30 \sim 40m$）的城市废水。若按照稳定塘出水方式分类，可将稳定塘分为：连续出水塘、控制出水塘和完全储存塘。

　　稳定塘除上述种类外，近年来国内还研究了高等水生动、植物处理废水，常见的水生生物如漂浮生物、水浮莲、凤眼莲、水昆虫等，自由动物如鱼类，底栖生物如螺、贝等，放养动物如鹅、鸭等。这种稳定塘称为综合生物塘。这种稳定塘不但可以处理废水，还可回收资源，是一种资源回收型的污水处理设施。

　　好氧塘相对较浅。通常深为 0.3～0.6m，停留时间由藻类的光合作用及风力促进的表面复氧决定。这些塘经常通过循环混合以保持整个池塘的溶解氧浓度均匀。好氧塘适用于温、热带气候。兼性塘是一种最普遍的稳定塘，也称氧化塘，通常水深 1.5～2m，停留时间 25～180d。兼性塘表层好氧，而靠池底有一个厌氧层，氧气由表面复氧及藻类的光合作用供给。兼性塘的主要问题是出水中残留藻类产物，这通常会引起出水悬浮固体超标。

　　曝气塘或氧化塘可以部分混合也可以完全混合。氧气通常由机械浮式曝气器提供，有时也采用扩散曝气。曝气塘一般深 2～6m，停留时间 7～20d。曝气塘比兼性塘可承受更高 BOD 负荷，气味较小，占地也小。

　　厌氧塘有机负荷高而没有好氧区。塘深 2.5～5m，停留时间 20～50d。与厌氧消化池相比，厌氧塘内的生物活性通常较低。厌氧塘通常用于食品行业等高负荷有机废水处理。

　　近年来稳定塘受到重视的主要原因是其具有运行管理费低廉、操作简易、节约能源等优点。假如将塘系统建在不适于耕作的土地或废河床、谷地上，其基建费用也很低。传统稳定塘的主要缺点是占地面积大，对经济尚不发达的我国而言，在具备适宜条件的地方用稳定塘处理城市废水，对水污染的控制具有重大意义。所以，我国环境保护技术政策规定："城市污水处理，应推行污水处理厂与氧化塘、土地处理系统相结合的政策"。

　　c. 土地处理系统

　　慢速渗滤（SR）。是将污水投配到种有植物的土壤表面，污水在流经土壤表面以及在土壤-植物系统内部垂直渗滤时得到净化。SR 是土地处理技术中经济效益最大、水和营养成分利用率最高的一种类型。由于其易与农业生产结合，工艺灵活，资金投入少，可适用于广大农村地区人口相对集中的排放生活污水的处理，另外还可因地制宜进行污水的林地慢速渗滤处理。

　　快速渗滤（RI）。是一种高效、低耗、经济的污水处理与再生方法，将污水有控制地投配到具有良好渗滤性能的土壤表面，如砂土、砾石性砂土等，污水灌至快速渗滤田表面后很快下渗进入地下，并最终进入地下水层。污水在向下渗透过程中由于生物氧化、硝化、反硝化、过滤、沉淀、氧化和还原等一系列作用而得到净化。RI 要求土壤表面的渗滤性能好，因此对渗滤场地的土壤理化性质和水文地质条件要求要比其他土地处理工艺类型更为严格。一般情况下，污水经过一般沉淀就可以满足要求，地下水位最小埋深 4.5m，年水力负荷可达 6.0～170m。快速渗滤处理污水的效率很高，净化后的水可回收再利用，因此其工艺目标是处理污水和回收利用污水。

　　地下渗滤（SI）。是将污水有控制地投配到经一定构造、距地面约 0.5m 深和具有良好扩散性能的土层中，污水经毛管浸润和在土壤渗滤作用下向周围运动，通过过滤、沉淀、吸附和生物降解作用等过程使污水得到净化。污水经过一级处理即可流入系统，年水力负荷 0.4～3.0m。SI 是近年来发展比较快的一种工艺，在世界各国都得到了广泛的应用。具有不影响地面景观、基建及运行管理费用低、运行管理简单、氮磷去除能力强、处理出水水质好、可用于污水回用等特点。污水地下渗滤处理系统种类很多，归结起来可分为 3 种基本类型：土壤渗滤沟、土壤毛管渗滤系统、土壤天然净化与人工净化相结合的复合工艺。

地表漫流（OF）：适用于渗透性低的薪土、亚豁土，地面最佳坡度为 2°～8°。该系统将污水有控制地投配到有植被、具有和缓坡度和土壤渗透性小的坡面上，废水在地表形成的薄层沿坡面缓慢流动过程中不断被净化，其出水大部分以地表径流汇集起来，少量废水被植物摄取、蒸发和渗入地下。地表漫流系统对水质预处理程度要求低，污水只需经过沉砂和拦杂物等即可流入系统，年水力负荷可达 3～20m。OF 是以处理污水为主，兼有生长牧草功能的污水处理利用系统。系统在低水平预处理的情况下可得到净化效果较好的出水，是污水利用率高和对地下水影响最小的土地处理工艺。

湿地系统（WL）：湿地是陆地与水体之间的过渡地带，湿地系统是将污水有控制地投配到种有芦苇、香蒲等耐水性、沼泽性植物的土地上，废水在沿一定方向流动过程中，在耐水性植物和土壤共同作用下得以净化。湿地系统分人工湿地和自然湿地系统，自然湿地是自然界天然存在的系统，如水面湿地、渗滤湿地，人工湿地是改变天然湿地的基质或重新建造的湿地状系统，也称构造湿地，如人工苇床、植物碎石床等。污水经一次沉淀后即可流入系统进行处理，水深一般不超过 6m，年处理能力可达 3.0～30.0m，该方法被证明是一种低投资、低能耗、低成本、能脱氮除磷的污水处理技术。

2）技术适宜性分析

a. 技术需求分析

结合东江源村镇污水排放特征和地理位置区域等特征，其生活污水除了具备通常处理技术筛选要求外，对如下几点有特殊要求：

（1）技术成熟性。污水处理技术必须是经过实践检验的、技术成熟的、处理效果能得到保障的技术，不能一味地追求其先进性，而应结合源头区村镇的具体实际，立足适用性来选择东江源头区污水处理技术。

（2）工程投资与运行费用。2008 年东江源源头区三县财政收入为 8.1 亿元，占全省财政收入（816.8 亿元）的 0.99%；定南、安远和寻乌三县农民人均收入分别为 0.31 万元、0.29 万元和 0.24 万元，全国农村人均收入和江西省农民人均收入分别为 0.48 万元和 0.47 万元，三县农民人均收入远低于国家和江西省农民人均收入。迄今安远、寻乌仍是国家级贫困县，定南县为省级贫困县。当地政府无法在满足出水水质的前提下，优先考虑工程投资低运行费用低的处理工艺。

（3）运行管理。不同的污水处理技术涉及不同的自控水平及人工管理的复杂程度。自控要求的高低直接影响污水处理设施运行的稳定性、工程投资，对运行维护人员素质和专业技术水平也有特殊要求。自控要求低相对工艺来讲稳定性高，投资省，员工素质要求较低，反之亦然。东江源头区城镇经济实力不强，文化技术水平不高，不宜刻意为实现自控而增加相对过大的投资，宜于采取人工控制或人工控制和自动控制相结合的方法，使系统关键部位的运行状态处于常时监控状态，提供迅捷可靠的事故处理和安全保障功能。

（4）管网要求。东江源头区村镇人口较少，分布广泛且分散，大部分没有污水排放管网，也没有能力建设排水管网，因此在提供污水处理技术时，技术对排水管网的要求需重点考虑，优先考虑无需污水集中收集或简易收集即可的污水处理工艺。

（5）形式多样化。东江源头区沿江村镇分布有共性，但具体不同村庄的地理位置也有个性，可供选择污水处理工艺时要充分考虑每个点的个性选择相应的处理工艺，因此源头区的污水处理工艺方案应多样化。

b. 东江源头区自然特征优势分析

（1）气候优势。在生物处理技术中，水温是影响微生物生长的重要因素。夏季污水处理效果较好，而在冬季净化效果降低，水温的下降是其主要原因。东江源头区呈典型的亚热带丘陵山区湿润季风气候，常年平均气温 18.9℃，极端最高气温为 38.6℃，极端最低气温为 -7.9℃。在选择污水处理技术时，应着重考虑适应该气候特征的处理技术，充分利用气温优势。

（2）地势优势。东江源头区属多山地区，位于武夷山南端余脉与南岭东端余脉交错地带，是一个以山地、丘陵为主的地区，充分利用源头区地形优势，减少动力消耗。结合利用原有沟渠、水塘、荒地，改造建设污水处理设施。

（3）资源优势。按照《湿地公约》分类系统，并参照全国湿地调查分类标准，根据全省湿地调查，江西省湿地划分为天然湿地和人工湿地 2 大类别共 13 种类型。从类型分布上看，河流湿地 7186 万 hm^2，占全省湿地面积的 21%；湖泊湿地以中国最大的淡水湖——鄱阳湖为主体，成为江西湿地的特色象征。从地区分布上看，以赣北地区湿地面积最大，尤以九江市最多，赣东、赣南也较多。

江西省有湿地高等植物计 127 科 332 属 697 种，其中苔藓植物有 32 科 53 属 90 种；蕨类植物有 20 科 27 属 29 种；种子植物有 82 科 259 属 578 种。列入 1999 年公布的国家重点保护野生植物名录（第一批）中的有 12 种，约占江西省国家重点保护植物种数的 21.8%，有水蕨、粗梗水蕨、中华水韭、水松、野生稻、乌苏里狐尾藻、莼菜、莲、贵州萍蓬草、野菱、金荞麦和樟树，其中分布于东乡县的普通野生稻是世界上分布纬度最北的野生稻。此外，还有一些分布较广、人们常见的湿地植物，如空心莲子草、蒌蒿、满江红、芦苇和菰等。江西省湿地植物资源十分丰富，取材方便，节约成本，为人工湿地应用提供了先决条件。

3. 生活污水处理技术方案

根据东江源沿江村镇生活污水的主要特点等，提出相应的污水处理模式和工艺，具体的模式不是单一的某种处理技术，而是根据实际示范点情况的多个工艺组合。根据村庄所处区位、规模、集聚程度、地形地貌、排水特点、排放要求、经济条件等具体情况，采用不同的处理模式（李伟国等，2008；叶红玉等，2012），各种模式的技术方案详见图 5-17～图 5-20 和表 5-14。

1）单户型生活污水处理模式技术方案

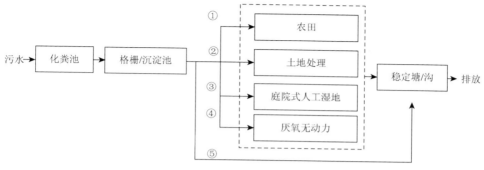

图 5-17　单户型生活污水处理模式技术方案

2）联户型生活污水处理技术方案

散户是指污水不便于统一收集处理的单一或几户农户，其污水宜采用分散处理技术就地处理排放或回用。可以采用以下 5 种模式对生活污水进行处理（图 5-18）。以下处理模式中应优先选用资源化、无动力、不需管理的处理技术，充分利用现有条件进行改造。

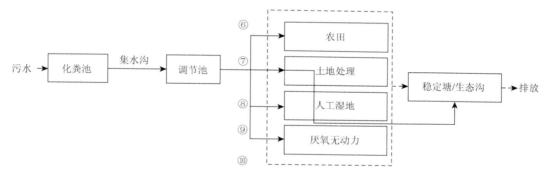

图 5-18　联户型生活污水处理技术方案

3）连片型生活污水处理技术方案

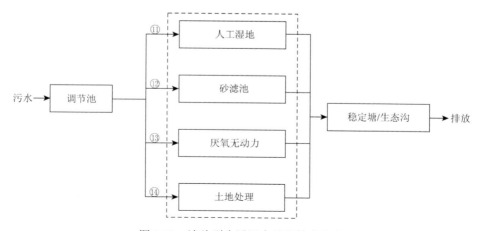

图 5-19　连片型生活污水处理技术方案

4）河岸住户入河生活污水处理技术方案

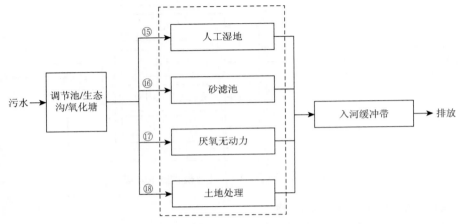

图 5-20　河岸住户入河生活污水处理技术方案

表 5-14　东江源沿江村镇生活污水处理技术方案

模式名称	技术方案	适用村庄主要特点
单户生活污水处理模式	①预处理-农田-生态塘/沟渠	单户农户独居，周边有农田能安全消纳污水，农田周围一般有废旧池塘或沟渠利用，可增加生态塘或生态沟渠处理工艺
	②预处理-土地处理-生态塘/沟渠	单户农户独居，有空闲土地或菜地可改造利用
	③预处理-人工湿地-生态塘/沟渠	单户农户独居，有可以利用的空地改造为小型/家庭型人工湿地
	④预处理-厌氧无动力-生态塘/沟渠	单户农户独居，无可利用的空闲土地或菜地
	⑤预处理-生态塘/沟渠	单户农户独居，利用现有塘或者沟渠改造为生态塘/沟渠
联户生活污水处理模式	⑥预处理-农田-生态塘/沟渠	几户农户相对集中居住，各自排入农田或经沟渠汇集排入农田消纳处理
	⑦预处理-土地处理-生态塘/沟渠	几户农户相对集中居住，有空闲土地可利用，通过自然沟渠汇集，经土地处理后排入生态沟/渠，或者直接排放
	⑧预处理-人工湿地-稳定塘/沟渠	几户农户相对集中居住，通过自然沟渠汇集，经过小型人工湿地处理，若有天然沟渠或水塘改造为生态塘或生态沟渠，达标后排放
	⑨预处理-厌氧无动力-稳定塘/沟渠	几户农户相对集中居住，通过自然沟渠汇集，经过厌氧无动力设施处理，若有天然沟渠或水塘改造为生态塘或生态沟渠，达标后排放
	⑩预处理-稳定塘/沟渠	几户农户相对集中居住，通过自然沟渠汇集，周边有可利用的废旧水体或者沟渠改造为生态塘或生态沟渠，达标后排放
连片生活污水处理模式	⑪预处理-人工湿地-稳定塘/沟渠	经过新农村建设改造或大规模自然聚居，有污水收集管网或能通过沟渠汇集的村落，有可利用的闲置空地，采用人工湿地主体处理工艺，若有天然沟渠或水塘可改造为生态塘或生态沟渠，达标后排放
	⑫预处理-砂滤池-稳定塘/沟渠	经过新农村建设改造或大规模自然聚居，有污水收集管网或能通过沟渠汇集的村落，无空闲土地，采用厌氧无动力设施，若有天然沟渠或水塘改造为生态塘或生态沟渠，达标后排放
	⑬预处理-厌氧无动力-稳定塘/沟渠	经过新农村建设改造或大规模自然聚居，空闲土地，有污水收集管网或能通过沟渠汇集污水的村落，采用厌氧无动力设施，若有天然沟渠或水塘改造为生态塘或生态沟渠，达标后排放
	⑭预处理-土地处理-生态塘/沟渠	经过新农村建设改造或大规模自然聚居，有污水收集管网或能通过沟渠汇集污水的村落，有空闲土地，采用土地处理主体工艺，若有天然沟渠或水塘改造为生态塘或生态沟渠，达标后排放

续表

模式名称	技术方案	适用村庄主要特点
河岸住户入河生活污水处理模式	⑮预处理-人工湿地-入河缓冲带	沿河聚居的农户，河岸有空闲土地，采用人工湿地主体工艺，经入河缓冲带达标排放
	⑯预处理-土地处理-入河缓冲带	沿河聚居的农户，河岸有空闲土地，采用土地处理主体工艺，经入河缓冲带达标排放
	⑰预处理-厌氧无动力-入河缓冲带	沿河聚居的农户，河岸无空闲土地，采用厌氧无动力主体工艺，经入河缓冲带达标排放
	⑱预处理-砂滤-入河缓冲带	沿河聚居的农户，河岸无空闲土地，采用砂滤主体工艺，经入河缓冲带达标排放

5.3　沿江村镇生活污染控制示范工程

5.3.1　沿江村镇生活垃圾分类处理示范工程

1. 生活垃圾分类收运体系宣传方案与示范

人是生活垃圾排放的主体，垃圾排放量与分类收集率受个人和家庭管理行为的影响极大。因此，开展垃圾分类投放的宣传教育是垃圾分类回收最基础的一步，只有村民具备了自觉自愿的分类意识，才能真正实现生活垃圾的源头减量和资源回收。示范研究建立了以图文并茂的宣传材料与设施、寓教于乐的宣传活动等宣传攻势为一体的宣传教育体系。示范区生活垃圾分类收运体系宣传方式可采取以下方案。

1）垃圾分类收集宣传材料

为了让垃圾分类的理念深入到农村居民，并使不同年龄、不同文化水平的居民都能够掌握垃圾分类的知识，课题组在示范区将《垃圾如何分类与处理》、《定南县农村垃圾处理流程图》、《废品回收指导价目表》制作成宣传资料，免费发放给村民或村委会，让每一户农户、农村每一个人都按要求处理所产生的垃圾，自觉保护环境。农村垃圾分类处理流程图见图 5-21。

2）分类宣传海报与小卡片

垃圾分类宣传海报，主要分布在村落里的很显眼的墙面或宣传栏内，这些位置更接近村民闲暇时聊天的聚居地。宣传小卡片主要是在日常监测过程中与居民交谈时赠送的小礼品，更多的是发放给青少年及小孩，让他们在玩卡片的同时学习了解垃圾分类的知识，初步明白垃圾分类是什么，至少在潜意识里了解垃圾分类。

3）垃圾分类宣传牌

虽然宣传文字材料能让村民更全面系统地了解垃圾分类知识，但是对于村民来讲，直观形象而又简单的宣传画更能引起共鸣，更容易让人接受，宣传效果更好。因此，课题组在村内主干道的两侧墙面设计并实施了一系列的墙体绘画工程，形象直观地宣传了垃圾分类的相关知识，使得村民在日常生活或者工作中均能看到，垃圾分类的理念进一步深入到村民的意识中去，为后期垃圾分类的实践奠定基础。墙体宣传画中的各种标语、图片及小知识，直接形象地进行了垃圾分类的宣传，有助于不同年龄段村民的理解。

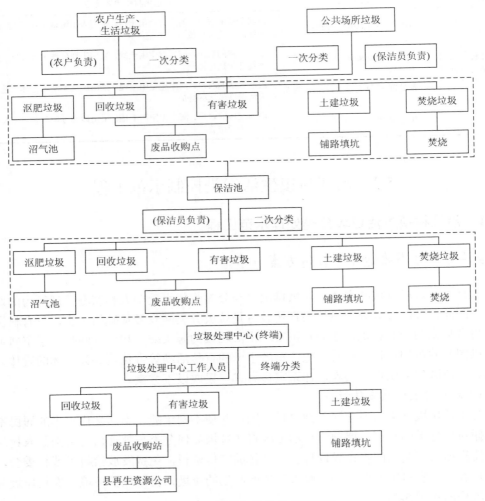

图 5-21　农村垃圾分类处理流程图

垃圾分类宣传牌分为两种：一种是放置于村庄周围显眼位置，用来展示示范项目的主要内容及工程目标等，同时产生一定的广告效应，让示范区域内及周边村庄的居民能够初步了解垃圾分类示范的内容及意义；另一种宣传牌主要是用来宣传垃圾分类的相关知识、如何正确分类及正确分类的意义，这类宣传牌放置在村民居住点比较集中的地方，如健身点、村庄主干道等。无论是哪种类型的宣传牌，其最终的目的主要是在村庄及村庄周边的范围内使垃圾分类示范工程达到广而告之的效应，让村民对垃圾分类有一定程度的了解，增强垃圾分类意识，在潜意识里让村民配合日后逐步全面大力推行的垃圾分类及处理示范工程。

4）垃圾分类收集宣讲教育

培训会共分两个部分，第一部分是演示与讲解垃圾分类知识课件，向大家详细地讲解了生活垃圾分类的标准、方法和步聚，通过观看光盘并结合课件演示，垃圾分类的方法及重要性立体式地呈现在大家面前，特别东江源头区生活垃圾现状，让大家自然地感受到垃圾分类已迫在眉睫。第二部分是通过镇环保在日常下乡工作时宣传生活垃圾收集与分类收集的重要性，不断地向大家详细地讲解生活垃圾分类的标准、方法和步聚。

2. 生活垃圾分类收运管理体系示范

（1）各级成立组织机构和落实责任人。龙塘镇镇政府设置环保专员；各村小组建立监事会，由会长、副会长和成员组成，村级明确保洁员责任。

（2）建立公约与制度。建立洪州新村文明卫生公约，改变村貌，努力建设"经济社会发展、群众生活安康、环境整洁优美、思想道德良好、公共服务配套、人与自然和谐"的文明新村镇。

3. 生活垃圾分类收运体系专业培训示范

从 2009 年开始，由定南县供销社和环保局根据实际情况，每年制定农村清洁工程废品回收人员和农村保洁员培训计划，通过集中办培训班，现场实地培训，专题培训等多种途径和方式，对农村站点回收人员和保洁员进行业务培训。2011 年度定南县共培训物资挑选工和农村保洁员 331 名，其中龙塘镇 47 名。

4. 生活垃圾分类收运体系实施示范

东江源头区沿江村镇生活垃圾分类收运体系示范选取洪州新村开展示范工作，具体如下。

（1）人员配置。在每个示范村，根据共用垃圾桶设置的数量选取 3～5 名保洁员，将村收集的垃圾定期用垃圾运输车运送至乡（镇）生活垃圾中转站。

（2）收运设备。对于每一示范户，发放两只 20L 的户用型垃圾桶，分别用于收集农户家产生的厨余类垃圾和焚烧类垃圾，可回收垃圾自行收集出售，灰土天坑处理。在主要的道路两侧，设置公共垃圾桶，用于收集公共垃圾。在选择垃圾桶放置位置时，应避免阳光直射，不妨碍交通，尽量靠近产生源，力求使用方便。

（3）分类垃圾收运车选择。为保证分类后的垃圾得到有效处理，促进分类实施的完整性、系统性，需配置相应的生活垃圾收运车辆，示范点专门配备了环保清洁直运车，用于分类收运农户分类好的生活垃圾。

（4）垃圾分拣点。在示范村建设垃圾分类屋，分类投放垃圾设处于垃圾、焚烧垃圾和有害垃圾三个投放口和垃圾桶，用于村保洁员分拣生活垃圾场所。

（5）初步建立可回收垃圾网络。由县级供销商负责全县废品回收的网络建设，全县新农村建设点和示范点洪州新村均已落实村级废品回收站，各镇政府所在地及集市成立废品回收总站，定南县在原生资公司废品回收点的基础上筹资 30 万元组建废品回收公司。定南县已初步形成回收股份公司+乡村回收站+保洁员联动配套的村-镇-县三位一体的城乡废品回收网络。

5. 示范效果

　　配套相应管理体系及清洁设施，并在典型村洪州新村开展分类收运示范，结果表明：沿江村镇生活垃圾分类收运技术体系适宜于在东江源农村应用，能有效控制生活垃圾对东江源造成的污染。垃圾分类既不需要大量投资，也没有技术上的难点，重要的是如何让农民参与到垃圾分类收集活动中，这是农村生活垃圾分类收集成功实施与运行的关键。另外，只要能提高农民的环保意识，加强分类知识的宣传普及和分类工作的指导，实实在在改善农民生活环境质量，就可达到分类的目的。而且，由于农村以散户为主的家庭分布状况，整个垃圾分类工作在家庭内就可完成，加上农民自古就有的勤俭节约的好传统，农村生活垃圾分类是完全可行的，农村生活垃圾产生的环境污染可得到有效遏制。

5.3.2　人工湿地处理生活污水示范工程

1. 工艺流程设计

1) 工艺流程

　　常规的二级处理工艺，投资大，运转费用也高，管理也比较复杂。针对龙塘镇洪洲新村生活污水 50m³/d 的处理水量，其污水中混合有一定量的地表径流，污染浓度相对较低，用不着花费太多人力财力进行二级生化处理。

　　洪洲新村人工湿地选址在利用价值不高的荒地上，农业耕作价值不高，其他商业利用与开发也无可能，而传统建造污水处理厂对选址的要求较高。因此，洪洲新村人工湿地的建设既保护了环境，又充分而有效地利用了资源。

　　本工程可供利用的土地面积约 540m²，在满足水力负荷 0.5m³/（m²·d）的前提下，本着节约成本，节约占地面积的原则，采用复合型潜流式人工湿地工艺进行构建。

　　复合型潜流式人工湿地，兼有各类构造湿地的优点，其水力负荷较大，占地面积较小。对洪洲新村生活污水处理，采取强复氧潮汐流人工湿地、潜流人工湿地为工程主体的综合生态处理工艺，能够达到项目出水水质的要求，而且工程的实施也比较容易。

　　综上所述，洪洲新村人工湿地控制工艺为强复氧潮汐流人工湿地、水平潜流组合式人工湿地，工艺流程见图 5-22。

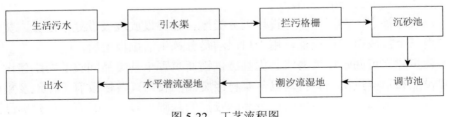

图 5-22　工艺流程图

2）一级人工湿地

一级主体工艺为强复氧潮汐流人工湿地，其前端设置拦污格栅和沉砂池，通过拦污格栅对进入湿地系统的大颗粒垃圾进行拦截和清理。拦污后的污水进入调节池，然后通过穿孔管道均匀布置于潜流湿地系统中。

潮汐流湿地的设计规格为 9.0m×6.0m×1.2m，设计填料深度 0.8m 左右（内填碎石，填料为砾石）。总面积为 108m²。

3）二级人工湿地

经强复氧潮汐流人工湿地处理后的水体，通过配水池收集，然后通过穿孔管道均匀布置于水平潜流人工湿地（SSF）系统中。

潜流人工湿地的设计规格为 9.0m×6.0m×1.2m，设计填料深度 0.9m 左右（内填碎石，填料为砾石）。总面积为 108m²。

4）基质材料的选择

根据基质的选择原则和当地实际情况，选择当地废弃矿石作为人工湿地基质的材料，采用不同粒径进行级配铺设。

5）湿地植物的筛选和配置

经过对工程区域内的湿地植物进行实地调研和勘察，结合同类型工程中，植物应用情况的分析，对本工程中所需涉及的湿地植物进行了系统的配置和安排，具体如表 5-15 所示。

工程区域内的游路系统附近，配置景观性能好，具有一定观赏价值的湿地植物，而工程主体，以具有高效净化效果的风车草、水生美人蕉、象草和黄菖蒲等作为主导品种，以期达到既定的净化和处理效果。

表 5-15　人工湿地系统中的植物设计

序列	工艺部位	植物种类	单位	设计面积/m²	密度/（株丛/m²）	种苗数量/丛
1		风车草	丛	20	12	240
2		水生美人蕉	丛	20	12	240
3	强复氧潮汐流人工湿地	花叶芦竹	丛	20	12	240
4		再力花	丛	20	12	240
5		黄菖蒲	丛	28	12	336
6		风车草	丛	20	12	240
7		水生美人蕉	丛	20	12	240
8	水平潜流湿地	花叶芦竹	丛	20	12	240
9		再力花	丛	20	12	240
10		黄菖蒲	丛	28	12	336
合计			丛	216	—	2592

6）工艺主要参数的设计

（1）本工程设计处理量是 50m³/d。根据农村生活污水排放特点，由于平时青壮年在外务工，只有老人小孩在家，生活污水排放量少，人工湿地采用轮作式运行方式。在节假日污水排放量大时可采用并联式同时运行已满足污水水量的变化。

（2）水力停留时间为 33.02h。其中格栅池、沉砂池停留时间为 2.3h，强复氧潮汐流人工湿地停留时间为 7.9h，水平潜流人工湿地停留时间为 7.9h。

（3）在处理量为 50m³/d，本工程水力负荷为 0.46m³/（m²·d）。

（4）本工艺强复氧潮汐流人工湿地和水平潜流湿地的有效水深不超过 0.8m。

（5）强复氧潮汐流人工湿地设计，其前端设置拦污格栅和沉砂池，通过拦污格栅对进入湿地系统的大颗粒垃圾进行拦截和清理。拦污后的污水进入调节池，然后通过穿孔管道均匀布置于潜流湿地系统中。强复氧潮汐流人工湿地的设计规格为 9.0m×6.0m×1.2m，设计填料深度 0.8m 左右（内填碎石）。总面积为 108m²。

（6）经强复氧潮汐流人工湿地处理后的水体，通过配水池收集，然后通过穿孔管道均匀布置于表流人工湿地系统中。潜流人工湿地的设计规格为 9.0m×6.0m×1.2m，设计填料深度 0.8m 左右（内填碎石）。总面积为 108m²。

（7）本工程左右并联 2 个组合采用轮换方式运行，采用 PVC-U 管道布水的形式进行均匀布水，通过管道调节，采用下进下出和下进上出的布水形式，以保证湿地系统内水流和水力的均匀，最大程度地避免死角。

2. 示范工程运行效果研究

1）系统进水水质参数

系统进水水质见表 5-16：

表 5-16　系统进水水质　　　　　　　　　　（单位：mg/L）

项目	COD	BOD₅	氨氮	总磷
水质参数	100~150	60~80	20~60	2.0~4.0

2）系统对污染物去除效果研究

示范工程从 2011 年 9 月份开始运行，目前运行基本稳定。本研究分别于 2011 年 9 月 21 日、10 月 14 日、11 月 15 日、12 月 17 日和 2012 年 2 月 16 日和 3 月 14 日采样，并对其进行分析。系统对 COD、总氮、总磷、氨氮以及 SS 的去除效果见图 5-23～图 5-27。由图可知，在 2011 年 9 月份、10 月份、11 月份三个月，人工湿地对 COD、总氮、总磷、氨氮去除率随着采样时间依次升高，分析认为，由于系统 9 月份开始运行，运行初期，系统不稳定，而且水生植物刚刚栽种，水生植物还处于适应期，水生植物对氧的输送能力较弱，对污染物的吸附去除能力较弱；与此同时，填料刚刚挂膜，附着于填料表面的微生物也处于适应期，活性较低，因此人工湿地系统对污染物的去除率较低。随着时间的推移，系统运行趋于稳定，水生植物生长状况良好，输氧能力提高，微生物活性增强，系统对污染物的去除率也提高。在 2012 年 2 月份、3 月份，由于降雨量的大幅度增加，导致系统进出水污染物的浓度大幅度降低；而且 2 月份、3 月份气温较低，水生植物光合作用较弱，植物输氧能力下降，湿地系统氧浓度下降，微生物的活性降低，系统对污染物的去除效率降低。

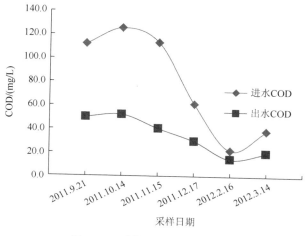

图 5-23　系统进出水 COD 的值

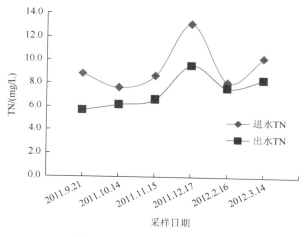

图 5-24　系统进出水 TN 的值

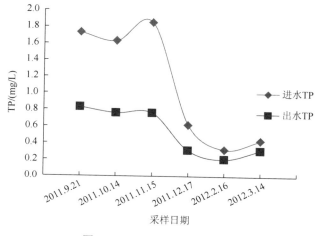

图 5-25　系统进出水 TP 的值

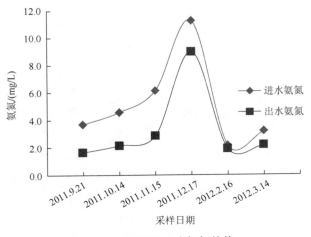

图 5-26　系统进出水氨氮的值

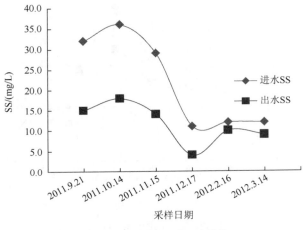

图 5-27　系统进出水 SS 的值

3. 处理效果分析

本研究所设计试验装置强复氧潮汐流人工湿地，包括基质、湿地植物、布集水管、湿地呼吸器和自动控制系统，通过模拟潮汐流控制进水、反应、排水、空床，实现污水净化，和传统潮汐流人工湿地不同的是本研究的强复氧潮汐流人工湿地进水、反应、排水、空床整个过程在一池体中完成，减少了占地面积。

潮汐流人工湿地系统在运行过程中能使介质和污水有最大限度的充分接触，提高了湿地系统利用率，同时也克服了垂直流湿地布水不均的问题，但是潮汐流湿地运行一段时间后床体可能会被大量的生物堵塞，降低去除效果。

本示范工程通过轮作的方式复氧，可以减少堵塞，延长使用寿命。强复氧潮汐流人工湿地由其特殊的进水和运行方式，进水中的溶解氧的升高提供良好的硝化环境，也使聚磷菌大量的摄磷，有助于更好地去除污水中的氮和磷。

本示范工程运行稳定，系统出水均能达到城镇污水综合排放标准一级 B 标准，甚至优于一级 B 标准。

参 考 文 献

崔兆杰, 王艳艳, 张荣荣. 2006. 农村生活垃圾分类收集的建设方法及运行模式研究. 科学技术与工程, (18): 2864～2867

代以春, 徐庆元, 刘丹. 2005. 厌氧消化技术在生活垃圾堆肥处理中的应用. 环境卫生工程, 13 (1): 50～52

郭广寒, 陆正明, 石峰. 2001. 城市生活垃圾综合处置系统的选择. 上海环境科学, 20 (1): 37～40

洪华生, 黄金良, 曹文志. 2008. 九龙江流域农业非点源污染机理与控制研究. 北京: 科学出版社

李季, 彭生平. 2005. 堆肥工程实用手册. 北京: 化学工业出版社

李伟国, 刘建锋, 梁师俊. 2008. 浙江省农村生活污水处理技术的选用原则与处理模式. 农业环境与发展 (5): 81～86

刘霞, 陈洪斌. 2003. 村镇及小区污水的生态处理技术. 中国给水排水, 19 (12): 32～35

齐瑶, 常杪. 2008. 小城镇和农村生活污水分散处理的适用技术. 中国给水排水, 24 (18): 24～27

仝向春, 杨志峰, 汤茜. 2005. 生活污水分散处理技术的应用现状. 中国给水排水, 21 (4): 24～27

宋志伟, 吕一波, 梁洋, 等. 2007. 国内外城市生活垃圾焚烧技术的发展现状. 环境卫生工程, 15 (1): 21～24

苏东辉, 郑正, 王勇, 等. 2005. 农村生活污水处理技术探讨. 环境科学与技术, (1): 79-81

苏萍, 王国华, 刘聿拯, 等. 2002. 城市生活垃圾焚烧技术发展现状. 能源研究与信息, 18 (3): 21～27

杨鲁豫, 王琳, 王宝贞. 2001. 适宜中小城镇的水污染控制技术. 中国给水排水, 17 (1): 23～25

杨荣金, 李铁松. 2006. 中国农村生活垃圾管理模式探讨—三级分化有效治理农村生活垃圾. 环境科学与管理, 31 (5): 82～86

叶红玉, 曹杰, 王浙明, 等. 2012. 浙江省农村生活污水处理技术模式导向研究. 环境科学与管理, 37 (3): 95～99

翟力新, 王敬民, 刘晶昊. 2006. 我国生活垃圾卫生填埋技术的发展. 中国环保产业, (06): 37～39

张真真, 王龙, 姜瑞雪. 2006. 小城镇污水处理实用技术研究. 水科学与工程技术, 6: 48～50

郑展望, 徐甦, 周联友. 2007. 土地毛管渗滤系统在浙江湖州某区新农村示范工程中的应用. 污染防治技术, 20 (3): 64～67

Sun G Z, Zhao Y Q, Allen S. 2005. Enhanced removal of organic matter and ammoniacal-nitrogen in a column experiment of tidal flow constructed wetland system. Journal of Biotechnology, 115: 189～197

第6章　东江源头区水污染综合控制总体策略

通过对东江源头区社会经济发展状况的调查和源区水环境质量现状与入河污染物来源的分析及针对果畜结合区面源污染控制、农村生活污染控制、矿区污染控制与生态复绿的关键技术的研究与工程示范，提出东江源头区水污染综合控制总体策略。

6.1　流域水污染系统控制思路

统筹考虑东江源工农业、畜禽养殖、城镇与农村生活污染、矿山污染的控制与治理，从专设机构建立、政策制定到产业结构与布局的优化、水污染防治与生态保护技术的推广应用，形成流域水污染的系统控制体系，见图6-1（彩图附后）。

6.1.1　产业结构与布局优化

紧扣东江流域"生命水、政治水、经济水"的定位，立足于东江源头区生态保护的"三区"（维护自然区、限制干扰区和集约发展区）划分，树立空间梯度开发理念，集聚利用要素资源，推动中心城市及特色强镇优先发展环境友好型产业，成为"三县"加快发展的突破口和产业经济的集聚地，适当开发周边优势特色资源，形成以重点城镇为中心的资源综合开发体系；立足资源区位特色，主动融入区域协作体系，强化招商引资和合作交流功能，逐步构建传统产业优化提升和新兴支柱产业培育壮大并重的新型产业发展体系，推动全县迅速起飞发展，增强"生态城市"的产业支撑能力。

6.1.2　工业污染源治理控制

工业废水污染防治逐步转向以全过程治理为主、末端治理为辅的方针，由浓度控制转为总量控制，根据环境容量调整工业布局和工业类型、制定污染物排放总量限额。

6.1.3　矿山治理控制

以改善环境、保护资源、修复生态、再造景观为原则，围绕"山体基本修复、宕场平整复垦、坡面逐步绿化、地质灾害有效治理、生态环境显著改善"的总体要求，加快对重点区域、重点线路两侧的废弃矿山宕口进行重金属污染治理和复绿整治。

6.1.4　城镇生活污水治理控制

加快城市污水处理厂建设，提高城市污水的处理率；为实现县域的可持续发展，做好城市供水、节水和水污染防治工作，必须坚持开发与节流并重，节流优先、治污为本，科学开源、综合利用的原则。要把节约用水放在首位，努力建设节水型城市；要统筹规

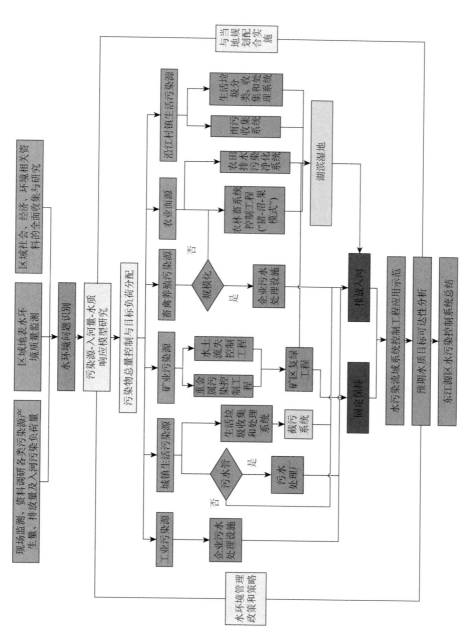

图 6-1　东江源头区水污染流域系统控制结构图

划，优化配置，多渠道开源保障城市供水；健全机制，加强管理，提高供水、节水和水污染防治工作水平。

6.1.5　畜禽养殖场污染治理控制

运用种养结合的循环经济、生态经济理念，根据区域环境容量合理调整和优化畜禽养殖结构、布局和规模，划定禁养区（不准规模化养殖畜禽的区域）和限养区（实现畜禽污染物总量控制的区域），按建设项目有关规定和规划定点要求规范养殖场建设，对现有养殖场（户）污染进行综合治理，推行以种定养、清洁生产和生态化养殖，实现废物减量化、无害化、资源化和生态化的目标。

6.1.6　农业面源治理控制

以提高农村地区人民的生活水平和环境质量为目的，使水资源开发利用和水环境保护并重，结合农村的资源优势、地理特点和经济发展状况，加强水的高效利用，推行绿色、有机种植和果园的生态化种植，减少农药、化肥的使用，防止山地果园的水土流失，控制农业面源污染。利用源头区小流域为主的地形地貌特征，进行农田排、灌、蓄系统的改造，建设生态化的田埂与沟渠路体系，拦截、净化和循环使用农田的排退水。积极推动农村生活污水处理设施的建设，实施农村生活垃圾、作物秸秆等废物的资源化和能源化，实现农村社会和经济在 21 世纪的可持续发展。

6.2　区域主体功能区调整方案研究

6.2.1　生态功能的确定

东江源区域主导生态功能是由确保东江源的水源地的地位来决定的，即要保证源区河流有足够的水资源量和有优质达标的源头水，用以保证当地、下游珠江三角洲和香港地区近 3000 多万人口供水、经济繁荣和社会稳定。因此，东江源生态功能保护区的主导生态功能为水源涵养功能。东江源头区不仅是东江的水源区和重要汇水区域，该区区域位于武夷山南端与南岭东端交汇地带，又是生物多样性丰富地区。因此，东江源生态功能保护区的辅助生态功能为生物多样性保护。

根据《江西省生态功能区划图》，东江源区域属于III-3 东江源森林与农田生态亚区，III-3-0 东江源水源涵养与水质保护生态功能区，这也与其水源涵养的主要功能相符合。根据《赣州市地表水功能区划（报批搞）》、《江西东江源国家级生态功能保护区建设规划》等已有的相关规划，为保护和恢复源区水源涵养能力，将江西东江源头区划分为维护自然区、限制干扰区、集约开发区 3 个生态功能区，详见图 6-2 东江源生态功能保护区分区图（彩图附后）。建议在《江西东江源国家级生态功能保护区建设规划》生态功能分区的基础上，将东江源头区的饮用水源保护区以及水质要求较高的区域全部归入维护自然区，将对东江源水质有较大影响的区域也纳入到限制干扰区，以加强对该区域水质和生态功能的保护。

6.2.2　分区保护与治理任务

1. 维护自然区

维护自然区是提供生态服务功能的重要基地，具有调控和保障作用。主要指各种自然植被、东江源头、水库、湿地等，它们是维持生态系统处于良好状态的基本要素。

图 6-2　东江源生态功能保护区分区图

1）基本状况

本区位于寻乌县北部和东部、安远县北部、定南县东部，包括寻乌的三标乡、水源乡、项山乡，安远的三百山风景名胜区规划区，定南的礼享水库、长乐水库周边及上游地区，以及其他东江源头区的饮用水源保护区以及对水质要求较高的区域包括：东江-定南水-新田河安远县三百山镇起源～安远县三百山镇河段，寻乌水寻乌县三标乡桠髻钵山起源～寻乌县澄江镇河段，东江-定南水寻乌县三标乡湖崟村基隆嶂起源～安远县镇岗乡河段，东江-寻乌水-马蹄河寻乌县水厂取水口上游 4km～取水口下游 0.2km 东江-寻乌水-马蹄河-寻乌九曲湾水库，另外将定南和寻乌 2 个主要河流的两岸各 5km 的缓冲区中保持较好的林地设定为维护自然区。土地面积为 1463.18km²，占源区土地面积的 41.79%。本区地处南岭山脉延伸地带，以中低山为主，海拔在 180～1500m 左右。地貌类型复杂多样，地质主要由石炭系的石灰岩、炭质页岩及第四纪的冲积层、坡堆积层组成。境内水土流失类型以水力侵蚀为主，兼有少量重力侵蚀。本区属典型的南方丘陵红壤区，红壤占土地面积的90%以上。

2）存在的主要问题

（1）生境趋向单一化和人工化。这里山地多，坡度大，人类活动强度相对较弱，天然次生林较易恢复。但除安远的三百山风景名胜区植被保护较好外，其余区域在历史上经反复砍伐，林种趋向单一的现象十分明显，加之部分地区人工果林的骤增，生境趋向单一化和人工化，从而大大削弱了该区水源涵养能力。

（2）生境破碎化和岛屿化加剧，土地贫瘠。由于开矿、大量种植果林和其他不同方式的开发建设，生境被多次切割，呈严重破碎化和岛屿化趋势。由于地表土层流失，母质层出露，无机质、氮磷减少，土地贫瘠。

3）主要保护目标

增强水源涵养能力是本功能区的主要保护目标。

4）主要任务

（1）搞好天然林保护；有计划、有步骤地调整林种、树种结构，提高林分质量；进一步加强封山育林和人工针叶林改造，合理规划和营造水源涵养林。

（2）对岗地植被较少、涵养水源较差的地方；要积极加强以阔叶林为主的水土涵养林建设。

（3）该功能区居民生活较为贫困。以山民易接受的"原地后靠"方式，将深山中的山民按"三集中"原则迁往山下城镇，实施山区搬迁脱贫工程，减轻本功能区的人口压力，是彻底改变该功能区涵养水源功能的根本办法。

（4）山区畜禽业发展相对较快，但应提倡以圈饲舍养为主，对禽畜粪便集中处置。

（5）退耕还林还草，禁止陡坡（＞25°）耕种，包括果树和人工林。应以抚育为主，促进植被向中、成龄和多物种群落方面演化。

2. 限制干扰区

该功能区虽然也具有一定生态功能区的作用，但更偏重于生产功能，它们一方面为人类提供生物产品使人类获得经济利益，另一方面，又是生态系统中的非稳定成分。

1）基本情况

本区土地总面积1625.66km²，占东江源头区面积的46.63%。该区果园所占面积比较大。本区地处南岭山脉延伸地带，以低山丘陵为主，海拔200～500m，主要由变质岩、花岗岩组成，并经过长期的风化侵蚀。变质岩形成的丘陵坡度大、河谷深；花岗岩形成的丘陵风化壳很发育，地表物质疏松。本区属典型的南方丘陵红壤区，红壤占土地面积90%以上。

2）存在的主要问题

区内果业和畜禽养殖业发展较快，农业化肥、农药和畜禽养殖造成的面源污染日益严重。陡坡开垦、毁林种果现象较多，修路、采石以及小水电建设等不注意水土保持。丘陵岗地植被较少，特别是果园山顶植被稀少，导致果园保水保土能力下降，涵养水源功能差。

3）主要保护目标

该区农业产业面源污染对水质变差的贡献很大，要加强污染治理，保护水质。果业开发带来的水土流失，不仅制约了当地的果业生产，也对源区的水质和水量构成了巨大威胁。所以，对农业经济进行优化，防治农村面源污染和水土流失是该区主要保护目标。

4）主要任务

（1）以地域生态产业的发展和水环境的合理负载为基础，在自身的生态环境可持续性支撑的前提下，依靠农业经济结构的合理调整和产业转型，使源区社会、经济整体有序发展，且使各县经济发展、环境消纳和生态建设得以协同。通过优化农业结构和增大生物量，提高水源涵养能力，增强自然抗灾屏障和生态系统的消纳、循环功能，保障区域内可持续发展和外部受水区域的水质和水量的要求。

（2）搞好果业面源污染综合防治，推广生物肥料和生物农药的施用，严禁生产、销售和使用高毒、高残留农药，控制过量施用农药、化肥。在城郊建设有机肥料厂和污水处理厂，处理好果园中的畜禽粪尿。努力解决不科学使用农药、化肥、助长剂等人工合成物等造成果业面源污染的问题。

（3）果业开发必须落实水土保持措施，处理好建设与保护的关系，防止新的水土流失产生。严格坚持先审批后开发的原则，按照果园规划设计标准，控制连片果园的规模，新开发果园山要留足四分之一面积的原有植被，对稀疏山地进行人工种植戴帽树，老果园未留或未种植戴帽树的，一律要补种。开垦种果的必须限期完善水保措施，在果园行间、路边、梯田壁保护和播种草被，恢复生态植被。严禁在源头核心区和 25°以上山地种果，已开发种植的要登记造册，退果返林。

（4）推进有机果业生产基地的建设，推广"猪-沼-果-鱼"有机农牧业循环经营模式，形成源区产业发展的新特点和新优势，实现生态优势向经济优势的转变。

3. 集约开发区

此类区域主要包括城市、乡村居住地和交通、道路用地、耕地、园地等完全为人类所改造的土地类型，是人类生活和活动的主要场所。这一类型完全受人类活动所支配，环境的自然性程度最小，这一类生态单元类型在生态学上是对生态系统的一种干扰和破坏，但它同时还是为人类提供安全、舒适生活的必需条件。因此，如何协调生活功能类型和服务功能类型之间的关系，使其既可满足人类发展的需要，又可维持生态系统的良性运转，也将是规划的重点之一。尤其是建成区，这里是人类活动的密集区域，人类的开发活动相对较自由，应该以引导开发为主。在这里主要包括建成区、已有的或者规划的经济开发区、较大型的工矿企业等。

1）基本状况

本区面积为 412.45km^2，包括除维护自然区、限制干扰区之外的东江源头区部分，约占源区面积的 11.78%。本区地貌主要是以平地和低丘地带为主。低丘地带为少有机质低丘红壤，平地成土母质为石英岩类、泥质岩类风化物及第四季红色黏土、河流冲积物等。

2）存在的主要问题

（1）东江源头区三县除安远县外，定南县和寻乌县的工业企业大多位于东江源头区，其污水治理水平及能力直接关系到东江源头区地表水水质。工业企业偷排漏排现象严重、企业污水处理设施的缺乏或处理能力不足、工业园区污水处理设施缺乏。

（2）该区是稀土和钨矿高产区，矿产开采及伴生重金属的流失对水质威胁很大。除批准生产的矿点有简易拦沙设施外，其他矿点基本无水保设施，乱挖滥采，尾沙，废弃土到处倾倒。长期的开采，形成了大量的废石和尾矿，稀土矿的采矿迹地、尾沙堆放场，夏天的地表温度最高时超过 70℃，寸草不长，昔日苍翠的山林植被在矿区已不复存在，被毁的农田和淤塞的洼地、河道连成一片，造成严重的水土流失和水质恶化。

（3）区内畜禽养殖业发展较快，农业化肥和畜禽养殖造成的面源污染日益严重。

3）主要保护目标

由于该功能区位于东江源头干流两岸，是东江的直接汇水区域，因此治理矿区生态环境、恢复功能、保护水质被确定为主要保护目标。

4）主要任务

（1）推行清洁生产，发展循环经济，淘汰和关闭生产规模小、技术落后、浪费资源、污染严重的矿山企业。到 2015 年底，所有生产矿山建立与生产规模相适应的"三废"处理和回收设施，防止破坏面积和程度扩大，控制矿产开发对环境的影响，逐年安排恢复治理不少于 10%的破坏面积，矿山关闭的次年全面恢复植被，基本实现矿产资源开发与生态保护相协调，实现绿色矿业。

（2）关闭矿区生态环境的恢复治理。以已关闭钨矿、稀土矿的废石和尾砂堆场为主要对象，采取修建污水处理工程、挡土墙、拦沙坝、塘坝、谷坊、排水沟等工程，平整改良土地，铺盖客土，恢复植被。

（3）以地域生态产业的发展和水环境的合理荷载为基础，在自身的生态环境可持续性支撑的前提下，依靠农业经济结构的合理调整和产业转型，使源区社会、经济整体有序发展，且使各县经济发展、环境消纳和生态建设得以协同。

（4）搞好农业面源污染综合防治，推广秸秆综合利用、生物肥料和生物农药的施用，严禁生产、销售和使用高毒、高残留农药，控制过量施用农药、化肥。在城郊建设有机肥料厂和污水处理厂，处理好畜禽粪尿、农用垃圾、生活污水。积极推广平衡配方施肥技术、秸秆还田及综合利用技术，推广生物有机肥，减少难降解薄膜的使用量，推广农田控水缓排技术，提高土壤的保肥、保水、净污能力。努力解决不科学使用农药、化肥、生长助剂等农用化学品和规模化畜禽养殖污染为重点的农业面源污染。

（5）推进生态农业和无公害食品、绿色食品和有机食品的发展。发展生态农业，建立农产品质量与检测机构，加强无公害农产品、绿色食品、有机食品生产基地的建设，推广"猪-沼-果-鱼"有机农牧业循环经营模式，形成源区产业发展的新特点和新优势，实现生态优势向经济优势的转变。

6.3 建立水质风险管理创新机制

6.3.1 创新东江源头区水环境管理体制

1）建立强有力的组织机构管理东江源头区水环境

建议成立"东江源头区水环境保护分局"，作为赣州市环保局的直属机构，设在定南县或寻乌县，配备相应监测与管理设备，全面负责东江源污染控制和水环境质量管理，包括：东江源头区生态保护与水环境质量保护的广泛宣传，实施水环境质量的监测，污染源管理（依靠县、镇环保局提供相应的点源、面源监管），生态补偿机制的建立和实施，水污染控制和水环境质量保护的技术推广，协调执法的职能等，确保东江源头区水质量的改善和水环境的可持续发展。

2）增设乡镇一级环保机构

鉴于东江源头区水环境污染主要来自于农业和农村面污染，建议增设县级以下的环境保护机构，即镇（乡）一级的环保办公室，其职责是负责对各乡镇的面源污染的各个来源进行监督，并对各乡镇所建设的污染治理工程的运行进行监督，对各乡镇所流经的东江水系水体进行保护。各村再设1个生态环境保护监督管理员，负责村、镇垃圾的收集、分类，以及乡镇污水治理设施的监管。

3）实行水环境保护目标责任制和考核评价制度

将水环境保护目标完成情况作为对东江源头区各县人民政府及其负责人考核评价的内容，未完成水环境保护目标的，领导干部不得提拔重用；水环境质量严重恶化的，要追究决策失误责任。省、市、县三级政府对东江源头区水环境质量共同负责。实行行政首长负责制和任期目标管理制，坚持主要领导亲自抓，负总责。把源区水环境保护列入领导干部政绩考核内容，定期考核和公布，接受公众和舆论监督。有关各级政府要主动接受本级人大及其常委会的监督，定期汇报东江源头区水环境保护的情况。

4）建立水环境质量监测和定期报告制度

东江源头区水环境保护办公室负责源区水环境质量的监测，并定期向赣州市和东江源头区三县环境保护局汇报。赣州市政府要定期向省政府报告源区水环境质量，省政府定期通报有关情况。各级环保局定期向本级人大及其常委会汇报东江源头区水环境保护的情况。

5）建立行之有效的东江源头区水环境保护监督体系

有关各级政府主动定期向本级人大及其常委会汇报东江源头区水环境保护的情况，并接受其监督，同时接受公众和舆论监督。东江源头区水环境保护办公室每年组织开展东江源水环境监察行动，对源区水环境和资源保护以及法律法规执行情况等进行检查。

6）建立经济社会发展与生态环境保护综合决策机制

各级政府在制定重大经济技术政策、社会发展规划、经济发展计划时，充分考虑东江源水体和生态功能的保护。严格评审，坚决禁止可能对东江源头区水体造成严重污染、对东江源头区生态功能造成严重破坏的项目，对生态功能重点生态敏感区的开发建设活动，开展环境影响后评估制度。

7）建立生态补偿机制

东江源头区生态补偿机制建议如下：

（1）建立东江流域生态补偿转移支付制度，实现跨行政区生态补偿。建立广东省向东江源头区三县生态补偿转移支付制度，即当江西省与广东省交界东江断面水质达到或好于《地表水环境质量标准》Ⅲ类水质时，由受益于东江源水质保护的下游省份广东省向东江源头区三县支付水资源保护费用。费用来源于广东省财政以及从东江用水的企业。该费用用于东江源头区的水环境保护，建议该费用不超过东江源头区的水环境保护费用（如城市污水处理厂的运行费用、农村污水处理设施的建设和运行费用、农业污染减排、畜禽养殖污染治理费用、裸露矿山的治理等）的 50%。

（2）运用财税手段鼓励清洁生产，支持污染治理项目。在东江源头区的水污染防治方面，除了执行现有的排污收费制度，还需要综合运用财税手段激励减少污染排放。东江源头区污染源的调查结果显示，东江源头区主要污染源是畜禽养殖和生活源，因此，应重点运用财税手段激励生活污染减排、畜禽养殖和农业生产污染减排。

（3）国家财政可以安排一定的国债等专项资金，以低息或贴息，扶持东江源头区的生态建设与保护项目。

8）广泛宣传东江源水环境管理的政策与措施

针对目前东江源水环保保护宣传较少、老百姓水环境保护意识较低的特点，对东江源水环境、水质的重要性，政府采取的保护政策与策略，限制和禁止采取的生产行为等进行标语、报纸、媒体等方式的广泛宣传，提高大众保护东江源的意识和自觉行为。

9）大力培训、推广水环境保护与水污染治理技术

与高等院校和科研院所及专业技术公司合作，组织开展不同层面的水环境保护与水污染治理技术培训，向地方管理与技术人员，向当地工矿企业、农业生产公司、农民协会、家庭农场等培训推广水环境保护与水污染治理技术。

6.3.2　创建东江源头区水质风险管理系统

1）创建东江源头区水质风险管理数据库

利用空间数据库技术建立东江源头区水质风险管理数据库，即利用 GIS 多源数据集成技术把基础地图信息、环境污染事故源（即重点污染源，包括畜禽养殖场、养殖小区、生活污染源、正在开采和废弃裸露的矿山等）参数、危险源（油库、化学品码头和仓库等）参数、饮用水源地信息、区域水环境功能区划分信息、应急处理技术数据、事故信息集成为一个统一空间数据仓库，以帮助源区三县环保部门全面准确掌握本地的重大污染源及其排放去向，及时掌握重大污染源的动态变化，帮助各地安监部门全面准确掌握本地重大危险源的品种、数量、所在地情况及其动态变化，共同维护东江源头区重大污染源和重大危险源动态数据库。环保部门要求各重大污染源和重大危险源完善有关企业的应急预案。

2）创建东江源头区水文水质预测预警模型库

建立水文、水动力学、水质模型在内的预测预警模型库，包括累积风险预警模型和突发性风险预警模型。

3）创建东江源头区水质风险管理系统

对东江源头区水质风险管理数据库和水文水质预测预警模型库进一步集成，结合各种知识库、专家库、监控信息等建立系统；建立具有环境信息的采集、查询分析、存储、预警及发布等功能的水质风险管理系统，以图文并茂形式给用户提供信息，用户利用该系统结合网络和电讯等通讯手段建立预警和应急指挥技术平台。

6.3.3　东江源头区水质风险管理系统的应用

东江源头区三县环保局和东江源头区水环境保护分局利用创建好的东江源头区水质风险管理系统对所管辖范围内的地表水体水质进行风险管理，随时掌握水质污染状况。

为了预防和减少突发水污染事件，各县安全生产监督管理部门加强对辖区重大危险源的监控与管理；危险物质的运输要事先向交通部门通报运输线路与时间。

环保部门对东江源头区重要水源地布设水质监控站，在水质安全事件发生前及时发现征兆，提前发出警报，可以大大地为事故的应急争取时间和主动。

6.4　建立区域经济社会发展与污染源监控连锁机制

污染源监控是环境管理的基础、是污染物排放总量控制的基础依据、是污染事故应急响应的基础、是环境保护执法的基础依据。因此，东江源头区污染源监控是提高水环境管理水平的基础和关键。区域污染源的存在、治理状况反映了区域经济社会发展情况，因此，要建立东江源头区经济社会发展与污染源监控连锁机制。具体开展如下工作：

1）安装水污染源在线监控系统，对重点污染源进行全面监控

污染源在线监控系统是指：安装在排污现场的用于监控监测污染物排放、污染治理设施运行状态的各种仪器、仪表和数据采集传输仪器、仪表以及视频监视设备。

污染源在线监控设施从选型、安装、验收、运行到数据传输等国家都已建立了一套严格的管理和技术规范体系，以保证监控系统的正常运行和监测数据的准确性、可靠性。国家环保部印发的《污染源自动监控设施运行管理办法》（环发[2008]6 号文件）第八条规定："污染源自动监控设施的选型、安装、运行、审查、监测质量控制、数据采集和联网传输，应符合国家相关的标准。重点污染源在线监控系统的运行维护资金一般由地方财政和企业共同承担"。

2）建立污染源管理系统

建立污染源验收审批入网、管理分类、适用标准费率、享受政策、处理设施、联络等污染源信息管理系统，实现污染源现代化管理。建立污染源监测信息管理计算机数据库，实现现代化分级信息管理。

3）建立执法管理系统

建立根据执法管理依据体系和监测数据的执法管理自动生成、报送、过程记录、资金入库和结果备案系统，实现全面、公平、公正执法，及时发现并查处违法排污行为。严格按照规划总量目标发放排污许可证，把总量控制指标分解落实到污染源，做到持证排污，对无证、超证（超浓度或超总量）排污采取严厉的惩罚措施。

4）公示和民众参与系统

建立信息适度公开体制、信息公示和管理信息下传下载系统，实现透明管理、社会监督和信息渠道畅通。建立民众参与网络平台，实现民众参与和交流渠道畅通。

6.5　建立水质监控新体系

1）常规水质监测体系

加强环境监管体系建设。东江源头区水环境保护分局负责东江源头区地表水环境监测，配置相应的有毒有害污染物的监测仪器设备，达到标准化建设水平。

增加和完善流域内水环境监测布点，形成国控、省控、市控、县控（点位）完整的流域内水环境监测体系，见表 6-1，实现流域饮用水水源地、东江源头区干流、主要支流以及跨省界、市界、县界水环境质量的全面监控和同步监测。

表 6-1　东江源头区水质监测站网规划一览表

河流	监测断面及序号	水质目标	监测方式	监控断面作用
寻乌水	寻乌澄江（1#）	II	日常	县控
寻乌水-马蹄河	九曲湾水库（2#）	II	在线监测、预警	县控
寻乌水-马蹄河	马蹄河入寻乌水处（3#）	IV	日常	县控
寻乌水-龙图河	龙图河入寻乌水处（4#）	II～III	日常	县控
寻乌水	寻乌斗晏电站（5#）	III	日常	国控、省控、市控、县控断面
定南水	安远镇岗（6#）	II	日常	县控
定南水	安远三百山（7#）	II	日常	县控
定南水	安远鹤子镇黎屋电站（8#）	II～III	日常	市控、县控断面
定南水	礼亨水库（9#）	II	在线监测、预警	县控
定南水	定南县砂头（10#）	IV	日常	县控
定南水	定南长滩电站（11#）	III	日常	国控、省控、市控、县控断面
定南水-老城水	定南县老城镇（12#）	II～III	日常	国控、省控、市控、县控断面

2）预警监测体系

对东江源头区定南县和寻乌县城市饮用水源设自动监测和预警装置；发现异常时，及时向当地环保部门报告，并增加每天采样监测频次。

3）强化点污染源的监督管理

对现有各工业企业进行监督管理，淘汰工艺落后、污染严重、不能稳定达标排放的生产能力，污染排放不达标或对当地环境影响严重的企业必须实行"关停并转"，建立并实施水污染排放强度大的工业企业退出机制，保证各工业企业的废水达标排放和污染物排放总量控制，加快重点污染企业排污在线实时监测体系的安装，加快工业园区工业废水处理设施和雨污分流系统建设。提高产业准入门槛，防止产业承接中的污染转移。对于规模化畜禽养殖场安装在线实时监测体系，严格实行达标排放。

各县环保局在现有"环境统计"基础上，将所有规模化畜禽养殖场都纳入重点污染源管理，向东江一、二级水系排污的工矿企业都纳入重点污染源管理。

4）各有关部门要加强矿山企业生态环境保护工作的监管

检查矿山企业环境保护制度的执行情况，督促矿山企业建立健全环境保护体系。对无环保措施或措施不力造成矿山环境进一步恶化的要依法查处，责令限期治理或停产治理，情节严重造成损失巨大的应移交司法机关追究直接责任人的刑事责任。各矿山要制订科学的"三废"排放方案，控制排放总量，减轻对环境的不利影响，尾砂入库存放，确保尾砂库安全，防止尾砂外泄。废石、废渣要堆放稳固，场地合理。与周围自然环境相协调，尽可能利用不能耕作的土地，废水需经处理达标排放，严禁直接排出。废水应尽可能循环使用，提高重复使用率。鼓励矿山企业对"三废"的综合利用。对于已经闭坑的岿美山钨矿和稀土矿多年开采造成矿区水土流失、土地沙化和地面塌陷、泥石流等次生地质灾害的，要以造地返耕、复垦还绿、矿山旅游等多种方式，推广金属矿山尾矿重金属扩散原位控制技术和金属矿山尾矿堆出水入河前的重金属拦截技术，因地制宜地开展矿山生态环境恢复治理。矿山企业必须增加环境保护的资金投入，完善环保设施，加强对生态环境的保护和污染防治工作。

5）增加对农业、农村面源污染的监督管理，提高河流的自净能力

增设镇（乡）、村环境保护机构，其职责主要是：①掌握当地种植业、养殖业和农村生活面源的污染来源、污染负荷和污染的时空分布；②推广农业、农村面源污染控制技术；③监督管理农业、农村面污染源，保护东江源头水环境；④向所在县环境保护局和东江源头区水环境保护分局定期汇报所在镇（乡）的农业、农村面源污染情况；⑤严禁沿河两岸村庄的生活垃圾下河，避免对下游水体的污染；清理河堤和河床内的园地等，恢复河床自然湿地状态；提高河流的自净能力。

6.6　东江源头区产业结构调整建议

东江源头区为保证下游地区能用上优质水资源，已经做出了巨大的贡献，在当前生态补偿机制还不完善、居民生活水平亟待提高的情况下，当地政府必须想方设法在保证源区水质不受污染的情况下大力发展经济。

6.6.1　生态旅游业

大力开发旅游资源，发展生态旅游业。东江源头区森林覆盖率高达 75%，具有丰富的植物资源，空气质量极佳，是发展生态旅游的天然优势。尤其是该区紧邻广东，可以

加大在广东主要发达地区的宣传，吸引广东游客赴源区参观、休憩、游览等活动。充分发挥东江源头区域生态旅游资源的优势，深入挖掘东江源文化内涵，全面开发绿色旅游、红色旅游、生态旅游、地质景观旅游、客家文化旅游等各种旅游资源优势，发展以回归自然、认识自然、热爱自然、保护自然、宣传科学、游乐健身、陶冶情操为主要内容的生态旅游产业。加强和完善旅游基础设施建设，不断完善服务功能，增强接待能力，优化服务质量，提高旅游产业的整体水平，拉动相关产业发展，形成江西省新的旅游经济增长点。规划建设三百山国家重点风景名胜区、赣南客家摇篮旅游系统建设工程、安远客家围屋保护工程，重点开发好三百山、桠髻钵、九曲河、东新围等一批有知名度和影响力的景点和风景区。

6.6.2　绿色、有机农业

农业和脐橙为主的果业是东江源头区农村地区必须坚持大力发展的传统产业，也是优势产业。鉴于土地资源的有限性和生态环境的优越性，可考虑全方位、大规模地发展有机、生态农业，大幅度减少化学肥料与农药的使用，种植高品质绿色、有机农产品，创立源区知名的绿色、有机农产品品牌，争取单位面积有更高经济产出。源区地处边远山区，自然条件限制了大农业和现代高投入、高产出模式农业经济的发展，相对比较容易转换为有机农业生产基地。以保护源头河流水质和生产安全优质健康农果产品为根本出发点，以农村产业结构调整、富裕农民为目标，进行向绿色、有机农果产品产业的转换。果业发展必须改变现有的围山造林的态势，退还高坡度（坡度高于 15°）山地的果区，引进、改良产品品质，避免出现低产低收、丰产低收的局面。鼓励水果深加工和生物资源深加工企业的入驻。利用东江源头区（尤其是定南县）发达的畜牧业（主要是生猪养殖业），推广有机肥生产技术，扩大生产规模，使有机肥的使用逐步成为东江源头区种植业和果业的最主要的肥料来源。

6.6.3　适当控制养殖规模、划定畜牧养殖业禁养区

鉴于畜牧养殖业对水体的严重污染，针对东江源头区实际情况，需要制定符合东江源头区农业与社会发展需求的畜牧养殖业布局规划。从保护水环境质量的角度出发，东江源头区畜牧业发展过程中需制定禁养区域，严禁任何单位和个人在此区域内发展养殖业，已建成的畜禽养殖，由各县人民政府依法责令限期搬迁或关闭。

禁养区区域（图 6-3，彩图附后）包括：

（1）自然保护区的核心区和缓冲区（包括东江源国家级生态功能保护区、三百山国家自然保护区、东江源国家湿地公园），各级文物保护区（包括定南县龙塘镇客家文化基地、定南县历市镇修建村谢氏围、历市镇中沙村坳背围、历市镇车步村房屋排方围屋"虎形"围、历市镇太阳村钟氏祠堂、鹅公镇鹅公村田心围、县城城北"叠步云峰"摩岩石刻、老城镇水西村狮形墩遗址、下排山遗址；寻乌县澄江镇周田村客家古屋、南桥镇车头村日新塔、文笔峰塔和车头文昌祠、晨光镇司城村新屋下碉楼围陇屋、枫山里围陇屋、吉潭镇上车村潘氏宗祠、圳下村圳下文昌阁；安远县三百山镇塘屋村恒豫围、镇岗乡老

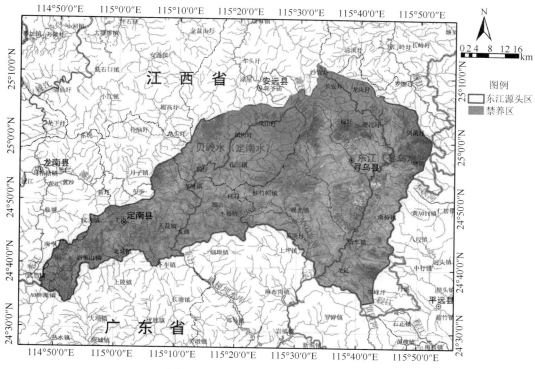

图 6-3　东江源头区畜禽禁养区划分图

围村的东生围、孔田镇下魏村火砖围、鹤子镇阳佳村阳佳祠堂、鹤子村毛泽东旧居等）、温泉旅游度假区和游览区（安远县三百山镇虎岗温泉、九曲溪景区、九龙山庄、孔田镇新塘温泉、鹤子镇阳嘉寨、九寨山、寻乌县南桥镇青龙村龙岩仙迹）。

（2）东江干流（老城水、九曲河）两岸 1000m 范围内陆域，寻乌县县城和定南县县城其他河流两岸 500m 范围内陆域，集中式饮用水保护区的一级保护区和二级保护区（礼亨水库、九曲湾水库）。

（3）定南县县城历市镇和寻乌县县城文峰乡城市规划区和建成区及周边 500m 范围内，各建制乡镇建成区及其周边 500m 范围内区域，定南县工业园区和寻乌县工业园区。

（4）通往各风景名胜区公路两侧 500m 范围内的区域。

（5）法律、法规规定需要特殊保护的其他区域。

图　　版

图 1-1 东江源头区地形地貌图

图 1-2 土地利用现状图

图 2-26　示范工程全景照片

(a)

(b)

图 3-18　东江源矿区污染综合控制技术示范工程（钨矿）实施前后对照

注：（a）为工程实施前；（b）为工程实施后

(a)

(b)

图 3-19 工程实施前后对照

注：（a）为工程实施前；（b）为工程实施后

图 4-63 选用矿化花生壳作为重金属拦截的填充料

图 4-64　重金属拦截坝

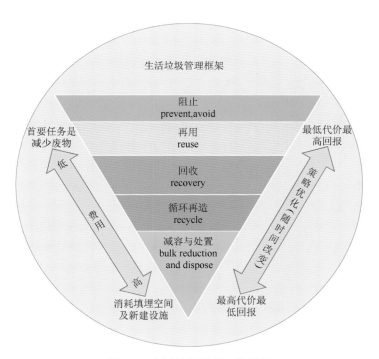

图 5-4　生活垃圾管理一般框架

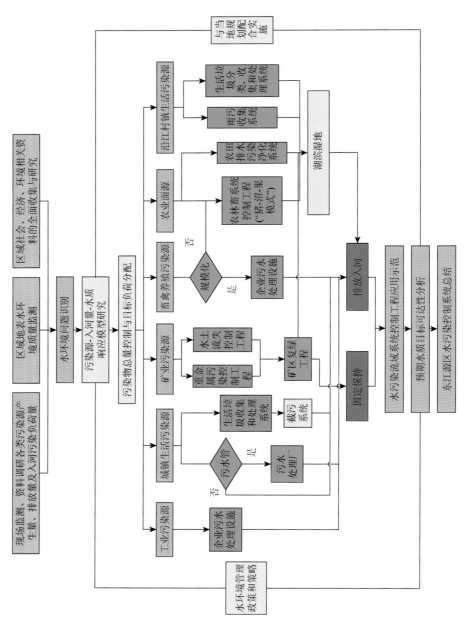

图 6-1 东江源头区水污染流域系统控制结构图

图 6-2 东江源生态功能保护区分区图

图 6-3 东江源头区畜禽禁养区划分图